普通高等教育"十三五"规划教材
卓越工程师培养计划系列教材

Principles of Proximity Fuze
(4th Edition)

近感引信原理
（第4版）

崔占忠　宋世和　徐立新　陈　曦 ◎ 编著

北京理工大学出版社
BEIJING INSTITUTE OF TECHNOLOGY PRESS

内 容 简 介

本书是作者在数十年教学和科研工作的基础上,参考国内外有关文献资料,经总结、提炼加工而成的一本教材。

全书共 11 章,重点介绍近感引信的探测原理。其中包括:连续波多普勒、差频定距、调频多普勒、调频比相、脉冲定距、脉冲多普勒、噪声调制、毫米波(调频、比相)、光(激光、红外)、静电、磁、电容和复合体制的探测原理。书中有相当部分是作者及国内有关单位的研究成果,是其他同类教材中所没有的。

本书内容丰富新颖,可作为高等院校近感引信专业的教材,也可供近感引信专业的科研和工程技术人员参考。

版权专有　侵权必究

图书在版编目(CIP)数据

近感引信原理/崔占忠等编著. —4 版. —北京:北京理工大学出版社,2018.6
ISBN 978-7-5682-5708-4

Ⅰ. ①近… Ⅱ. ①崔… Ⅲ. ①近炸引信 Ⅳ. ①TJ43

中国版本图书馆 CIP 数据核字(2018)第 119917 号

出版发行 / 北京理工大学出版社有限责任公司
社　　址 / 北京市海淀区中关村南大街 5 号
邮　　编 / 100081
电　　话 / (010)68914775(总编室)
　　　　　(010)82562903(教材售后服务热线)
　　　　　(010)68948351(其他图书服务热线)
网　　址 / http://www.bitpress.com.cn
经　　销 / 全国各地新华书店
印　　刷 / 保定市中画美凯印刷有限公司
开　　本 / 787 毫米×1092 毫米　1/16
印　　张 / 17.5　　　　　　　　　　　　　　　责任编辑 / 张慧峰
字　　数 / 420 千字　　　　　　　　　　　　　文案编辑 / 张慧峰
版　　次 / 2018 年 6 月第 4 版　2018 年 6 月第 1 次印刷　责任校对 / 周瑞红
定　　价 / 58.00 元　　　　　　　　　　　　　责任印制 / 李志强

图书出现印装质量问题,请拨打售后服务热线,本社负责调换

前言

本书自 1998 年出版后，被几个学校引信专业选为本科生教材和硕士研究生主要参考书，相关研究所和工厂也有较多的研究人员将其作为科学研究工作的参考文献。应广大读者和使用单位的要求，2005 年和 2009 年分别进行了修订。

本书是作者在总结多年教学经验的基础上，并尽可能地把作者本人和有关单位的科研成果充实到教材中来，因此可以说，这本教材是引信技术专业广大教育工作者和科技工作者多年工作的总结。

本书以介绍各种体制近感引信的探测原理为主，着重讲述近感引信的一些基本概念。本次修订除对原书已发现的一些疏漏之处进行了改正外，还加强了调频引信分析，调整了几个具体实例分析，尽可能突出抗干扰的内容，并增加了静电引信一章。

全书共 11 章：第 2、6、8、10 由崔占忠执笔，第 9 章由陈曦执笔，第 4、5、7 章由宋世和执笔，第 1、3、11 章由宋世和与崔占忠共同执笔；徐立新教授对全书的数学公式进行了认真校对和推导；全书由崔占忠统稿。

感谢张龙山研究员、郑链教授对全书进行的认真审查和提出的宝贵修改意见。

尽管本次改版我们做了认真的修改，但书中错误和不妥之处仍在所难免，恳请读者不吝赐教。

作　者

目 录
CONTENTS

第1章 概论 ··· 001
1.1 引信的发展及其在武器系统中的地位 ·· 001
1.2 引信的功能及作用 ·· 005
1.3 近感引信作用原理 ·· 011
1.4 对引信的基本要求 ·· 014
1.5 引信的分类 ·· 019
1.6 引信作用示例 ··· 021

第2章 多普勒无线电引信 ··· 023
2.1 多普勒无线电引信的探测原理 ··· 023
2.2 自差式多普勒无线电引信与目标的关系 ·· 028
2.3 外差式多普勒无线电引信与目标的关系 ·· 032
2.4 自差式多普勒无线电引信分析 ·· 034
2.5 外差式多普勒无线电引信分析 ·· 054

第3章 调频无线电引信 ··· 068
3.1 调频系统信号分析 ·· 068
3.2 调频测距方程 ··· 076
3.3 调频测距引信 ··· 081
3.4 调频多普勒引信 ·· 089
3.5 调频比相引信 ··· 090

第4章 脉冲无线电引信 ··· 093
4.1 脉冲测距引信 ··· 093
4.2 脉冲多普勒引信 ·· 100

第5章 噪声无线电引信 ··· 107
5.1 噪声信号的特征 ·· 108
5.2 相关噪声引信工作原理 ·· 114

5.3 反相关噪声引信的工作原理 … 115
5.4 伪随机码调制无线电引信工作原理 … 118

第6章 毫米波近感引信 … 123
6.1 毫米波近感技术基础 … 124
6.2 毫米波引信原理 … 130
6.3 毫米波调频测距引信 … 138
6.4 毫米波高频比相引信 … 140
6.5 毫米波目敏引信 … 143

第7章 光引信 … 148
7.1 概述 … 148
7.2 目标和背景的辐射特性 … 149
7.3 红外引信的基本原理 … 153
7.4 激光引信作用原理 … 167

第8章 电容近感引信 … 172
8.1 电容近感引信原理 … 173
8.2 电容近感引信的探测器 … 174
8.3 电容近感引信的电路分析 … 178
8.4 电容近感引信的点火电路 … 182
8.5 电容近感引信的特点 … 185

第9章 静电引信 … 186
9.1 静电引信概述 … 186
9.2 静电目标起电机理及其特点 … 187
9.3 静电探测原理与探测器设计 … 190
9.4 静电引信测向技术 … 199
9.5 静电引信抗干扰技术 … 202
9.6 静电与其他体制复合探测技术 … 205

第10章 其他探测体制的引信 … 207
10.1 磁引信 … 207
10.2 电子时间引信 … 215
10.3 声引信 … 218
10.4 复合引信 … 220

第11章 近感引信总体设计的有关问题 … 229
11.1 引言 … 229
11.2 目标和弹的坐标系及其转换 … 230
11.3 单发杀伤概率 … 236
11.4 引战配合 … 245
11.5 抗干扰技术 … 252
11.6 引信的可靠性 … 261

参考文献 … 271

第1章
概　　论

1.1　引信的发展及其在武器系统中的地位

进攻性武器系统的作用就是对预定的目标造成最大程度的损伤和破坏。在现代战争中，一般是海陆空诸兵种协同作战，遇到的目标种类很多，因而对武器系统提出了更高的要求。同时，随着现代科学技术的发展，出现了一些新式武器系统，作战威力不断提高，并使武器系统的概念大大扩展了。例如，激光、次声，甚至人工控制气象等，都可以作为一种武器来对付敌人，但是绝大多数武器仍是利用烈性炸药的爆炸所释放出的能量来毁伤目标。

早在古代，人们就认识到使用投射物作为战争工具要比徒手搏斗优越。任何一种投射工具都可以看成是延长使用者双手的手段，如使用弓可以把箭射到比用手直接投击更远的地方。弩则进一步利用人体的力量或畜力，把投射物射得更远。中国古代火药的发明则是技术上的一个飞跃，利用火药燃烧释放的能量可显著地增大投射物的射程，于是出现了火炮。与此同时，人们也想方设法使投射物的破坏作用超过它本身动能所起到的破坏作用，即提高其威力。例如，在箭头上涂上毒药，在箭杆上绑上燃烧物以引起敌营着火等。火药出现后，不仅用它作为推进剂以增大投射物的射程，同时还用它制造燃烧和爆炸性的武器来增大其破坏作用。我国宋代庆历四年（公元1044年）的《武经总要》已记载有制造火药的配方及用药和其他成分制造的毒药烟球、蒺藜火球、霹雳火球等兵器的构造、制造和使用方法。当时引燃这些兵器用的是铁锥，将铁锥烧红，用它把球壳烙热以引燃其内火药。以后改为用火药捻子引燃，明代永乐十年（公元1412年）出版的《火龙经》中称这种火药捻子为"信"或"药信"，引信这一术语就是由此产生的。在《天工开物》中，已将"信"与"引信"通用。可见，引信的出现是与中国古代火药的发明和使用直接相关的，它从最初引火的"信"发展到今天的"引信"，经历了深刻而巨大的变革。"引信"已被现代科学技术赋予了新的内容。

现代的武器系统主要包括炮弹、火箭弹、导弹、航空炸弹、原子弹、鱼雷、水雷、地雷、手榴弹等和它们的发射、运载、投放、布设装置。在上述各种弹中多装有炸药或其他装填物，在遇到目标时，利用它们产生爆炸来完成对目标的杀伤和摧毁的任务。但是炸药爆炸是有约束的：一是必须外加足够的起始能量去引爆；二是必须控制在特定的时机起爆，以保证给目标造成最大的毁伤，而在运输、储存、发射过程中都不允许爆炸。对充分发挥弹药的威力来说，如果将运载系统作为第一控制系统，则引信是第二控制系统，而且控制的是对目标作用的最后一个环节。

引信是随着目标、战斗部、作战方式和科学技术的发展而不断发展的，它的功能在不断完善和扩展，对引信的认识在不断深化，有关引信的概念也在不断发展。

为了更进一步认识引信在武器系统中的重要作用及地位，让我们回顾引信的发展历史，同时也可从中看出是什么在推动引信的发展。

在战争中，目标与战斗部处于直接对抗的状态。战斗部要摧毁目标，目标以各种方式抵抗或干扰战斗部的攻击。这种摧毁与反摧毁的对抗是目标与战斗部发展的一个动力。现代战争中有各种各样的目标，它们各自的存在条件（空中、地面、地下、水面、水下等）、物理特性（高速、低速、静止、热辐射、电磁波反射、磁性等）和防护性能（强装甲防护、钢筋水泥防护、土木结构防护、无防护等）千差万别。为了有效摧毁目标，就必须发展各式各样的战斗部，例如杀伤的、爆破的、燃烧的、破甲的、穿甲的、碎甲的、生物的、化学的、心理的、核能的以及它们的组合等。这些战斗部都有各自的对目标起作用的最佳位置。那么就要求所配用的引信首先要根据目标特点来识别目标的存在，使战斗部在相对目标最佳位置时起爆以充分发挥作用。这个最佳位置随战斗部的类型和威力不同而不同，为满足这一要求，必须研制出各种不同原理的引信。

例如，最常见的地面有生目标的特点是：防护能力弱，分散面积大。摧毁这种目标的有效手段是用杀伤战斗部。要求战斗部的杀伤破片尽可能多地打到目标上。因此，采用装有瞬发作用的引信使炮弹落入敌阵地，在地面上爆炸，这就是具有瞬发作用的触发引信。这种引信简单可靠，但杀伤效果并不理想，因触发引信是靠碰地后引爆战斗部，即使其瞬发度再高，也会有一部分破片钻入土中而不能发挥作用。根据实验，76 mm 口径的炮弹，当炸坑深度为 33 cm 时，杀伤效果将降低一半；当炸坑深度为 45 cm 时，杀伤效果基本上近于零。此外，即使炸坑较浅，对卧倒在地或在战壕里的人、马，杀伤效果也几乎为零。如果能使炮弹距地面一定高度爆炸，使杀伤破片自上而下地打击地面或坑内的敌人，杀伤效果就会显著提高。在近感引信未出现前，为了使炮弹配备触发引信也能实现空炸，人们采用跳弹射击的方法，即所谓跳弹空炸。当近程射击（3～5 km）、落角不大于 20°时，炮弹落地时引信开始起作用，但不立即引爆弹丸，等炮弹从地面跳起，在离地面 0.5～6 m 的高度范围内引爆弹丸，其效果与空炸相同。这就要求触发引信具有短延期作用。跳弹射击受地形、地质和射程的限制，因此跳弹率不稳定，而且还会造成部分引信甚至弹壳损坏，杀伤效果仍不理想。于是，人们想到可以用时间引信实现空炸射击。在发射前，根据射程远近装定时间，使炮弹落地之前在目标区上空爆炸。这比跳弹射击的效果好。由于地形的影响以及火炮的弹道散布和时间引信本身的时间散布，势必造成一个较大的炸高散布，使得有的炮弹落到地面上没有炸，而有的炸点则过高。空炸高度过高将使目标处于威力范围之外，碰地后仍不炸相当于瞎火。为了使落到地面上的炮弹能够碰地炸，就出现了时间触发双用引信。

通过上述对地面目标射击的分析，说明需要这样一种新原理的引信，它既不直接与目标相碰，但又要与目标有密切的联系，它控制战斗部爆炸时机要与弹目相对位置有关，只有这种引信才能弥补上述触发引信与时间引信的不足之处。

空中目标如飞机、导弹，其特点是面积小、速度高、机动性好。对于低空飞行的敌机，一般用小口径高炮榴弹配用触发引信，要求弹丸直接命中目标，最好是钻进飞机蒙皮内再爆炸，这样才能对机内的仪器、仪表、弹药、燃油、发动机和乘员等给予最大的破坏和杀伤。小口径火炮系统射速高、反应快，短时间内可发射出很多弹丸。几门火炮同时射击，在空中将形成一个拦截的弹幕，命中目标的可能性相对来讲要大一些，但要消耗大量的弹药。对付高空敌机，需采用中、大口径的火炮，其射速及反应速度均较慢，因此直接命中很困难。尤其是现代航空技术的迅速发展，飞机性能已远远超过过去的水平。现代战斗机的主要特点是航速大、机动性好、火力强，而且具有低空和超低空入侵的能力。就是对小口径高炮系统来说，其直接命中目标也越来越困难，效率显著降低。如果采用防空导弹来对付，虽然有制导系统，但也只能及时发现目标，正确跟踪目标，引导导弹按要求的精度接近目标。由于制导系统本身的误差，也不易直接命中目标。导弹成本高，威力大，要提高毁伤目标的概率只有使战斗部在目标进入其杀伤区域内时起爆，也就是采用近感引信。虽然也可以采用时间引信，即在发射前测出弹目间距离及有关弹目运动的参数等，对引信进行时间装定，这样，时间引信可以控制战斗部在目标附近爆炸。但由于时间引信本身的误差散布以及目标速度高、机动性好的特点，不容易控制战斗部在相对目标最佳位置起爆。对于导弹来说，因目标与弹道机动，采用时间引信更无意义。

由上述对地及对空目标的分析结果可见，无论是时间引信还是触发引信，在高速目标迅速发展的形势面前，都显得能力不够，从而限制了武器战斗性能的发挥。在这种情况下，迫使人们去寻求新原理的引信，能不碰击目标而在相对目标最佳位置引爆战斗部的引信，这就是近感引信。

近感引信的发展是从20世纪30年代开始的，德国最早，其次是英国、日本、苏联，它们曾先后设计了多种类型的近感引信。例如苏联在1935年制成了声学引信，在实验室和靶场试验时，得到令人满意的结果。用它来对付装有M-11或M-17发动机的飞机，可以保证在50~60 m的距离动作，并对炮弹发射的声音不起作用。近感引信的飞跃发展是在20世纪40年代以后，是由于第二次世界大战中特别令人注目的两大事件促成的。第一个事件是有很大活动半径的新式导弹的出现，它使近感引信变成极为必需的装置。因飞机上装载的航空导弹数量一般不多，它们的构造复杂而且昂贵，这就使它们不能像普通口径的航空炮弹那样大量地消耗。此外，导弹的遥控系统或是自动瞄准系统都存在着不可避免的误差而不能导引弹头直接命中目标。因此，对导弹来说，实现近感起爆比炮弹更加必要。第二个事件是雷达技术的发展，为实现新原理的近感引信创造了条件。如美国在1940年左右才开始研究，但很快就把雷达技术移植到近感引信上来，从而后来居上，处于领先地位。连续波多普勒无线电引信于1943年研制成功并装备部队。到第二次世界大战结束时，共生产可用的连续波多普勒无线电引信约两千多万发，这些引信在大战后期和朝鲜战争中都显示出强大威力。无线电引信相对触发引信成倍甚至几十倍地提高杀伤效果，这一事实使各国受到很大启示，投入了更多的人力、物力，而且把最先进的技术成就优先用于引信。由于广泛采用了各个科学领域中的最新成就，近感引信发展很快。无线电引信从20世纪40年代的电子管型、50年代的晶体管型、60年代的固体电路型，发展为70年代的特制集成电路型。例如美国将中、大口径地炮榴弹引信，用一种集成化通用无线电引信代替。在迫击炮弹上，也研制配用了集成化的多用途引信。随着电子计算机、微电子技术、红外技术、激光技术、遥控（感）技术等在近感引信中得到应用，先后出现了各种原理的近感引信，如红外引信、激光引信、毫米波引信等。

目前，近感引信已由配用于导弹及大、中口径炮弹上发展到配用于小口径炮弹上。根据现代飞机和防空技术的发展水平，各国普遍认为中高空的防御可利用导弹，而低空防御则可用小高炮和低空导弹。由于小高炮有反应快、射速高、数量多及初速大等许多特点，因而仍是现代战场上的一种有效的不可缺少的防空武器。如瑞典博福斯公司为提高 40 mm 高炮武器系统的效能，于 1974 年第一次在 40 mm 预制钨珠凸底榴弹上正式配用无线电近感引信，从而大大提高了杀伤概率。其他国家也都在研究、设计和制造各种小口径的近感引信弹药，有的已装备部队。

回顾引信发展史，可以得到极为重要的启示：引信的发展史，就是为提高引信利用目标或其环境信息水平的奋斗史。换句话说，引信一直为获取"最佳"炸点所需的目标信息而奋斗。初始的时间引信是靠使用者获取目标位置信息而作用的，炸点不能由引信本身来确定。触发引信的出现，是引信开始利用目标信息的标志，但只能利用与目标接触时的唯一的目标位置信息，因而利用目标信息的水平低，它只能确定炸点，而在碰击前不能选择炸点。近感引信的出现，使引信利用目标信息的水平达到一个新高度，即引信本身可以根据弹目交会条件自己选择炸点。历史事实充分说明，只有提高引信利用目标信息的水平，引信的功能才会有所突破。还应指出，现代引信不仅在选择的功能上有很大突破，而且在抗干扰性能方面也有较大的发展，其实质仍然是提高利用信息的水平。例如，保险机构采用双重环境力解除保险，提高了对环境力信息的利用水平；又如自适应引信不仅能适应弹目交会条件的变化，而且能识别干扰信号，从而提高引信对目标的识别能力。这意味着引信正向"信息化""智能化"方向发展。

综上所述，引信的发展可以归纳为以下三点：

（1）引信发展的动力。战争的发展，包括目标的发展和战术应用的发展，对引信提出各式各样且越来越高的要求，引信在不断满足这些要求中得到发展。所以说，战争对引信的需求是引信发展的源动力。

（2）引信发展的基础。现代科学技术发展及其成果的应用，为引信满足战争要求提供了先进、完善和多样化的技术及物质基础。所以说，科学技术和生产力的发展水平是引信发展的基础。

（3）引信发展的水平。取决于引信对目标信息的利用水平。

我国从 1958 年开始研制近感引信。1962 年以前主要是解剖分析外国产品。从 1962 年到 1966 年，主要是对美、苏等国的产品进行仿制。从 20 世纪 70 年代以来，近感引信的研制工作进入了一个新阶段，即改型和自行设计阶段，并形成了批量生产能力。

仔细分析国内外引信的发展历史和现状，可以认为国内外引信的发展趋势和主要特点有如下几点。

（1）信息化。2001 年秋，美国国防研究计划局（DARPA）决定在 C4ISR 基础上增加终端毁伤（Kill），即提出 C4KISR。由此，引信作为 C4KISR 中的一个环节出现，意味着引信必须大幅度提高自身信息技术的含量。实现引信与武器体系其他子系统，特别是与信息平台、发射平台、运载平台和指控平台之间信息链路的联结。

引信信息化水平的提高，不仅意味着引信需要获取更多的环境信息和目标信息以满足作战需求，更重要的是为引信功能的扩展提供了更好的基础。

（2）提高抗干扰能力。利用各种物理场、各种探测原理和先进的信号处理手段，提高引信对各类目标的准确识别能力，提高引信自身战场生存能力，确保引信工作的可靠性。

提高抗干扰能力是引信特别是近感引信发展的永恒主题。提高近感引信抗干扰能力主要从两个方面着手：一是提高信号处理水平，这是每种引信都必须采用的办法，其基础是目标特性的准确性，因此，要加强目标特性的研究；二是在可能的情况下，利用物理场特性和新的工作原理提高抗干扰能力，这是最有效的办法。

（3）提高炸点控制精度。进一步挖掘并更加充分利用各种目标信息和环境信息，使引信对目标准确识别，实现引信起爆模式和炸点的最优控制。

提高炸点控制精度是引信特别是近感引信发展的又一个永恒主题。有几层含义：① 是否所攻击的目标（是敌还是我，目标还是干扰，是否易损部位）；② 启用何种作用方式（近感，触发，延期）；③ 在最有利位置起爆。

（4）微小型化。采用 MEMS（微机电）技术、MMIC（单片微波集成路）技术、专用单片集成电路、高能电池等手段，实现引信微小型化。

引信小型化，进而微型化，可以带来一系列好处。微小型化的引信可以在小口径弹药上使用，或者在所占体积不变的情况下可以使用更多的元件、器件、部件，使引信功能更加完善。更吸引人的好处是可以节省出空间用于装药。

（5）发展多功能引信。一种引信具有多种功能，可具有触发、近感、时间等。触发又可具有瞬发、长延期、短延期等；近感可以具有炸高分档功能。

如果一种引信具有多种功能，就意味着一种引信可以配多个弹种。这将会给生产、勤务、保障、使用等诸多环节带来一系列好处。

（6）功能扩展。现代引信除了具备起爆控制的基本功能外，还可以为续航发动机点火，为弹道修正机构动作提供控制信号，可以实现战场效果评估，还可与各类平台交流信息（实现与信息平台、指控平台、武器其他子系统和引信之间）。引信信息化水平的提高是引信功能扩展的重要内容。

（7）高能量小体积电源。现代引信用电源（原电池加管理电路）主要是化学电源和物理电源。化学电源原电池主要有热电池和铅酸电池，物理电源原电池主要是发电机发电。这两种电源虽然可以满足现代引信的需要，但如果不能在小体积高能量方面获得突破，引信的微小型化会受到严重影响。

1.2 引信的功能及作用

1.2.1 引信的功能及定义

战斗部是武器系统中直接对目标起毁伤作用的部分，即指炮弹、炸弹、导弹、鱼雷、水雷、地雷、手榴弹等起爆炸作用的部分，也包括不起爆炸作用的各种特种弹，如宣传弹、燃烧弹、照明弹、烟幕弹等。当战斗部遇到目标时，要想获得最大的毁伤效果，引信起着关键的作用，决不能简单地理解为只是"引爆"，使战斗部爆炸。因为只有当战斗部在相对目标最有利位置被引爆时，才能最大限度地发挥它的威力。但是，安全性能不好的引信会导致战斗部的提前爆炸，这样不但没有杀伤敌人，反而会造成我方人员的伤亡或器材的损坏，因此，将"安全"与"可靠"引爆战斗部二者结合起来，才构成现代引信的基本功能。

一般来说，要求现代引信具有三个功能：

（1）在引信生产、装配、运输、储存、装填、发射以及发射后的弹道起始段上，不能提前作用,以确保我方人员的安全。

(2) 感受目标的信息并加以处理,确定战斗部相对目标的最佳起爆位置。

(3) 向战斗部输出足够的起爆能量,完全地引爆战斗部。

第一个功能主要由引信的安全系统来完成;第二个功能由引信的发火控制系统来完成;第三个功能由爆炸序列来完成。

由以上引信的功能,可以给出引信定义:引信是利用环境信息、目标信息或平台信息,在保证勤务和发射安全的前提下,按预定策略对弹药实施起爆控制的装置。

1.2.2 引信的组成及作用过程

图 1-1 给出了引信基本组成各部分、各部分间的联系及引信与目标、战斗部等的关系示意图。

发火控制系统包括敏感装置、信号处理器和执行装置。它起着发现目标、抑制干扰、确定最佳起爆位置的作用。爆炸序列是指各种火工元件按它们的敏感程度逐渐降低而输出能量逐渐增大的顺序排列而成的组合,其作用是引爆战斗部主装药。安全系统包括保险机构、隔爆机构等。保险机构使发火控制系统平时处于不敏感或不工作状态,使隔爆机构处于切断爆炸序列通道的状态,这种状态称为安全状态或保险状态。能源装置包括环境能源(由战斗部运动所产生的后坐力、离心力、摩擦产生的热、气流的推力等)及引信自带的能源(内储能源),其作用是供给发火控制系统和安全系统正常工作所需的能量。

引信的作用过程是指引信从发射开始到引爆战斗部主装药的全过程。引信在勤务处理时的安全状态,一般来说就是出厂时的装配状态,即保险状态。战斗部发射或投放后,引信利用一定的环境能源或自带的能源完成引爆前预定的一系列动作而处于这样一种状态:一旦接受目标直接传给或由感应得来的起爆信息,或从外部得到起爆指令,或达到预先装定的时间,就能引爆战斗部。这种状态称为待发状态,又称待爆状态。从引信功能的分析和定义可知,引信的作用过程主要包括解除保险过程、发火控制过程和引爆过程,如图 1-2 所示。

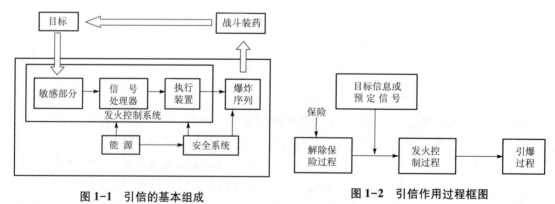

图 1-1 引信的基本组成　　　图 1-2 引信作用过程框图

引信首先由保险状态过渡到待发状态,此过程称为解除保险过程。已进入待发状态的引信,从获取目标信息开始到输出火焰或爆轰能的过程称为发火控制过程。将火焰或爆轰能逐级放大,最后输出足够强的爆轰能使战斗部主装药完全爆炸,此过程称为引爆过程。

一、解除保险过程

为完成引爆战斗部主装药的任务,在引信中必须使用爆炸元件。由于爆炸元件是一次性使用元件,如果提前发火将造成引信失效,这不仅影响引信作用的可靠性,甚至还会造成危及我方安全的严重后果。因此,必须采取技术措施,保证在平时(即从装配出厂开始到战斗使用发射瞬间为止的整个期间)使引信完全处于抑制或不工作状态。这些技术措施统称为保险,为此而设置的机构和(或)电路,统称为保险机构和(或)电路。所以,引信平时所处的状态通常称为保险状态。

从发射(或投放)开始,引信即进入作用过程,它利用环境信息和(或)电信号控制保险机构和(或)电路依次解除保险,使引信转换为待发状态。这个过程,即称为解除保险过程。此后,引信一旦获取目标(或目标环境)信息或预定信号将会发火。这时,当引信遇到目标或获取预定信号时,即进入发火控制过程。但应说明,在发射(或投放)前获取预定信号而作用的引信(如时间引信),则在引信解除保险前即进入发火控制过程。

二、发火控制过程

一般信息系统的作用过程大致分为四个步骤:信息获取、信息传输、信号处理和处理结果输出。对于引信来说,信息传输很简单,而处理结果输出的形式是火焰或爆轰能。所以可将引信的发火控制过程归并为信息获取、信号处理和发火输出三个步骤,如图1-3所示。

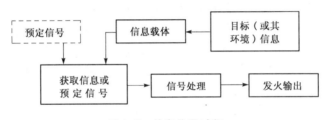

图 1-3 信息作用过程

1. 信息获取及目标信息获取方式

所谓信息获取,是指探测(或接收)目标(或其环境)信息或预定信号,并转换为适于引信内部传输的信号如位移信号、电信号等。因此信息获取主要包括信息(或信号)传递和转换。

(1) 信息传递。引信探测或接收目标信息其实质就是将目标信息传至引信。传递信息必须要有能量做功,而目标信息是"状态量",它本身不具有能量。因此,目标信息的传递必须伴随着能量的传输,它可以利用各种形式的能量进行传递,如力、机械波(应力波、声波等)、电磁波和其他物理场(电、磁和热等)。传递目标信息的能量可以来自引信本身,也可以来自目标或其他装置。

信息一般是以信号的形式进行传递。所谓信号,广义地说,一切运动或状态的变化都是一种信号,它是随时间变化的某种物理量。也就是说,物理量的变化可以代表一定的"状态",也就含有一定的信息,因而信号可以作为信息的表现形式。那么,目标信息是如何以信号的形式进行传递的呢?由于目标的存在,传递信息的能量就会发生变化,即表征能量的物理量发生变化。这些变化与目标的各种状态和特征有对应关系,即一定的信号就代表着一定的目标信息。因此，目标信息就可以用信号的表现形式传至引信，并被引信所接收。

信息和信号这两个概念必须严格地区别。信息是物理状态量，"信息就是信息，既不是物质，也不是能量"，信息可以进行传输、变换等；信号是具有能量特性的物理量，可以进行传输，并可以作为信息的运载工具。但必须明确，通常所说的信号，它可以含有目标信息，也可以不含有目标信息。例如，用于传递目标信息的能量在空间运动，也是一种信号，但在目标出现以前，并不含有目标信息，只有在目标出现后，从目标返回的信号中才含有目标信息。

（2）信息转换。引信接收到载有目标信息的信号后，再转换为适合于引信内部传输的信号，这种信号就是引信内部传输的语言。例如，利用光波运载的目标信息，通常在引信中转换为电信号，以便输给后面的电路进行工作。显然光信号是不适宜在电路中传输的。

引信获取目标信息有以下三种方式：

（1）触感方式。指引信（或弹药）直接与目标接触，利用引信与目标相互间的作用力、惯性力和应力波传递目标信息的方式。

（2）近感方式。指引信在目标附近时，利用某种物理场将目标信息传送至引信的方式。

（3）接收指令方式。指由引信以外的专门仪器设备，如观察站的雷达、指挥仪或其他设备，自动完成获取目标信息的任务后对引信直接发出引爆弹药的信号。由于引信获取的是执行引爆任务的信号，故又称这种信号为执行信号。获取执行信号的方式又分为预置指令信号和实时指令信号两种。例如时间装定信号就是预置指令信号中的一种。时间装定信号指的是在发射前引信接收时间装定信号，其接收过程为：在发射前由专门的仪器设备测定目标距离和方位，以此计算确定引信发射后的引爆时间，并对引信进行时间装定。发射后引信按所装定的时间引爆战斗部主装药。实时指令信号指的是发射后引信所接收的外来引爆指令，通常由观察站跟踪目标，当目标进入战斗部威力范围时，它就发出一个无线电信号，也就是实时指令。引信接收到指令后立即引爆战斗部主装药。

上述（1）（2）两种方式是由引信本身直接完成获取目标信息的任务，故称为直接获取目标信息方式。第三种方式由于引信获取的执行信号是由目标信息转换得到的，故称为间接获取目标信息方式。将引信获取目标（或环境）信息或执行信号的装置，统称为敏感装置。

2. 信号处理

敏感装置获取的信息是初始信息，其中混杂有各种干扰信号和无用的信息，这就需要进行处理，即通过去粗取精、去伪存真，提取主要的和有用的信息，并加工成引信引爆所需的发火控制信号。这种处理应是实时的，而不是事后处理。由于敏感装置所获取的信息是用转换为信号的形式传输的，因此这种处理称为信号处理。

通常，引信的信号处理应完成以下任务：

（1）识别真假信号。真信号是指含有目标信息的信号或预定信号，假信号是指非目标信号，即各种干扰信号（自然的和人工的）。所谓识别真假信号，实质上就是要解决识别真假目标并抑制干扰信号的问题。

（2）信号放大。引信敏感装置获取的含有目标信息的信号是微弱信号，为方便处理，一般需要放大。

（3）提供发火控制信号。引信起爆通常又称为发火，控制起爆的信号就称为发火控制信号。在初始信息中取出所需目标信息，经加工后，判断弹目相对位置，在最佳起爆位置

（时机）提供起爆信号。即为信号处理最后得到的处理结果。

完成上述作用的机构，一般称为信号处理装置。该装置的设置与所要完成的具体任务根据引信类型和战术技术要求而异，名称也各不相同。例如，机械触发引信中的延期机构及近感引信中的放大电路、目标识别电路等。

3. 发火输出

在引信中，获取目标信息的基本目的，是利用它控制引爆战斗部主装药。因此，引信处理结果输出的形式与一般系统不同，要求输出能够引起起爆元件发火的能量，因而将引信的处理结果输出定名为"发火输出"。完成发火输出的相应装置称为执行装置。

三、起爆过程

当发火输出后，信息作用过程结束而转入起爆过程。它的作用是使发火输出能量引爆起爆元件并逐级放大，最后输出引爆战斗部主装药的爆炸能，完成起爆过程的装置称为爆炸序列。

当引信输出爆炸能后，战斗部主装药就会立即爆炸，引信的整个作用过程到此结束。

1.2.3 引信的爆炸序列

引爆战斗部主装药的任务是由引信中爆炸序列直接完成的。为保证弹药的安全，战斗部主装药都是钝感炸药，要使它们爆炸，必须使用敏感度高的引爆炸药，但使用的量不能多，否则不安全。可是少量敏感度高的引爆炸药只有较小的爆炸能量输出，还是不能引爆钝感的炸药，因此在高敏感度引爆炸药和钝感炸药之间，需要设置一些敏感度逐渐降低而能量增大的爆炸元件。

组成爆炸序列的爆炸元件主要有：火帽、电点火管、雷管、电雷管、导爆药、传爆药。其中前四种爆炸元件都装有敏感药剂——起爆药。由于它的敏感度高，所以可作为爆炸序列的第一个元件，此时称为起爆元件。后两种爆炸元件起放大作用，向战斗部主装药提供爆炸能量。

爆炸序列分为两种：传爆序列和传火序列。

一、传爆序列

最后一个爆炸元件输出爆轰能的爆炸序列称为传爆序列。它的组成随着战斗部的类型、主装药的药量和引信作用方式的不同而异。

图1-4为小口径榴弹引信的传爆序列。由于战斗部主装药的药量少，所需引爆能量也小，因而能量放大的爆炸元件可以少用，同时引信结构体积又小，也不允许多用。相反，中大口径榴弹引信组成传爆序列的爆炸元件就可能需要多些。如图1-5所示。上述传爆序列均是用于触发作用方式的引信中，第一级爆炸元件是火帽或雷管。

图1-6所示为近感作用方式的引信

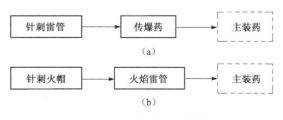

图1-4 小口径榴弹引信传爆序列

(a) 针刺雷管传爆序列；(b) 火焰雷管传爆序列

传爆序列。其第一级爆炸元件为电火工元件，如电点火管或电雷管。

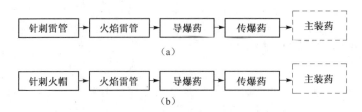

图 1-5　中大口径榴弹引信传爆序列

（a）针刺雷管传爆序列；（b）针刺火帽传爆序列

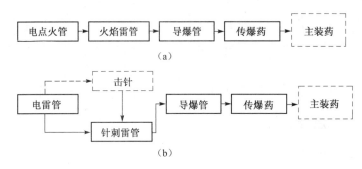

图 1-6　近感作用方式引信的传爆序列

（a）火焰雷管传爆序列；（b）针刺雷管传爆序列

　　传爆序列是引信中十分重要的组成部分，对引信的性能和结构都有重要影响。例如，传爆序列发火所经历的时间直接影响战斗部对目标的杀伤效果。引信中的一些机构如保险机构等，都是围绕传爆序列而设置的。所以，传爆序列的发展对引信技术会产生重大影响。如目前新发展了无起爆药雷管组成的传爆序列，如图 1-7 所示。因爆炸元件不含有敏感药剂起爆药，本身的安全性大大提高。

图 1-7　无起爆药雷管的传爆序列

　　美国和苏联引信的传爆序列所用的第一级爆炸元件是不相同的。苏联一般采用火帽或电点火管的火焰能输出，通过爆炸元件本身保证引信安全。而美国则采用雷管或电雷管的爆轰能输出，注意引信对目标的作用效果，同时考虑引信安全。这反映出两种不同的引信设计思想。

二、传火序列

　　最后一个爆炸元件输出火焰能的爆炸序列叫传火序列，如图 1-8 所示。传火序列一般用于宣传、燃烧、照明等特种弹的引信中。因特种弹的战斗部内主要装抛射药和点火药，只需要火焰能量引爆。

　　爆炸序列中，通常导爆药柱和传爆药柱是采用与主装药感度基本相同的炸药制成，而火帽、电点火管、雷管、电雷管等起爆元件则装有较敏感的起爆药，在某些环境条件下可能产生自燃或自炸，而导致引信早炸。针对这些不安全因素，在现代引信中普遍采用"隔离"安全技术措施。所谓隔离，是指将爆炸序列的一个爆炸元件与下一级爆炸元件相隔离，以隔

图 1-8　传火序列

断爆炸冲量的传递通道。实施爆轰冲量隔离的零件称为隔爆件。

在火帽（或电点火管）与雷管中间设置隔爆件，称为半保险型引信。当火帽（或电点火管）意外发火时，不会引爆雷管，保证引信不作用。但是这种隔离方式仍不能解决雷管意外发火而引起引信爆炸的危险性。在雷管（或电雷管）与导爆药柱（管）中间设置隔爆件，称为全保险型引信。当火帽（或电点火管）和雷管（或电雷管）意外发火时，都不会使引信爆炸。没有上述隔离措施的引信，称为非保险型引信。在现代引信设计中，一定要将引信设计成全保险型的，有些国家已将此定为必须遵循的一条设计准则。在我国已明确必须采用隔离雷管（或电雷管）型，以充分保证引信安全。

爆炸序列的起爆由位于发火装置中的第一个火工元件开始，发火方式主要有下列三种。

机械发火：用针刺、撞击、碰击等机械方法使火帽或雷管发火；

电发火：利用电能使电点火管或电雷管发火；

化学发火：利用两种或两种以上的化学物质接触时发生的强烈氧化-还原反应所产生的热量使火工元件发火。

1.3　近感引信作用原理

触发引信的作用原理比较容易理解，它直接利用弹丸与目标相接触的一瞬间，由目标给引信的反作用力或由于弹丸减速引起引信运动状态发生急剧变化而使引信动作，引爆弹丸。引信与目标之间的关系是直接而简单的。而近感引信与目标的关系是既不直接相接触，但又与目标有密切的联系。当有目标存在时，它将

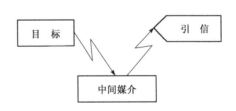

图 1-9　引信与目标之间的关系

通过本身的物理性质、几何形状、运动状态及其周围的环境等，反映出各种信息。近感引信通过探测目标的各种信息来确定目标的存在与方位，以控制引信适时作用。引信与目标之间靠什么来传递信息呢？这就要利用"中间媒介"物来牵线搭桥了。如图 1-9 所示。

一般来说，近感引信与目标之间的"中间媒介"物是各种物理场，如电、磁、声、光等。场是一种特殊形式的物质，但它与实物之间有一个显著的区别：所有实物都占有一定的空间，这一空间是不能与其他实物共同占有的。但在同一空间里却可同时存在着许多场，不仅场与场可以共处同一空间，而且实物与场也可彼此渗透占有同一空间。此时，场将改变实物的状态，而实物也将对场有所影响。近感引信与目标之间的相互作用正是利用了场的这个特点。

当空间存在物理场时，由于目标的出现引起物理场的变化被称为对比性。如果在近感引信中装上对这种对比性有反应的敏感装置，那么，场的变化必然会引起该装置的状态发生变化。这样，就通过场的作用将目标的信息传给了引信，引信接收此信息后经过处理，控制引信适时

作用。

这样,可以给出近感引信的定义:通过目标出现时周围空间物理场特性的变化感觉目标的存在,并在预定的位置适时起爆战斗部的一种引信。

近感引信按其借以传递目标信息的物理场的来源,可分为主动式、半主动式和被动式三类。

主动式近感引信:由引信本身的物理场源(简称场源)辐射能量,利用目标的反射特性获取目标信息而作用的引信,如图1-10所示。由于物理场是由引信本身产生的,工作稳定性好。但增加场源会使引信电路复杂,并要求有较大功率的电源来供给物理场工作,增加了引信设计的难度。此外,这种引信易被敌方侦察发现,如抗干扰设计欠佳,可能被干扰。

半主动式近感引信:由我方(在地面上、飞机上或军舰上)设置的场源辐射能量,利用目标的反射特性并同时接收场源辐射和目标反射信号而获取目标信息进行工作的引信,如图1-11所示。这种引信的结构简单,场源特性稳定,而且可以控制。关键在于引信要能鉴别从目标反射的信号和场源辐射的信号,同时需要大功率场源和专门设备,但这使指挥系统复杂化,且易暴露。目前,这种引信较少使用。

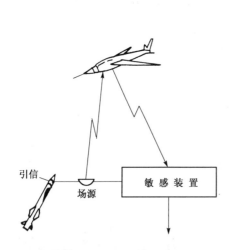

图1-10 主动式近感引信作用方式

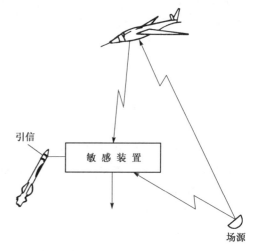

图1-11 半主动式近感引信作用方式

被动式近感引信:利用目标产生的物理场获取目标信息而工作的引信,如图1-12所示。对于大多数目标来说都具有某种物理场,如发动机就可以产生红外光辐射场和声波,高速运动的目标因静电效应而存在静电场,使用铁磁物质的目标有磁场等。这种引信不但结构可以简化,能源消耗可以减少,而且不易暴露。但引信获取目标信息完全依赖于目标的物理场,会造成引信工作的不稳定性。因各种目标物理场的强度可能有显著差别,敌方可能采取特殊措施使目标物理场产生变化或减小,甚至可以暂时消失,如喷气发动机将气门关闭或喷气孔后加挡板等。

近感引信与触发引信的相同之处是具有各种保险机构、隔离装置与爆炸序列等一系列机械与火工装置。不同之处是它们的发火控制系统内部组成有差别,近感引信有一套实现近感的敏感装置,称近感装置。

近感装置由以下几个部分组成,如图1-13所示。

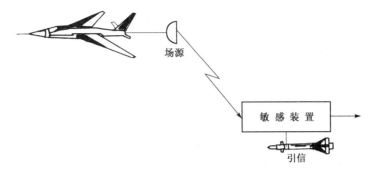

图 1-12 被动式近感引信作用方式

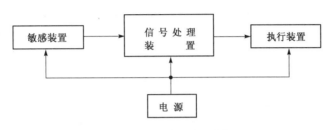

图 1-13 近感装置的组成框图

敏感装置：感受外界物理场由于目标存在所发生的变化，并把所获得的目标信息变成电信号。敏感装置是近感引信的核心。对于主动式近感引信来说，敏感装置中还包括有辐射能量的装置。

信号处理装置：在一般情况下，敏感装置所获取的目标信息能量小，因而输出的初始信号也小，首先需将此初始信号放大。此外，初始信号中除了目标的信息外，还混杂有各种干扰信号（无用的信号），因此必须经过频率、幅度、时间和波形等的选择和处理、去伪存真，提取有用的信号，在确定目标是处在最佳炸点位置时推动后一级执行装置工作。

执行装置：将信号处理装置输出的控制信号转变为火焰能或爆轰能的装置。它由开关、储能器、电点火管（或电雷管）组成，如图 1-14 所示。电点火管所需要的电能是由储能器供给的，利用开关适时地接通使电点火管点火而引爆战斗部。而开关的适时接通是由前一级输出的控制信号来控制的。

图 1-14 执行装置的组成框图

电源：供给上述各部分能量以保证它们能正常工作。

综上所述，近感引信借以工作的"中间媒介"是各种物理场，根据物理场的变化，敏感装置引入目标信号，经信号处理装置进行目标识别和定位，推动执行装置工作，引爆战斗部。

1.4 对引信的基本要求

为保证各类弹药完成它所承担的特定任务，在引信设计研制过程中，首先根据实战使用要求、武器弹药系统的技术特性、目前的技术水平和生产能力等实际情况，对引信提出一系列要求。这些要求可以归纳为战术的和技术的两方面，故统称为战术技术要求。它是设计、研制和评价引信的最根本的原始依据，并以定量指标形式作为评定产品质量的标准。

由于对付的目标不同和战斗部性能的不同而采用不同的引信，因此对引信提出的战术技术要求也不同。可分为一般要求与特殊要求。所谓一般要求是指所有引信都必须满足的基本要求，而特殊要求则依引信不同而异。

1.4.1 安全性

在引信到达预定炸点之前的各个时期，要确保引信有足够的安全性。引信安全性一般可定义为：在预定工作条件外的任何情况下不得作用的性能。"引信不得作用"是指引信不能发火，即不发生引爆战斗部主装药的现象或结果，而不是指引信中某个火工元件不发火。引信安全性如不能保证，就谈不上引信的作用可靠性，这不仅不能完成消灭敌人的任务，有时反而会对我方造成危害，这是绝对不允许的。

为了满足引信安全性要求，在引信中采取各种措施，设置专门的机构或装置，这些机构或装置的总和统称为安全系统。

从引信装配出厂到战斗使用结束的整个期间，将其安全性分为勤务处理安全性、发射（投放）安全性和撤离战斗安全性。

一、勤务处理安全性

勤务处理是指弹药在发射前经历的所有过程，包括搬运、运输、储存、安装（将引信装在战斗部上）、装定和装填等过程。在勤务处理中可能会遇到违章操作和偶然跌落，产生滚动、振动和撞击等情况，引信将可能受到与控制保险机构解除保险的环境力信息相类似的作用力干扰。此时，若安全保险机构设计不合理，就可能解除保险而造成安全系统失效。同时，爆炸序列中的起爆元件，可能因受强烈冲击或振动而发火，特别是电起爆元件（电点火管或电雷管），在受到静电和射频干扰时也可能发火。在安全系统失效的情况下，一旦起爆元件发火必然导致引信提前发火而危及安全。

评定勤务处理安全性的定量指标，目前主要是"安全落高"等。"安全落高"是指在规定的条件下引信从一定高度跌落而不发火的性能指标。

二、发射安全性

发射安全性是指弹药发射时引信在发射器内（如炮管、发射管等）和阵地的安全性。对于火炮弹药是指膛内安全性和炮口安全性；对于火箭弹和导弹则是指主动段安全性。

1. 膛内安全性

炮弹在发射时，在炮膛内的加速度很高，如某些小口径航空炮弹发射时加速度峰值可达110 000 倍重力加速度，中、大口径榴弹和加农炮榴弹发射时的加速度可达 1 000～30 000 倍重力加速度，引信内部的零件会受到强烈的冲击力，1 g 质量的微小零件将要受到 500～600 N 的力。这样大的力就有可能使某些起爆元件自行发火，如果引信发火，就会引爆战斗部发生膛炸，造成武器受损、人员伤亡的严重后果。为此，在引信中设置隔爆机构，以保证膛内安全。

2. 炮口或主动段安全性

这主要是保证我方发射阵地的安全性。因为发射阵地上可能有伪装物或处于丛林地带，如果炮弹一出炮口引信就处于待发状态，则伪装物或丛林等就可能成为假目标而使引信发生早炸。对于火箭弹来说，如发动机工作不正常时，火箭弹很可能飞向自己阵地，或者发动机熄火而使火箭弹掉在自己阵地上。因此，对引信应有炮口（或主动段）安全距离的要求。炮弹的炮口安全距离应大于战斗部的有效杀伤半径，小于火炮的最小攻击距离；火箭弹的安全距离应为主动段。

为保证炮口或主动段安全，通常采用隔爆机构延期解除保险的方法。在引信中专门设置延期解除保险机构，又称远距离解除保险机构。因此，对安全距离要求还可用延期解除保险时间来表示，其定义为：为了得到一定的安全距离，从发射到引信解除保险之间的延迟时间。

三、撤离战斗安全性

撤离战斗安全性是指弹药发射后未遇目标而撤离战斗的安全性。这是某些弹药对引信提出的战术技术要求，而且根据弹种不同而异。例如，地对空或空对空弹药主要用于城市和野战防空或空对空炸战。通常是对付在我方地区上空的空中目标。当弹药发射后未遇到（或命中）目标时，就会落在我方地区，已处于待发状态的引信将会引爆战斗部而危及地面人员和设备的安全。因此，要求引信在距地面一定高度的范围内不发火，此高度称为安全高度。通常采用使引信在安全高度以上的弹道点发火，使战斗部炸毁（称为自炸），以防止对我方阵地人员及设备的危害。在这类弹药引信中都设置了使战斗部自炸的机构，称为自炸机构。同样，在地雷引信中也要求设置自炸机构，在我军撤离自己投放的地雷区时使地雷自炸，以保证友军进入该阵地时的安全性。又如，对坦克等装甲目标射击时，为了避免脱靶的弹药危及我方出击部队的安全，要求弹药落地时爆炸。

弹药除发射（投放）后撤离战斗的情况外，还存在另一种情况即投弃弹药。例如某些航空弹药中的航弹、火箭弹和导弹在执行战斗任务时，由于飞机或武器发生故障、战斗任务取消或需卸载的情况下，可能向友区投弃弹药。此时，必须要求引信不能解除保险，通常采用专门的控制装置将引信锁定在"保险"位置上，以保证弹药投弃安全。

1.4.2 可靠性

可靠性要求对任何设备都是一项十分重要的质量要求，对引信来说，更有特殊的重要意义。因为引信不仅工作环境条件十分复杂和恶劣，而且是"一次使用"产品，对其引爆性能无法进行 100% 的检验，不能进行筛选。在使用前对部分性能还有可能进行检查，但即使发现故障，也不容许就地随时排除。在整个武器系统中，引信是实现毁伤目标的最后环节，如果引信失效则造成整个系统工作无效，会带来巨大的经济损失，或人员伤亡，或贻误战机等严重后果。为此，可靠性要求是对引信的基本要求，而且还必须对引信提出高可靠性要求。

一般传统的可靠性定义为：产品在规定条件下和规定时间内完成规定功能的能力。可见可靠性是与三个"规定"密切相关。"规定条件"是指产品的工作条件，对引信而言，工作条件是指使用环境条件、勤务处理条件和储存条件等；"规定时间"是指使用时间和储存时间，引信的工作时间很短而储存时间很长；"规定功能"是指对产品所规定功能的全体，而不是指其中的一部分。

引信可靠性可分为安全可靠性和作用可靠性两大部分。安全可靠性的失效模式为"早炸"，即引信在安全距离以内的发火现象。由于安全性在引信中占有特殊地位，因而将它从引信可靠性中独立出来，并作为引信功能性能要求来对待。这样，引信可靠性主要指作用可靠性。它包括解除保险可靠性、解除隔离可靠性和对目标作用的可靠性。对目标作用的可靠性又包括发火可靠性和爆炸序列最后一级火工品的起爆完全性。

引信在遇到目标之前，必须处于待发状态，这就要求可靠地解除保险与隔离。否则，引信将会失效。要满足此要求，关键在于保险机构（又称安全与解除保险机构）的设计。特别是其中的运动件，应有足够的强度与光洁度，使它能按预定方式顺利进行。发火可靠性是指引信在遇目标时，作用过程必须正常，按预定方式发火。这就要求引信中的近感装置，包括电路、电源和各结构件，在强大的冲击力和剧烈震动下性能完好，工作正常，执行级输出足够的能量使火工品可靠作用。同时要求引信适时地引爆弹药，以获得对目标的最大毁伤效力。起爆完全性取决于爆炸序列的设计是否合理。

由于引信是一次性使用产品，所以引信的可靠性一般只能通过抽样检验来考核。

1.4.3 引爆特性

引爆特性是直接完成引信任务的一项战术技术要求，它将最终影响对目标的毁伤效果，因而又称它为功能性能要求。

所谓引爆特性是指引信选择引爆战斗部的最佳时间或空间位置，即炸点选择的时间或空间特性，通常称为适时性。为满足此要求，在引信设计中，应力求使引爆战斗部的时间和空间特性与战斗部动态毁伤区相一致，以保证战斗部充分发挥其毁伤威力。解决最佳时间或空间特性的问题一般称为"引战配合"问题，其意思是引信与战斗部配合取得最大毁伤效率。

引信种类不同，描述适时性的特征量也不同。如触发引信是"瞬发度"和"延期时间"；近感引信则是"炸高"（对地面目标）和"作用距离"等。这些特征量参数即为评定引信适时性要求的定量指标。

目前的各种引信，由于原理本身固有特性的局限性，所能选择的炸点还不能达到"最佳"。这就需要不断地发展引信新原理，以提高对目标信息的利用水平，使引信的功能不断地满足适时性的要求，即力求达到炸点选择的最佳时间或空间特性。

1.4.4 抗干扰性

抗干扰性是指引信在弹道上飞行时抵抗各种干扰仍能保持其正常工作的能力，也就是说，是指引信在延期解除保险后抵抗各种干扰仍能保持正常工作的能力。引信一般在延期解除保险后就处于待发状态，因而抗干扰的实质是提高引信识别目标的能力。

对引信干扰的种类可分为以下几种。

（1）内部干扰：由引信自己产生的干扰。在发射和飞行中，引信在各种力的作用下，使机构零件、电子元器件和电源发生机械振动；在其他物理现象影响下，机构零件变形与误动作；电子元器件与电源产生的噪声；在电路中开关接电或断电时所产生的瞬变过程等都属于内部干扰。特别是电子元器件与电源的噪声，一般在弹道初始段较大，经过放大后，就能产生足够大的电压而使引信发火。

（2）自然干扰：是一种外部干扰，由各种自然现象与物理现象所产生。如雷电、雨点、云层、太阳以及摩擦静电、空气动力热等。不同原理的引信会受到不同的自然干扰。例如，闪电的光和太阳对光引信的干扰；雷声对声引信的干扰；云层、静电对无线电引信的干扰，空气动力热对压电引信的干扰等。

（3）人工干扰：是人为制造的干扰，多用于干扰近感引信。可分为无源干扰和有源干扰。

① 无源干扰，又称消极干扰。利用人工制造物的电磁能反射而产生干扰，也可以是利用一定技术措施人为改变无线电波的正常传播条件而造成干扰。例如在目标上涂覆一层吸收电磁波的物质，使信号反射的功率大大减小来破坏引信的正常工作，这也可视为一种人工干扰；或者利用火箭、飞机等快速运动目标在大气中产生的等离子层来改变目标的反射性能；也可采用产生假目标的物体使引信难以分辨而误炸；此外将已调谐的半波振子或未调谐长金属条，撒向电波传播的空间使其介质特性变成不均匀而改变电波传播方向，以干扰引信正常工作。无源干扰是最早使用也是最常使用的一种干扰手段，实践证明这种干扰效果是显著的。

② 有源干扰，是使用专门的设备，发射各种类型的无线电信号来模拟含有目标信息的信号对引信实施干扰，破坏引信正常工作。实施干扰的方法有多种：扫频干扰是指干扰机的载频按一定规律周期性地变化，当与引信的工作频率重合时，引信可能收到干扰信号而早炸，这种干扰设备简单，对引信频率的原始数据要求少，只需知道引信工作波段就足够了。阻塞干扰是指干扰机辐射宽频谱干扰信号，使处于该频带内的引信接收干扰信号而早炸。这种干扰需要一个波段很宽的发射机，所需功率大，因而其结构复杂。瞄准干扰是指干扰机接收引信的辐射信号后测出引信的工作频率，然后发射出一个与引信工作带宽相比拟的窄带干扰信号。回答干扰是指干扰机接收到引信的信号后，将引信信号的"复制品"转发出去干扰引信正常工作，这种干扰设备简单，使用方便。现阶段，对于无线电引信来说，抗干扰问题尤为突出。由于干扰手段的多样性，引信抗干扰能力总是对一定干扰条件而言的。因而评定引信抗干扰能力的大小，应有相应的各种准则。

1.4.5 长期储存稳定性

弹药在战时消耗量很大，因此在平时必须生产和储存大批引信。一般要求引信储存10~15年后各项性能仍能合乎要求。在长期储存中，气象条件影响很大，特别是潮湿的影响尤为严重，一般要求能经受住（-50~+70）℃的温度和100%的相对湿度，所以解决产品的储存问题不是一件容易的事。为此，设计时应充分考虑到引信储存中可能遇到的不利条件。引信各零件都要防腐处理，要采取严格的密封措施。不仅对引信本身要求有严格的密封性，而且对引信包装筒，甚至包装箱都应严格密封。

1.4.6 环境温度适应性

我国作战地域很广，一年四季南北温差很大，如南方干热地带气温可达+50℃以上，而寒带则到-40 ℃以下。一方面引信本身在极端环境温度下应作用正常，另一方面由于极端温度的影响使火炮膛压相差很大，致使引信受力相差也大，这对引信的安全性与可靠性很不利，在这种情况下要求引信仍能正常作用。一般在战术技术指标中规定应满足（-40～+50）℃的极端温度要求。但在设计引信时，还应从实际的技术水平和使用情况出发，确定具体指标要求。

1.4.7 经济性

对大量消耗的引信来说，经济性要求具有特别重要的意义。评定经济性的基本指标是生产成本。在设计引信时，应十分重视引信零部件的结构工艺性和原材料的选用。如生产过程要简单，采用生产率高的先进加工方法并适于实现生产过程的机械化和自动化；选用原材料应立足于国内，充分考虑我国资源情况，选用资源丰富、产量大而成本低的材料。

1.4.8 使用性能

引信的使用性能是指引信的检测、与战斗部配套和装配、接电、作用方式或作用时间的装定，以及对引信的识别等战术操作项目实施的简易、可靠、准确程度的综合。它是衡量引信设计合理性的一个重要方面。在设计引信时，必须充分了解所设计引信的使用环境条件，尽量使引信操作迅速，使用简单，适合夜战和近战的情况。对于具有多用途功能选择的引信，其装定机构必须适应战场情况复杂和变化突然的情况，即装定简单迅速，准确可靠，分划刻度、数字、文字和颜色清晰易辨，以免贻误战机。

1.4.9 引信标准化

引信标准化包括引信系列化、通用化和模块化，通常简称"三化"。在设计引信时应符合引信标准化的要求。

引信系列化和通用化，不仅可以使后勤供应大为简化，减少使用、供应和调运中的差错，便于战士操作，而且可使新型引信的研制周期大为缩短，有利于提高质量和减少生产设备、降低成本，提高生产率。

引信标准是引信设计、生产和使用中必须遵循的通用规范，它由权威机构发布，定期更新。每个标准都有一个代号，例如 GJB373A—1997 就是 1997 年发布的国家军用标准《引信安全性设计准则》，WJ/2242—1988 就是 1988 年发布的兵器行业指导性标准《无线电引信用电子元器件筛选技术条件》。除军用标准外，还有许多国际标准、国家标准、其他行业标准都可用于引信。不了解标准的人可能认为标准会约束自己的创造性，其实不然，标准汇集了大量前人用汗水甚至鲜血换来的经验教训，是很好的设计指南，善于利用标准可以提高设计水平，少走弯路。

战争的基本规律是消灭敌人，保护自己，而且只有消灭敌人才能有效地保护自己，这是拟定战术技术要求的总原则。对引信来说，消灭敌人就体现在对引爆性的要求，保护自己则体现在对安全性的要求上。这两者是引信中一对矛盾的统一。对引信各种要求的实质是反映保护自己、消灭敌人的作战需求。

1.5 引信的分类

引信的分类方法较多，可按弹种、用途、战术使用、装配位置、作用方式和原理等进行分类。下面首先从两大方面进行分类，即从引信作用与目标的关系、引信与战斗部的关系进行大系统的分类，然后再从不同的角度进行细目分类。

1.5.1 按与目标的关系分类

引信获取目标信息的方式可以归纳为三种：触感方式、近感方式和间接方式。因此，相应地可分为触发引信、近感引信和执行引信三大类。

一、触发引信

触发引信是指依靠与目标实体直接接触或碰撞而作用的引信，又称着发引信、碰炸引信。按作用原理，可分为机械的和电的两大类。按引信作用时间分为瞬发、惯性和延期式等引信。

（1）瞬发引信：从触及目标至传爆序列输出爆轰或爆燃能量间的时间间隔小于 1 ms 的触发引信。此类引信适用于杀伤弹、杀伤爆破弹和破甲弹。

（2）惯性引信：也称短延期引信，指从触及目标至传爆序列输出爆轰或爆燃能量间的时间间隔在 1~5 ms 的触发引信。一般配用此类引信的榴弹，爆炸后可在中等坚实的土壤中产生小的弹坑，对坚硬的土壤有小量的侵彻，可装在弹头，也可装在弹底。

（3）延期引信：是指目标信息经过信号处理延长作用时间的触发引信。延期目的是保证弹丸进入目标内部爆炸，延期时间一般为 10~300 ms。此类引信可以装在弹头，也可以装在弹底。但在对付很硬的目标时，应装在弹底。

（4）机电触发引信：属于瞬发引信，但因原理不同，数量又较多而自成一类。用压电元件将目标信息转换为电信号的压电引信曾是这一类的主流，但目前更多采用的是磁后坐发电机发射时取能、双层金属罩碰撞时闭合而发火的方式。机电触发引信的瞬发度高，一般在几十微秒，常用于破甲弹上。

上述"作用时间"是指从接触目标瞬间开始到发火输出所经历的时间，即触发引信的作用时间，这一性能又称为作用迅速性或引信的瞬发度，作用时间愈短，瞬发度愈高。

二、近感引信

近感引信是指按近感方式作用的引信，又称近炸引信。按其借以传递目标信息的物理场来源可分为主动式、半主动式和被动式三类。按其借以传递目标信息的物理场的性质，可以分为无线电、光、磁、声、电容、静电、气压、水压等引信。

（1）无线电引信：是指利用无线电波获取目标信息而作用的近感引信。根据引信工作波段可分为米波式、微波式和毫米波式等；按其作用原理可分为多普勒式、调频式、脉冲调制式、噪声调制式和编码式等。其中米波多普勒无线电引信由于简单可靠，早期应用广泛。现在各种原理的无线电引信发展都很快。

（2）光引信：是指利用光波获取目标信息而作用的近感引信。根据光的性质不同，可分为红外引信和激光引信。红外引信使用较为广泛，特别是在空对空火箭和导弹上应用更多。

激光引信是一种新发展起来的抗干扰性能好的引信，应用逐渐广泛。

（3）磁引信：是指利用磁场获取目标信息而作用的近感引信。有许多目标，如坦克、车辆及军舰等都是由铁磁物质构成的，它们的出现可以改变周围空间的磁场分布。离目标越近，这种变化就越大。目前，此类引信主要配用于航空炸弹、水中兵器和地雷上。

（4）声引信：是指利用声波获取目标信息而作用的近感引信。许多目标如飞机、舰艇和坦克等都带有功率很大的发动机，有很大的声响。因此可使用被动式声引信，目前主要配用于水中兵器和反坦克弹药。在反直升机雷上有较好应用前景。

（5）电容引信：是指利用引信电极间电容的变化获取目标信息而作用的近感引信。此类引信有原理简单，定距精度高，抗干扰性能好等优点。这种引信在作用距离要求不大的场合得到广泛应用。

（6）静电引信：是指利用目标静电场信息而作用的近感引信。这是近几年刚刚发展起来的一种引信，具有很好的应用前景。

近感引信还常按"体制"进一步分类。所谓引信体制是指引信组成的体系，即引信组成的特征。由于引信的组成特征与原理紧密相关，所以通常与原理结合在一起进行分类（"体制"多用于对目标信息的获取，"原理"多用于对目标的定距或定位）。例如多普勒体制、调频体制、脉冲体制、噪声体制、编码体制和红外体制等。

三、执行引信

执行引信是指直接获取外界专门的设备发出的信号而作用的引信，按获取方式可分为时间引信和指令引信。

（1）时间引信：是指按预先（在发射前或飞行过程中）装定的时间而作用的引信。根据其原理的不同又分为机械式（钟表计时）、火药式（火药燃烧药柱长度计时）和电子式（电子计时）。此类引信多用于杀伤爆破弹、子母弹和特种弹等。

（2）指令引信：是指利用接收遥控（或有线控制）系统发出的指令信号（电的和光的）而工作的引信。此种引信需要设置接收指令信号的装置，不需要发射装置。但是，它需要一个大功率辐射源和复杂的遥控系统，容易暴露，一旦被敌方发现炸毁，引信便无法工作。目前多用于地对空导弹上。

1.5.2　按与战斗部的关系分类

按与战斗部关系分类的方法很重要，所配用战斗部的性能和用途，将决定引信的功能和性能。

（1）按配置在战斗部上的位置可分为：弹头引信、弹底（弹尾）引信、弹头探测弹底起爆引信、弹身引信等。

（2）按弹种可分为：炮弹引信、迫击炮弹引信、火箭弹引信、导弹引信、水雷引信、鱼雷引信、深水炸弹引信、地雷引信、枪（手）榴弹引信等。

（3）按弹药用途可分为：杀伤爆破弹引信、爆破弹引信、破甲弹引信、穿甲弹引信、碎甲弹引信、混凝土破坏弹引信、特种弹引信（化学弹、宣传弹、燃烧弹、照明弹、目标指示弹、信号弹）等。

1.6 引信作用示例

图 1-15 所示的是一个配用于 37 mm 高炮榴弹的触发引信,以此为例说明引信的作用过程。

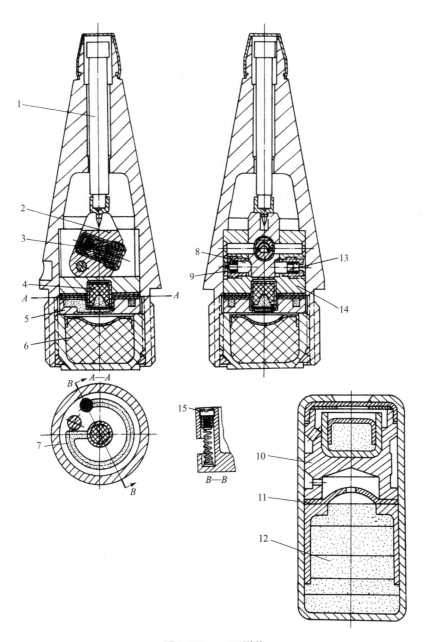

图 1-15 Б-37 引信

1—击针;2—转子;3—刺发火帽;4—导爆药;5—自炸药盘;6—传爆药;7—时间药剂;8—火药保险销;
9—保险火药;10—延期体;11—弓形片;12—雷管;13—离心子;14—转子座;15—发火机构

保险状态：

平时，击针 1 抵在转子 2 的缺口上，不能下移刺发火帽 3。转子预先错开一个角度，火帽不与击针对正。转子被离心子 13 和火药保险销 8 锁住不能转动而处于保险状态。同时，转子中的雷管 12 与转子座 14 中的导爆药 4 错开，隔断传爆序列的爆轰能的传递通道。这样，在平时击针不会戳击火帽而发火，引信处于保险状态。

解除保险过程：

发射时，膛内发火机构 15 获取后坐力信息，由火帽转换为位移信号，使击针刺发火帽点燃固定火药保险销的保险火药 9 与自炸药盘 5 的时间药剂 7。炮弹出炮口 20 m 后，保险火药燃烧完毕，在离心力的作用下，离心子与火药保险销都甩开，释放转子。此时，转子也在动不平衡力矩的作用下立即转至平衡位置。这样，火帽对正击针，雷管也正好对正导爆药，解除保险过程结束，引信处于待发状态。

信息作用过程：

碰目标时，目标的反作用力将目标信息（定位信息）传递给击针，并由击针转换为位移信号，即完成目标信息获取。位移信号又通过击针传输给火帽。即击针移动刺向火帽，输出火焰能信号，完成发火输出。发火信号经过延期体 10 上的斜孔和环形火道，得到一定的延时，通过弓形片 11 上的小孔传输到雷管，对发火信号进行信号放大，则信号处理完成。此时炮弹进入目标内部，引信完成信息作用过程。

引爆过程：

从雷管输出爆轰能信号后，就进入引爆过程，先后引爆导爆药和传爆药 6，最后向主装药输出爆轰能足够的引爆信号，引爆过程结束，弹丸爆炸。

自炸：

若炮弹未命中目标，经过 9～12 s，在弹道的降弧段上自炸药盘燃尽，输出发火信号，引爆导爆药和传爆药，并输出引爆信号使弹丸爆炸，以免弹丸落入我方阵地碰地爆炸而危及人员及物资设备的安全。

第 2 章
多普勒无线电引信

多普勒无线电引信是无线电引信的一种,它是利用弹目接近过程中电磁波的多普勒效应工作的无线电引信。这种引信是最早使用的一种无线电引信,第二次世界大战期间就开始使用。由于这种引信结构简单、体积小、成本低,所以至今在世界各国仍广泛使用。如国外的 M732、MiNNiE、AP-30 等都属于这种类型的引信。

2.1 多普勒无线电引信的探测原理

2.1.1 多普勒效应

多普勒效应的实质是:在振荡源和接收机之间存在相对运动时,接收机所接收到的振荡频率与振荡源的振荡频率不同。这一现象首先在声学上由奥地利物理学家多普勒于 1842 年发现。

假设声源 S 以速度 v_S 向静止的接收机 R 运动(如图 2-1(a)),与接收机距离为 r 的波源在瞬时 t_1 发出的波到达接收机的瞬时为

$$\theta_1 = t_1 + r/v_W \tag{2-1}$$

式中,v_W 为波的传播速度。

在瞬时 $t_2 = t_1 + \tau$ 波源发出的波到达接收机的瞬时为

$$\theta_2 = t_2 + (r - v_S\tau)/v_W \tag{2-2}$$

如果波源的振荡频率为 f_0,则在 τ 时间内发出的波数为

$$N = f_0\tau \tag{2-3}$$

而接收机接收的频率是

$$f = N/\theta \tag{2-4}$$

式中,$\theta = \theta_2 - \theta_1$。

利用式(2-1)、式(2-2)和式(2-3)求式(2-4)可得

$$f = \frac{f_0}{1 - v_S/v_W} \tag{2-5}$$

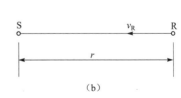

图 2-1 声学中的多普勒效应
(a) 接收机静止,声源运动时的多普勒效应;
(b) 接收机运动,声源静止时的多普勒效应

反之，如果振荡源静止而接收机 R 以速度 v_R 向波源运动（如图 2-1（b）），与上面分析类似，可以得到

$$\theta_1 = t_1 + r/(v_W + v_R)$$
$$\theta_2 = t_2 + (r - v_R \tau)/(v_W + v_R)$$

于是

$$f = f_0(1 + v_R/v_W) \tag{2-6}$$

从式（2-5）和式（2-6）中可以看出，当波源和接收机存在相对运动时，接收机接收到的振荡频率与振荡源的振荡频率不同，这就是多普勒效应。

下面看一下电动力学中的情况。把接收机放置在原点为 O 的坐标系 K 上，而把发射机放置在原点为 O' 的坐标系 K' 上，如图 2-2 所示。设发射机的坐标系 K' 相对于接收机的坐标系 K 沿着 x 轴以速度 v 向右运动。发射机的振荡频率是 f_0，现在确定坐标系 K 上的接收机接收到的振荡频率为 f。

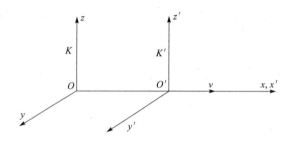

图 2-2 电动力学中的多普勒效应

根据爱因斯坦-罗伦兹变换公式，K 和 K' 坐标系上坐标和时间的对应关系为

$$\left.\begin{array}{l} x' = \dfrac{x - vt}{\sqrt{1-(v/c)^2}} \\[2mm] x = \dfrac{x' + vt'}{\sqrt{1-(v/c)^2}} \\[2mm] y' = y \\ z' = z \\[2mm] t' = \dfrac{t - (v/c^2)x}{\sqrt{1-(v/c)^2}} \\[2mm] t = \dfrac{t' - (v/c^2)x'}{\sqrt{1-(v/c)^2}} \end{array}\right\} \tag{2-7}$$

式中，c 为光速。

在发射机发出信号的过程中，在接收机坐标系 K 上标出两个时间 t_1 和 t_2 及对应的 x 轴上两点 x_1 和 x_2，其坐标对应于这些瞬时的波源位置。那么接收机接收信号的持续时间（根据坐标系 K 上的时钟）等于

$$\tau = t_2 - t_1 \tag{2-8}$$

而

$$x_2 = x_1 + v\tau$$

因为发射机与接收机之间有相对运动，所以接收机接收信号的起始和终了瞬时 θ_1 和 θ_2

（在坐标系 K 上测量）将不同于 t_1 和 t_2，而是

$$\left.\begin{aligned}\theta_1 &= t_1 + r/c \\ \theta_2 &= t_2 + (r+v\tau)/c\end{aligned}\right\} \tag{2-9}$$

式中，r 为瞬时 t_1 发射机和接收机之间的距离。

根据式（2-9），可以计算出在坐标系 K 上作用于接收机的持续时间 θ 为

$$\theta = \theta_2 - \theta_1 = \tau(1 + v/c) \tag{2-10}$$

现在求在这个时间内到达接收机的振荡数。

设发射机的振荡频率为 f_0（在坐标系 K' 上）。它发射出振荡信号的持续时间在坐标系 K' 上应该为

$$\tau' = t_2' - t_1' \tag{2-11}$$

式中，t_2' 和 t_1' 为坐标系 K' 上振荡信号发出的终了和起始时间。根据式（2-7）可得

$$\left.\begin{aligned}t_2' &= \frac{t_2 - (v/c^2)x_2}{\sqrt{1-(v/c)^2}} \\ t_1' &= \frac{t_1 - (v/c^2)x_1}{\sqrt{1-(v/c)^2}}\end{aligned}\right\}$$

由此得到

$$\tau' = \tau\sqrt{1-(v/c)^2} \tag{2-12}$$

根据式（2-12），可求得在时间间隔 θ 内到达接收机的振荡数

$$N = f_0 \tau' = f_0 \tau \sqrt{1-(v/c)^2} \tag{2-13}$$

而由接收机接收的频率为

$$f = \frac{N}{\theta} = f_0 \sqrt{\frac{1-v/c}{1+v/c}} \tag{2-14}$$

式（2-14）、式（2-5）和式（2-6）都是多普勒效应的表达式，但两式不论从本质上还是形式上完全不同，即传播速度比较小和传播速度接近光速时多普勒效应的表达式是不同的。如果发射机和接收机间相对速度远小于光速，即 $v \ll c$，则式（2-14）完全可以近似地表示成与式（2-6）相同的形式（同时考虑远离和接近的两种情况）

$$f = f_0(1 \pm v/v_W) \tag{2-15}$$

其中负号表示接收机向远离发射机方向运动。由于 $v_W = f_0 \lambda_0$，λ_0 为振荡信号波长，故式（2-15）又可写成

$$f = f_0 \pm v/\lambda_0 \tag{2-16}$$

式中，v/λ_0 称为多普勒频率。

在无线电引信系统中，发射机和接收机处于同一弹体中，式（2-16）表示与引信有相对运动的目标处的振荡频率。那么由接收机接收到由目标反射的信号之多普勒频率将增大一倍（用 v_R 代替 v），有

$$f = f_0 \pm 2v_R/\lambda_0 \tag{2-17}$$

令

$$f_d = \pm \frac{2v_R}{\lambda_0} \tag{2-18}$$

将 f_d 称为无线电引信的多普勒频率。

如果弹目是逐渐接近的，则 f_d 为正值；如果弹目是逐渐远离的，则 f_d 为负值。

2.1.2 弹目接近过程中多普勒频率的变化规律

由式（2-17）可知，若发射信号频率一定，那么多普勒频率随引信与目标的接近速度 v_R 的变化而变化。而 v_R 又取决于射击条件和弹目交会条件。由此可知，多普勒频率的变化可以反映弹目接近速度信息。因此，研究弹目接近过程中多普勒频率的变化规律具有重要的实际意义。下面分别讨论对空中目标和对地面目标射击时多普勒频率变化的规律。

一、空中目标

以地对空射击为例。设目标为点目标，弹道与目标飞行轨迹共面，交会情况如图 2-3 所示。

在图 2-3 中，v_T 是目标速度；v_M 是弹速；v_r 为弹对目标的相对速度；v_R 为弹与目标的接近速度（径向速度）；ρ 为目标到相对弹道的距离（通常称为脱靶量）；θ 为弹目连线与相对弹道之间的夹角；β 为弹速矢量与目标速度矢量之间的夹角（称为弹目交会角）；R 为弹目间的距离。

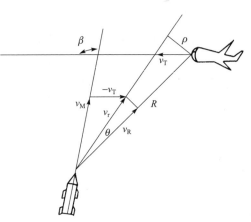

图 2-3 地空射击时 v_R 与交会条件的关系

由图 2-3 可以得到

$$v_R = v_r \cos \theta \tag{2-19}$$

$$v_r = \sqrt{v_M^2 + v_T^2 - 2v_M v_T \cos \beta} \tag{2-20}$$

$$\cos \theta = \frac{\sqrt{R^2 - \rho^2}}{R} = \sqrt{1 - \left(\frac{\rho}{R}\right)^2} \tag{2-21}$$

由式（2-18）、式（2-19）、式（2-20）和式（2-21）可得

$$f_d = \frac{2}{\lambda_0} \sqrt{v_M^2 + v_T^2 - 2v_M v_T \cos \beta} \sqrt{1 - \left(\frac{\rho}{R}\right)^2} \tag{2-22}$$

在一次具体射击中，式（2-22）中的 v_M、v_T、λ_0 和 β 都是一定的，f_d 仅取决于弹目距离 R 和脱靶量 ρ。当弹目距离很远时，即 $R \gg \rho$ 时

$$f_d = \frac{2}{\lambda_0} \sqrt{v_M^2 + v_T^2 - 2v_M v_T \cos \beta} = f_{d\max} \tag{2-23}$$

于是可以把式（2-22）写成

$$f_d = f_{d\max} \sqrt{1 - \left(\frac{\rho}{R}\right)^2} \tag{2-24}$$

从式（2-24）可知，对空中目标射击时，多普勒频率 f_d 与引信工作频率 f_0、弹及目标速度 v_M 和 v_T、交会角 β 以及 ρ/R 有关。

为了便于分析 f_d 随 R 变化的情况，可以把式（2-24）以曲线的形式表示出来，如图 2-4 所示。

由曲线可知，当 $R>2\rho$ 时，f_d 变化很小，并趋近于 f_{dmax}；当 $R<2\rho$ 时，f_d 很快下降；当 $R=\rho$ 时，$f_d=0$。当弹目之间距离由最近（$R=\rho$）继续增大时，f_d 也由零开始增高。因此，在 $R=\rho$ 附近 f_d 有急剧的变化，变化最大的区间在 $R<2\rho$ 范围内。

利用上述多普勒频率变化的规律，通过选择多普勒频率可以控制引信起爆时弹目间的距离。

应该指出，在引信工作的条件下，目标不能视为点目标，因此得到的多普勒信号是具有一定宽度的频谱而不是单一频率的信号。多普勒信号的频谱特性取决于天线参数、目标类型及交会条件等。

二、地面目标

在讨论对地面目标射击时，只考虑地面对电磁波的反射，不考虑所要攻击地面上的人员、武器和工事等具体目标对电磁场的影响。也就是说，这时把地面作为目标。因此，只有弹丸运动，目标是固定的，如图 2-5 所示。

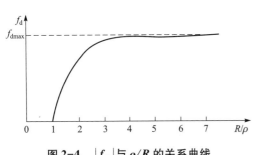

图 2-4　$|f_d|$ 与 ρ/R 的关系曲线

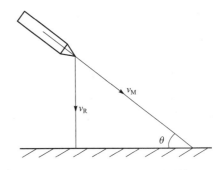

图 2-5　弹丸与地面接近时的情况

设弹丸接近地面时的落速为 v_M，落角为 θ，则
$$v_R = v_M \sin\theta$$
多普勒频率为
$$f_d = \frac{2v_R}{\lambda_0} = \frac{2v_M}{\lambda_0}\sin\theta \tag{2-25}$$

由式（2-25）可知，在对地射击时，f_d 只与落速和落角有关。弹丸的落速和落角由射击条件决定，因此 f_d 是随射击条件的变化而变化的。如工作频率为 200 MHz 的多普勒引信，配用于 122 mm 加农炮榴弹上对地面射击时，射程在 6～20 km 之间（不同的射程有不同的落速和落角），由式（2-25）可计算出 f_d 在 60～400 Hz 范围内变化。

实际上，引信天线波瓣不论在垂直面还是水平面内都有一定的宽度，因此，被照射的目标是一个面而不是一个点，在这个面内包含许多随机分布的点。因此，f_d 是一个频谱，其频谱宽度通常由天线波束宽度、反射面的位置、弹速和引信工作波长决定。

引信接收的多普勒信号的振幅随弹目距离的减小而增大，这是普遍规律。同时，多普勒信号的振幅与目标有效反射面积也有关。我们还可以看到，多普勒信号是有一定持续时间的，这个时间与目标尺寸、交会条件、引信天线方向图和引信辐射功率有关。因此，可以利用多普勒信号的变化规律和变化范围，利用它的幅值和持续时间的变化等来确定弹目间的相对位置，即可以利用多普勒信号来探测目标。

2.2 自差式多普勒无线电引信与目标的关系

自差式多普勒无线电引信采用自差收发机——接收和发射系统共用来作为探测装置。自差式多普勒引信的工作是以发射和接收信号的相位和频率关系为基础的。频率关系在上节已经讨论过，本节则重点研究相位关系，并引出几个无线电引信常用的基本概念。我们仍然分两种目标情况讨论。

2.2.1 空中目标

对自差式多普勒无线电引信与目标的相互作用分两步讨论，首先讨论天线与目标间的相互作用。

假设无线电引信自差收发机天线向空间各个方向辐射电磁波是均匀的，其辐射功率为 P_Σ，则在距离发射天线为 R 处的能量流密度 Π 的大小等于

$$\Pi = \frac{P_\Sigma}{4\pi R^2}$$

实际上天线向各个方向的辐射并不是均匀的，而是有一定的方向性。从定位和有效利用能量的角度考虑，也需要天线具有方向性，即在需要的方向上辐射强，而其他方向辐射少或不辐射。因此，考虑了天线的方向性以后，上式变为

$$\Pi = \frac{P_\Sigma}{4\pi R^2} D F^2(\varphi) \tag{2-26}$$

式中，D 为天线的方向性系数；$F(\varphi)$ 为天线方向性函数。

如果用场强 E_m 来表示辐射波的大小，利用关系式 $\Pi = E_m^2 / (2\rho_0)$ 可得

$$E_m = \frac{\sqrt{\rho_0 P_\Sigma D}}{\sqrt{2\pi} R} F(\varphi) \tag{2-27}$$

式中，$\rho_0 = 120\pi$，为空气的波阻抗。

天线所辐射的能量在目标表面感应出高频电流，产生二次辐射，即形成反射。由于目标形状复杂，计算反射信号的功率十分困难。为方便起见，用一个等效的各向同性反射体的截面积来表示目标的反射特性，这个反射体的截面积称为雷达截面积 σ。则目标反射的总能量为 $P_r = \Pi\sigma$，它在引信处产生的能流密度 Π_r 为

$$\Pi_r = \frac{P_\Sigma \sigma}{16\pi^2 R^4} D F^4(\varphi) \tag{2-28}$$

把式（2-28）用场强表示为

$$E_{rm} = \frac{\sqrt{\rho_0 \sigma D P_\Sigma}}{2\sqrt{2}\pi R^2} F(\varphi) \tag{2-29}$$

式（2-29）说明，对于一个引信而言，反射信号的强弱反映了目标的特性。

下面再研究一下反射信号对自差收发机的作用。

反射信号在天线上感应的电动势振幅

$$e_{rm} = E_{rm} h_g F(\varphi) \tag{2-30}$$

式中，h_g 为天线有效高度。有效高度的概念仅适合于线天线，对较复杂的天线就失去了明显的物理意义，并且难以直接计算，所以通常用辐射电阻 R_Σ 代替有效高度 h_g，它们之间的关系为

$$h_g = \frac{\lambda_0 \sqrt{DR_\Sigma}}{\sqrt{\pi \rho_0}} \tag{2-31}$$

如果把辐射功率也用辐射电阻来表示

$$P_\Sigma = \frac{1}{2} I_m^2 R_\Sigma \tag{2-32}$$

式中，I_m 为天线电流最大振幅。

利用式（2-29）、式（2-30）、式（2-31）和式（2-32）得

$$e_{rm} = \frac{\lambda_0 D F^2(\varphi) \sqrt{\sigma}}{4\pi \sqrt{\pi} R^2} R_\Sigma I_m \tag{2-33}$$

式中，I_m 的系数具有阻抗量纲。因此，目标反射作用对自差收发机的影响可以看成是对引信天线引入了附加阻抗。

由于自差式多普勒无线电引信收发天线共用，这样在它的天线回路中就存在两个信号源，一个是自差收发机振荡器的馈源 E_A，另一个是由于目标反射所产生的感应电动势 e_{rm}。则天线回路可用图 2-6 等效。

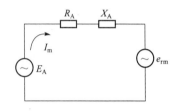

图 2-6　自差收发机天线回路等效电路

根据基尔霍夫电压定律可得到回路的瞬时值电压方程为

$$\begin{aligned} E_A &= I_m (R_A + jX_A) + e_{rm} \\ &= I_m (Z_A + e_{rm}/I_A) \\ &= I_m (Z_A + \Delta Z_A) \end{aligned} \tag{2-34}$$

式中，$Z_A = R_A + jX_A$，是天线的输入阻抗；$\Delta Z_A = e_{rm}/I_m$，可认为是由于反射信号的作用在天线回路中引起的附加阻抗。

当弹目相对运动时，反射信号频率与天线中激励电流频率相差一个多普勒频率 f_d。那么，若以激励电流相位为起始相位，ΔZ_A 可表示为

$$\begin{aligned} \Delta Z_A &= \frac{e_{rm} e^{j[(\omega_0 + \Omega)t + \varphi_0]}}{I_m e^{j(\omega_0 t + \varphi_0)}} \\ &= \frac{e_{rm}}{I_m} e^{j(\Omega t + \varphi_0)} \\ &= |\Delta Z_A| e^{j(\Omega t + \varphi_0)} \end{aligned} \tag{2-35}$$

从式（2-35）可见，当弹目接近时，ΔZ_A 的幅角与时间呈线性变化，从式（2-33）可知随弹目接近 $|\Delta Z_A|$ 逐渐增大。这种关系反映在相量图上，就使得 ΔZ_A 的矢径端点形成了一条螺旋线，如图 2-7 所示。

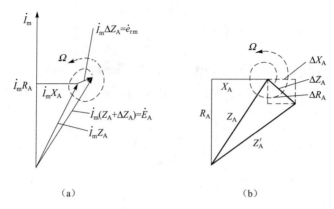

图 2-7 天线回路相量图
(a) 相量图；(b) 阻抗图

从图 2-7 可见，当弹目距离 R 变化不大时，附加阻抗 ΔZ_A 的模 $|\Delta Z_A|$ 变化不大，而它的两个分量 ΔR_A 和 ΔX_A 却随着相位的变化而发生显著的变化，它是以频率 f_d 进行的周期性变化。因此可以认为，在有反射信号作用时，自差收发机是一个加载下工作的自激振荡器，其附加负载的实部和虚部都以多普勒频率做周期性的变化。

负载实部和虚部周期性的变化导致自差收发机电路中的高频电压和电流也以多普勒频率做周期性的变化，形成调制振荡。对这种调制进行检波，在自差收发机输出端可以得到振幅为 $U_{\Omega m}$、频率为 f_d 的有益信号，即多普勒信号。

若天线损耗电阻可以忽略不计，则可认为天线输入电阻 R_A 与辐射电阻 R_Σ 相等，则 ΔR_A 可用 ΔR_Σ 代替。

对于具体的自差收发机电路，多普勒信号可以反映 ΔZ_A 的实部 ΔR_Σ 的变化，也可以反映虚部 ΔX_A 的变化。具有幅度检波电路的自差收发机输出的多普勒信号反映 ΔR_Σ 的变化；而具有频率检波电路的自差收发机输出的多普勒信号反映 ΔX_A 的变化。但无论哪一种情况，一次近似时，$U_{\Omega m}$ 值都与反射信号在天线上的感应电动势 e_{rm} 成比例，或与其等效的 $|\Delta Z_A|$ 值成比例，即

$$U_{\Omega m} = S' |\Delta Z_A| \tag{2-36}$$

式中，S' 为比例系数。

常用的自差收发机为幅度检波的自差机，输出的多普勒信号仅与 ΔR_Σ 有关。这时可以认为 ΔR_Σ 的振幅为

$$\Delta R_{\Sigma m} = |\Delta Z_A| \tag{2-37}$$

则

$$U_{\Omega m} = S' \Delta R_{\Sigma m} \tag{2-38}$$

那么，在式（2-37）的条件下，由式（2-35）可得

$$e_{rm} = \Delta R_{\Sigma m} I_m \tag{2-39}$$

由式（2-33）和式（2-39）可得

$$\Delta R_{\Sigma m} = \frac{\lambda_0 D F^2(\varphi) \sqrt{\sigma}}{4\pi \sqrt{\pi} R^2} R_\Sigma \tag{2-40}$$

把式（2-40）代入式（2-38）得

$$U_{\Omega m} = S' \frac{\lambda_0 DF^2(\varphi)\sqrt{\sigma}}{4\pi\sqrt{\pi}R^2} R_\Sigma \qquad (2-41)$$

令

$$S_A = S'R_\Sigma = \frac{U_{\Omega m}}{\Delta R_{\Sigma m}} R_\Sigma = \frac{U_{\Omega m}}{\Delta R_{\Sigma m}/R_\Sigma} \qquad (2-42)$$

则

$$U_{\Omega m} = \frac{S_A \lambda_0 DF^2(\varphi)\sqrt{\sigma}}{4\pi\sqrt{\pi}R^2} \qquad (2-43)$$

式（2-42）中的 S_A 称为自差收发机的探测灵敏度，习惯上也叫高频灵敏度。自差收发机的探测灵敏度也可以表示成

$$S_A = \frac{U_{\Omega m}}{P_r/P_\Sigma} \qquad (2-44)$$

$$S_A = \eta \frac{U_{\Omega m}}{\Delta R_A/R_A} \qquad (2-45)$$

式中，η 为天线效率。

探测灵敏度是自差收发机作为无线电引信目标敏感装置的一项很重要的性能参数，它表明引信对目标出现反应的灵敏程度。高的灵敏度意味着引信可以发现更远或更小的目标，也就是引信有远的作用距离；对于一定的目标和作用距离，可以提高信噪比，减少引信在噪声作用下的早炸率。

在式（2-43）中，若 $U_{\Omega m}$ 等于 $U_{\Omega m_0}$ 时引信执行级动作，称 $U_{\Omega m_0}$ 为引信的启动灵敏度，习惯上也叫低频灵敏度。若此时引信与目标间的距离为 R_0，则称 R_0 为引信的炸距。由式（2-43）可得炸距公式

$$R_0 = \sqrt{\frac{S_A \lambda_0 DF^2(\varphi)\sqrt{\sigma}}{4\pi\sqrt{\pi}U_{\Omega m_0}}} \qquad (2-46)$$

2.2.2 地面目标

地面是典型的分布反射目标。当地面起伏远小于工作波长时，可以认为地面反射为镜面反射，其反射场可以通过镜像反射原理求得。设 A 为引信天线，如图 2-8 所示。根据镜像原理，引信天线 A 处的反射信号功率通量密度等于 A' 点（A 的镜像）的假想辐射器在 A 点所产生的功率通量密度。假想辐射器的辐射功率等于引信的辐射功率，其方向图为引信方向图的映像。与式（2-26）类似，可以得到

$$\Pi_r = \frac{P_\Sigma DF^2(\varphi)}{4\pi(2H)^2} \qquad (2-47)$$

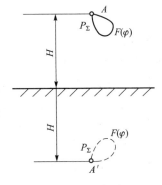

图 2-8 引信与地面目标相互作用

实际地面不是理想导体。考虑到地面反射时的损耗，在式（2-47）中引入地面反射系数 N。由于 N 是表示反射时场强的损耗，在功率表达式中以平方关系出现，故式（2-47）变为

$$\Pi_r = \frac{P_\Sigma D F^2(\varphi) N^2}{4\pi(2H)^2} \tag{2-48}$$

利用关系式 $\Pi = E_m^2/(2\rho_0)$ 可以求出反射信号电场分量振幅

$$E_{rm} = \frac{F(\varphi) N \sqrt{2\rho_0 P_\Sigma D}}{4H\sqrt{\pi}} \tag{2-49}$$

把式（2-49）代入式（2-30），再考虑到式（2-31）和式（2-32），可以求得反射信号在天线上感应的电动势

$$e_{rm} = \frac{\lambda_0 D F^2(\varphi) N R_\Sigma}{4\pi H} I_m \tag{2-50}$$

把式（2-50）与式（2-39）相比较得

$$\Delta R_{\Sigma m} = \frac{\lambda_0 D F^2(\varphi) N}{4\pi H} R_\Sigma \tag{2-51}$$

引入探测灵敏度 S_A，求得自差收发机输出的多普勒信号幅值

$$U_{\Omega m} = S_A \frac{\Delta R_{\Sigma m}}{R_\Sigma} = \frac{S_A \lambda_0 D F^2(\varphi) N}{4\pi H} \tag{2-52}$$

当 $U_{\Omega m} = U_{\Omega m_0}$ 时执行级动作，此时引信与地面的距离 H_0 为引信的炸距，因为是对地作用，通常把炸距叫做炸高，即

$$H_0 = \frac{S_A \lambda_0 D F^2(\varphi) N}{4\pi U_{\Omega m_0}} \tag{2-53}$$

以上的讨论认为引信自差收发机与无源目标共同组成一个自动振荡系统，该系统包含随距离以某种速率变化的可变参数，并在系统中产生自动调制。同时把回波信号对自差收发机作用的复杂问题归结为自激振荡器承受缓慢变化的很小负载的较简单问题。在这样的前提下推导出了对空和对地的炸距公式。从公式可见，通过多普勒信号幅度定位时，引信炸距与自差收发机探测灵敏度 S_A、低频启动灵敏度 $U_{\Omega m_0}$、引信工作频率、天线参数以及目标反射特性（σ 或 N）有关。若目标和引信工作频率及天线参数等已经确定，那么炸距主要取决于探测灵敏度和低频启动灵敏度。为保证一定的信噪比，防止早炸，$U_{\Omega m_0}$ 的减小是有限制的。而 S_A 的提高，不但意味着探测距离增加，它还表明自差收发机对电路参数的变化反应更敏感，自然对引信内部噪声的反应也敏感。因此，在为增加炸距而提高 S_A 时必须注意由此而带来的信噪比的变化。一般炸距不单纯取决于 S_A 的增加，只有探测灵敏度 S_A 与自差收发机输出端噪声振幅的比增加炸距才能真正增加。此外，从炸距的公式中看到炸距与辐射功率无关。其实这只是表面现象，实际上辐射功率与炸距有关。当辐射功率不同时，自差收发机工作状态一定不同，因而 S_A 也一定不同，也就是说，辐射功率对炸距的影响在公式中是通过探测灵敏度体现的。

2.3 外差式多普勒无线电引信与目标的关系

所谓外差体制，即发射和接收系统是独立的。在外差式多普勒引信中，通过差频电路把发射和接收系统功能性地耦合起来，但发射波的发射和反射波的接收过程完全独立地进行。

一般情况下，由于发射和接收天线之间间隔不可能很远，发射和接收间去耦不完善，因此发射和接收系统间是存在耦合的。这种耦合对引信工作会带来影响。发射机中存在的噪声以发射机振荡噪声调制形式表现出来。那么，当加在接收机的输入端时，被噪声调制的振荡信号在混频器中检波。因此，尽管是外差系统，对发射和接收间这种耦合的存在必须给予极大的关注，以免引信误动作。

与自差式系统类似，在研究外差式多普勒引信与目标的关系时我们仍讨论两种典型的情况，对空目标和对地目标。

2.3.1 空中目标

在分析引信发射功率时，情况与自差式相同。即定向天线的辐射功率为 P_Σ，则在距离发射天线为 R 的目标处的能量流密度仍用式（2-26）表示，由于目标的反射在引信接收天线处产生的能流密度仍用式（2-28）表示。接收天线的有效面积

$$A = \frac{\lambda_0^2 D_r F_r^2(\varphi)}{4\pi} \tag{2-54}$$

式中，D_r、$F_r(\varphi)$ 分别为接收天线的方向性系数和方向性函数。

在接收天线负载匹配时，接收机输入端功率为

$$P_A = \Pi_r A \frac{P_\Sigma \lambda_0^2 D F^2(\varphi) D_r F_r^2(\varphi) \sigma}{64\pi^3 R^4} \tag{2-55}$$

式（2-55）即为雷达方程。由于推导时没有考虑引信的特点，可能引起误差。但在式中引入的 σ 通常是在引信实际使用条件下由试验确定的，这样在使用式（2-55）时的误差可以通过 σ 来弥补，其精度还是足够的。

若把引信执行级动作时引信与目标间的距离用 R_0 表示，而此时接收机所必需的最小输入功率定义为外差式引信接收机的功率灵敏度，并以 P_S 表示，那么，在式（2-55）中，令 $R=R_0$，$P_A=P_S$，可以得到外差式多普勒引信对空目标的炸距公式，即

$$R_0 = \sqrt[4]{\frac{P_\Sigma \lambda_0^2 D F^2(\varphi) D_r F_r^2(\varphi) \sigma}{64\pi^3 P_S}} \tag{2-56}$$

为了方便，有时不用 P_S 表示 R_0，而是用混频器或检波器之后放大系统的电压灵敏度表示，即

$$U_S = X\sqrt{P_{im}} \tag{2-57}$$

式中，U_S 为混频器输出端信号电压；P_{im} 为混频器输入端信号功率；X 为系数。

若设 $P_{im}=P_A$，则

$$U_S = X\sqrt{P_A} = X\sqrt{P_S} \tag{2-58}$$

把式（2-58）代入式（2-56）得

$$R_0 = \sqrt[4]{\frac{P_\Sigma \lambda_0^2 D F^2(\varphi) D_r F_r^2(\varphi) \sigma X^2}{64\pi^3 U_S^2}} \tag{2-59}$$

2.3.2 地面目标

与分析自差收发机时的情况类似，仍可用镜像原理求得反射信号在接收天线处产生的能

流密度如式（2-48），即

$$\Pi_r = \frac{P_\Sigma D F^2(\varphi) N^2}{4\pi (2H)^2}$$

与分析空中目标类似，可以得到

$$P_A = \Pi_r A = \frac{P_\Sigma \lambda_0^2 D F^2(\varphi) D_r F_r^2(\varphi) N^2}{64\pi^2 H^2} \tag{2-60}$$

炸高公式为

$$H_0 = \frac{\lambda_0 F(\varphi) F_r(\varphi) N}{8\pi} \sqrt{\frac{P_\Sigma D D_r}{P_S}} \tag{2-61}$$

或

$$H_0 = \frac{\lambda_0 F(\varphi) F_r(\varphi) X N \sqrt{P_\Sigma D D_r}}{8\pi U_S} \tag{2-62}$$

式（2-62）中引入的地面反射系数 N 是指在地面上的垂直入射波而言。对大多数实际覆土地面，N 在 0.2～0.9 范围内。

比较式（2-55）和式（2-60），可以看到：反射功率 P_A 与距离（R 或 H）的关系之区别是 R 和 H 的幂次不同。其物理现象是：随着分布目标（地面是典型的分布目标）高度 H 的增加，有效照射面也在增加，而离开点目标（空中目标可视为点目标）时就没有这种现象。因此，距离的增加对反射信号功率大小的影响，点目标要比分布目标显著。

2.4 自差式多普勒无线电引信分析

2.4.1 对地火箭弹无线电引信

一、引信的组成

引信由引信体、风帽、电子组件、电源、安全与解除保险机构、远距离接电机构和传爆部件组成，其结构示意图如图 2-9 所示，工作原理方框图如图 2-10 所示。

二、近感发火控制系统的作用原理

近感发火控制系统电路如图 2-11 所示。

近感探测部分是一个自差收发机，它由晶体三极管 BG_1，电阻 R_1、R_2、R_3，扼流圈 ZL_2、ZL_3，振荡线圈和天线组成。电路具有发射、接收、混频和检波的作用。工程上习惯称其为高频部分。

R_1 和 R_2 是直流偏置电阻；R_3 既是稳定直流工作点的负反馈电阻，又是多普勒信号的检波电阻。C_2 和 C_4 是滤波电容。振荡器的高频等效电路如图 2-12 所示，其中 L_{bc} 为折合电感，C_{be} 为发射结电容。由等效电路可知该振荡器是个克拉泼振荡器。

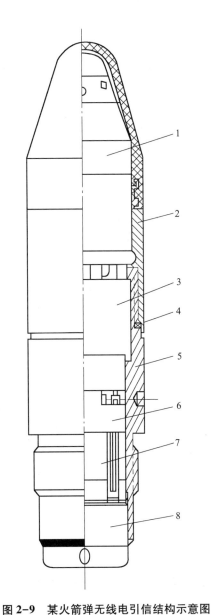

图 2-9 某火箭弹无线电引信结构示意图
1—电子组件；2—风帽；3—高氯酸电池；4—密封圈；5—引信体；
6—延时开关；7—隔离机构；8—传爆管

由天线帽和弹体组成非对称振子收发共用天线。

在自差收发机的振荡回路中产生的高频振荡的能量的一部分耦合到天线上，经天线向固定空域辐射电磁能量。如果发射频率为 f_0，接收到的目标反射信号频率为 f_2，因为这两个频率相差很小，则可认为振荡系统对 f_2 也是调谐的。从振荡理论可知，如果有两个频率相差很小的简谐振荡作用某一非线性系统，那么在此系统内会产生差拍现象。因此，在 f_0 和 f_2 两种信号同时作用于振荡回路时，它们产生线性叠加和差拍振荡，其差拍频率为 $f_d = f_2 - f_0$，即为多普勒频率。

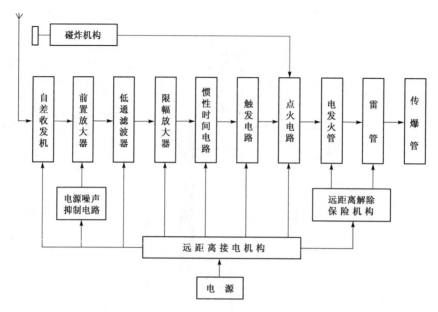

图 2-10 某火箭弹无线电引信工作原理方框图

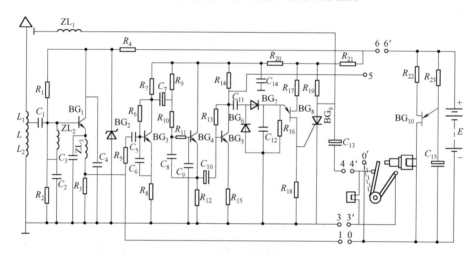

图 2-11 近感发火控制系统电路

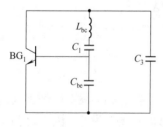

图 2-12 振荡器的高频等效电路

由于晶体管的非线性作用,使差拍振荡信号的一部分被截去,并借助于扼流圈 ZL_3 的作用,使得在检波电阻 R_3 上得到多普勒信号输出。

信号处理部分由前置放大器、低通滤波器、限幅放大器和惯性时间电路组成。其功能是在一定通频带范围内对信号进行放大并对放大了的信号进行适当处理,以提高其抗干扰能力和保证最有利炸点的要求。

前置放大器由 BG_3 一级组成,采用串联电流负反馈和并联电压负反馈稳定直流工作点。

低通滤波器由 R_{10}、C_8、R_{11}、C_9 组成,对通带以外的信号有较好的抑制作用。同时 BG_4 与 R_{12} 构成射极跟随器,以改善两级放大器之间的匹配。

限幅放大器电路形式与前置放大器相同，但直流工作点选择不同。要求尽可能保证集电极电压在 $E_C/2$，以起到双向限幅的作用。

惯性时间电路由 C_{11}、C_{12}，二极管 BG_6 和 BG_7 及电阻 R_{16} 组成。其主要作用是提高抗单脉冲干扰的能力。C_{12} 上的电压是控制双基极二极管的导通电压。在信号正半周时通过 BG_7 给 C_{12} 充电，在信号负半周时 C_{12} 通过 R_{16} 缓慢放电。经过若干周期，C_{12} 上的电压达到双基极二极管发射极触发电压，使 R_{18} 上输出一正脉冲电压信号。适当选择 C_{11}、C_{12} 和 BG_8 的导通触发电压，电路可以具有较好的抗单个大脉冲干扰的能力。

执行级由触发电路和点火电路组成，在引信距目标很远时，电源通过 R_{19} 给 C_{13} 充电。由于充电电流远小于电雷管的安全电流，所以充电时电雷管是安全的。在引信遇目标前，电容 C_{13} 上充上了略低于电源电压的电压。在引信遇到目标时，当多普勒信号达到一定值时，R_{18} 上输出触发脉冲，使 BG_9 导通，起爆电容 C_{13} 通过 BG_9 和电雷管放电，电雷管起爆。

引信电源采用储液式化学电池（工程上称铅酸电池）。平时电解液储放在特制的密封容器（如玻璃瓶）内，与正负极片隔离，不会发生放电现象。只有当弹丸发射后，解除了极片与电解液的分离状态，使电解液进入各组极片之间，发生电化学反应，产生电能。在此引信中采用了专门的电池激活机构。发射后，在离心力的作用下，电池解除保险，击瓶杆打碎电解液瓶，在离心力的作用下，电解液进入正负极片间，电池开始工作。通过电源管理电路为引信工作提供合适的电源。

三、其他机构的简单介绍

主要介绍远距离解除保险机构、远距离接电机构以及传爆部件。

远距离解除保险机构与远距离接电机构（以下简称远解与远接）是由两套机械机构与一套电子延时电路来实现的。这些机构的任务是实现产品保险型和炮口 1 000 m 安全保险距离。下面介绍延时电路实现远解与远接的工作原理。

延时电路由双基极二极管 BG_{10}、R_{22}、R_{23}、C_{15} 及火药推进器和扭簧组成。扭簧有两个作用：平时使电雷管短路，使电源的负极与引信电路（除延时电路外）断开，即平时扭簧的两臂处于图 2-11 中 3′、4′的位置。即使在弹丸发射后电源被激活供电了，由于电源负极与电路没有接通，引信电路也不会工作。只有当延时电路工作后，使扭簧的一臂由 4′移到 0′处时，电源的负极才与引信电路接通，引信电路才开始工作。即扭簧在经过一定时间延迟后给引信电路接通电源，并解除电雷管短路状态。

当弹丸发射后，电池被激活，由双基极二极管 BG_{10} 构成的延时电路开始工作，电源通过电阻 R_{23} 给 C_{15} 充电。经过一段时间（即远接时间，一般根据战术技术指标确定）使 C_{15} 的端电压高于双基极二极管的 e_{b1} 电压，使双基极二极管导通。C_{15} 通过 BG_{10} 和火药推进器放电，火药推进器发火，产生的气体压力推动一套机构抬起扭簧长臂端，使其离开 4′而接到 0′，使电源负极与引信电路接通，同时扭簧不再起到短路电雷管的作用，远接工作完成。

远解也是利用延时电路。当火药推进器发火后，产生的气体压力推动一套机构使本来与导爆管错位的电雷管与导爆管对正，使引信解除保险而处于待发状态。

引信设有碰炸机构。它由天线帽、碰炸座与扼流圈 ZL_1 组成。当近感系统失效时，弹丸一碰地，引信前端的天线帽由于碰撞而变形，与碰撞座中的碰炸杆接触，使电雷管与储能电容 C_{15} 串联成一闭合回路，储能电容放电，电雷管起爆，完成电碰炸作用。

四、引信的结构

主要介绍近感发火控制系统的结构。

电子组件（含自差收发机和信号处理器）结构示意图如图 2-13 所示。自差收发机位于引信的头部，最顶端（也是全弹的最顶端）是天线帽。天线帽支在碰炸座的阶沿上，在天线帽的锥形表面上有上下两排凿口。上排三个方凿口的上沿有一小块金属向内卷扣在碰炸座的阶沿下方，使天线帽和碰炸座固紧。下排三个圆凿口的下沿的金属毛边内扣卷，以便塑封后使天线帽和塑封料扣紧。碰炸座的中央压装一个碰炸杆。碰炸座插在线圈管内，线圈管上有卡导线的螺纹槽，振荡线圈绕在其上。振荡三极管 BG_1 沿引信轴线装在线圈管内，在高频座的周围相应孔内装有自差收发机的其他元件。高频座装于低频组件之上。所有零件装好后塑封，除天线帽球形表面所占的空隙和天线帽与碰炸杆之间的空隙外，其他空隙都充以塑封料。

信号处理器（工程上称低频）的结构如图 2-14 所示。全部电子元器件均按一定位置分别装入低频蜂窝座的相应孔内，焊接起来构成低频芯子装配件。低频蜂窝座下端有三个柱脚，正好插入低频插头内。低频插头是由胶木粉压制成的，其上固定有八个插脚，分别与电源插座上的相应孔相连。插头中央有一大孔，是塑封料的进料口。低频屏蔽罩如同一个反扣的茶杯，在其端面上有三个接地铆钉反铆其上，通过滚压将屏蔽罩与插头固定在一起。最后通过插头的中心孔进行低频组件的塑封。

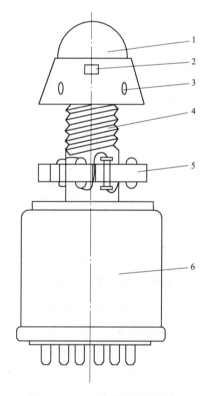

图 2-13 电子组件结构示意图

1—天线帽；2—方凿口；3—圆凿口；
4—线圈和线圈管；5—高频座；6—低频部件

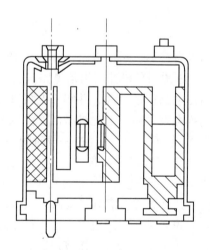

图 2-14 信号处理器结构图示

低频组件装好后，将高频部件装于其上。高频部件的地线接在接地铆钉上。电源和碰炸机构接线以及高频检波输出线分别穿过绝缘子与低频组件的相应点相连。高低频装塑完成以后的整个电子组件如图2-15所示。

引信电池结构如图2-16所示。最上面是插座，插座上有八个插脚，其中只有三只是供电用的。插座的下面主要有电池极片组，在电池极片组下面是激活机构。电池内腔有一固定的多孔金属滤罩，罩与电池内壁有一定空隙，主要起进液的缓冲作用，并过滤电解液内玻璃碎渣，避免碎渣堵塞进液口，造成电解液非均匀分布和短路而起噪声。在罩内放置电解液瓶。最后由一个金属外壳将激活机构、电池组极片、插座等收口成一个整体的化学电池。

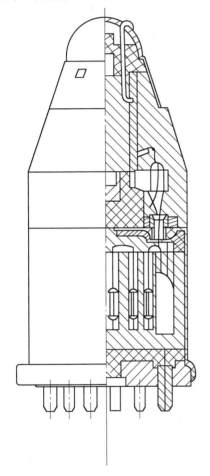

图2-15 全电子组件结构图示

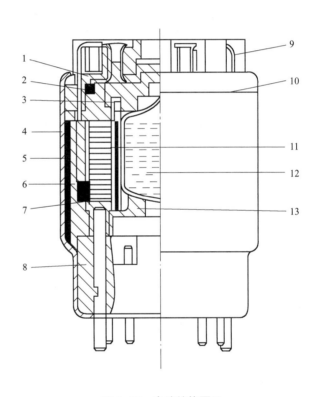

图2-16 电池结构图示

1—上垫；2—调整垫；3—螺塞；4—金属外壳；5—衬套；6—塑封料；
7—滤罩；8—激活机构；9—插座；10—封后电池芯；
11—极片组；12—酸瓶；13—下垫

五、引信的作用过程

勤务处理时，电池激活机构呈保险状态，电解液与极片分开，电源不工作。电雷管被扭簧短路，电子组件与电源未接通。保险机构的转盘被下推杆和离心销锁在隔离位置，即雷管与导爆药不对正，处于保险状态。这时如遇到意外情况引信不会作用。

发射后，在主动段飞行时，当离心力增大到足够大时，引信的电池激活机构在离心力的作用下，离心销克服保险弹簧的抗力，释放击针，击针在储能簧的推动下，戳击火帽发火，火药气体推动击瓶杆打碎电解液瓶，电解液在离心力的作用下，经过滤罩进入极片间并发生化学反应，电源开始供电。此时，延时电路开始工作。与此同时，保险机构中卡住转盘的离心保险销在离心力作用下飞开。

在弹道上飞行时，从电池激活后经过 2.4～4.5 s 的时间，此时火箭弹飞离炮口约 1 000 m，延时电路使爆发驱动器发火，在火药气体作用下，扭簧将电源与电子电路接通，电子组件开始工作。与此同时，在离心力作用下保险也被解除，雷管和导爆药对正，整个引信处于待发状态。

在接近地面时，由于近感装置的作用，随着弹目的接近，多普勒信号越来越强。当弹目之间距离达到某一定值时，信号处理电路输出启动信号，点火电路工作，引爆电雷管，进而引爆弹丸。

当由于某种原因近感装置失效时，在弹丸撞击地面时，天线帽变形与碰炸杆接触，电碰炸机构作用，也能引爆弹丸。

该引信的最大特点是利用简单的 RC 充放电原理，通过双基极二极管和爆发驱动器来实现远距离接电和远距离解除保险，用一套机构同时完成远接和远解，并使其远解距离达到 1 000 m。

2.4.2 榴弹无线电引信

该引信在 1975 年左右定型，是 20 世纪 70 年代比较先进的无线电引信。该引信采用连续波多普勒体制，全保险型，短引信室，带有可调的远距离接电定时器，可通用于 105 mm、155 mm、175 mm 和 8 in[①] 榴弹以及 4.2 in 迫弹。其结构如图 2-17 所示。

该引信主要性能参数见表 2-1。

表 2-1　图 2-17 所示榴弹性能参数

序号	名　称	单位	主　要　内　容
1	类型		无线电近感引信
2	引信装定		近感、碰炸（电碰炸、惯性）
3	引信全重	g	793±23
4	引信全长	mm	151
5	最大外径	mm	61.34
6	弹口螺纹		2″-12UNS-1A
7	炮口保险距离	m	400 口径
8	装定时间	s	5～150

---

① 1 in＝2.54 cm。

续表

序号	名 称	单位	主 要 内 容
9	装定时间间隔	s	1
10	使用环境温度	℃	−40～+60
11	储存年限	年	10～15
12	安全落高	m	12
13	无损落高	m	1.5
14	工作电压	V	定时器接通后，电压应不小于28.0V DC
15	工作电流	mA	定时器接通前后分别为（20±10）mA 和（40～80）mA
16	近感高度	m	2～12
17	最大后坐过载系数 K_{1max}	g	20 000
18	最小后坐过载系数 K_{1min}	g	1 600
19	最大离心过载系数 K_{2max}	cm^{-1}	5 220（3 000～21 600 r/min）
20	最小离心过载系数 K_{2min}	cm^{-1}	100

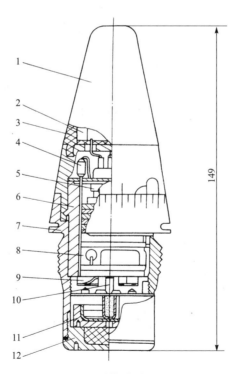

图 2-17 某榴弹引信结构图

1—风帽；2—振荡器部件；3—帽箍；4—放大器部件；5—电源；6—延伸体；7—套筒；
8—定时器部件；9—薄膜比率计；10—电雷管；11—保险机构；12—传爆管

该引信由七个部分组成：目标探测器，信号处理器，电源，定时接电器，传爆部件（含薄膜比例计），惯性着发机构和保险/解除保险机构，其原理方框图如图2-18所示。其中目标探测器、信号处理器、电源、定时接电器构成一个电子组件。

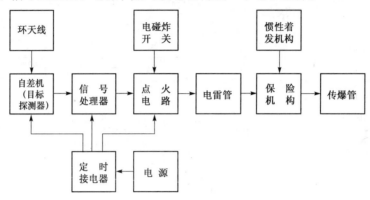

图2-18　引信原理方框图

引信采用两套着发机构来消除由于电子组件失效导致的瞎火。一套是电碰炸开关，装于信号处理器部件内；另一套是惯性着发机构，装于保险机构内。

引信工作程序是：

发射前，炮手根据射程和气象条件查射表得出弹的飞行时间，用此时间减去5 s即为引信的装定时间。装定好时间（装定方法与钟表时间引信一样）后即可发射。

发射后，电源激活，定时器便按装定的时间将电源延迟加到引信的电子组件中。因此，引信的近感和电碰炸部分在整个弹道上绝大部分时间里是不工作的，仅在距目标5 s左右时才开始工作。引信的惯性着发机构在弹丸飞离炮口400倍口径的地方才解除保险。

当弹丸到达目标附近时，由于无线电引信的作用，在距目标2～16 m范围内引爆弹丸。如果无线电近感部分失效，电碰炸开关或惯性着发机构便起作用，在弹丸触及目标时引爆弹丸。

下面分别介绍引信各部分工作原理。

一、目标探测器

该引信的目标探测器实质上是一个连续波多普勒体制的自差收发机。多普勒频率范围是120～2 100 Hz。自差收发机采用环状缝隙加载天线作收发共用天线，利用二极管检波，当弹丸接近目标时输出多普勒信号。自差收发机原理电路图如图2-19所示。

图中C_4～C_{10}和L_5～L_{11}是天线等效参数。从电路图可分析得到，振荡器是电容三点式振荡器，振荡电感为天线等效电感，振荡电容为晶体管极间电容C_{be}和C_{ce}。振荡器产生高频正弦振荡。L_1～L_4是高频扼流圈，C_1～C_3是穿心电容，它们构成滤波器，避免高低频电路互相影响。

该引信采用环状缝隙加载天线，子午面方向图近似圆形，赤道面方向图为8字形，即该引信天线空间方向图为苹果状。该天线具有环天线的方向图，又具有弹体天线的辐射效率。天线既是发射和接收无线电信号的元件，又是振荡回路的感性元件。该引信天线具有下述特点。

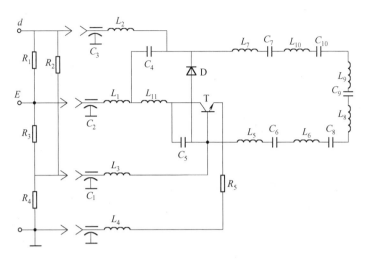

图 2-19　目标探测器原理电路图

（1）这种天线保持了磁偶极子型环天线的主要优点，轮廓尺寸小，便于与弹体共形；它的方向图与环天线类似，其辐射特性基本不受弹体口径和尺寸的影响，满足了引信配用在不同弹丸上的通用性要求。

（2）这种天线克服了小尺寸环天线在使用中的辐射和接收效率低的缺点，由于开缝加载的结果，使天线的收发效率大为提高。从测试结果看，天线的输入阻抗高达几十欧姆到一百多欧姆，而与其尺寸相当的环天线输入阻抗则只有几欧姆。从而使自差收发机的灵敏度达到了使用弹体天线的水平（$S_A = 12$ V）。

（3）这种天线由于利用开缝加载，形成了尖锐的窄带谐振特性，对振荡器的振荡频率一致起到了重要作用，保证了产品生产时频率的一致性，同时也可以通过对天线的微小改变以调整引信的工作频率。

二、信号处理器

该引信信号处理器的电路原理方框图如图 2-20 所示。

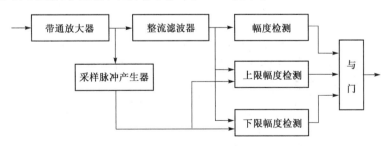

图 2-20　信号处理电路原理方框图

从图 2-20 可见，信号处理电路可分为七个功能电路。全电路除外接 15 个电容、5 个电阻、1 只三端稳压器、1 只可控硅、1 只单结管、24 只稳压式二极管外，其余电路集成为三片专用集成片。

1. 带通放大器

带通放大器电路如图 2-21 所示。其功能是对目标探测器输出的多普勒信号进行选频放大。由电路图可知，它是偏置为 6 V 的同相放大器，$1R_5$、C_2 和 $1R_3$、C_3 组成放大器的选频网络，R_4 为放大器的输入电阻，C_1 是耦合电容。如果忽略 C_1 对信号的衰减作用，电压增益可用式（2-63）表示。

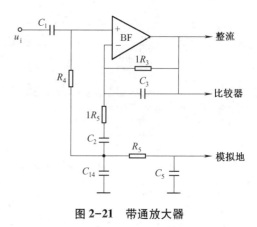

图 2-21 带通放大器

$$K_u(j\omega) = 1 + \frac{1R_3 // \frac{1}{j\omega C_3}}{1R_5 + \frac{1}{j\omega C_2}} \quad (2-63)$$

显然它是频率的函数。根据实测和计算机模拟得到放大器的中心频率为 450 Hz，电压增益 31 dB，通带为 126～1 680 Hz。

2. 整流滤波器

整流滤波器电路如图 2-22 所示。由图可知，整流滤波器电路由比较器 COM_4、反相器、CMOS 开关（S_1、S_2、S_3）、比例电阻（r_1、$2r_1$、$6r_1$）及运算放大器组成。它利用模拟开关的导通与关断实现该信号的全波整流。

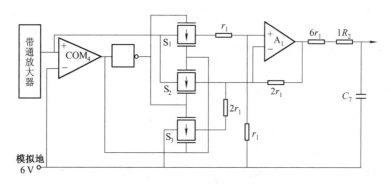

图 2-22 整流滤波器电路图

来自带通放大器的多普勒信号一路加在比较器的同相端变成与多普勒信号周期相同的方波；经反相器分别接在 CMOS 开关的两端，控制 S_1、S_2、S_3 的通断；另一路则在 S_1、S_2、S_3 序列导通时分别接到运算放大器的同相端和反相端。当信号为正半周时，比较器输出高电平，S_1 和 S_3 导通，S_2 关断，信号被比例电阻衰减了 50% 后加在运算放大器的同相端，再被放大 2 倍（$1+2r_1/2r_1$），总放大倍数为 1。当信号为负半周时，比较器输出低电平，开关 S_2 导通，S_1 和 S_3 关断，信号加在运算放大器的反相端，放大器变成反向放大器，放大倍数也是 1，从而实现对信号不失真的整流，然后经 $1R_2$ 和 C_7 组成的滤波器滤波。

由于集成电路本身的频率特性的影响，整流使通带稍稍变窄，但中心频率和幅频特性的基本形状仍不变。图 2-23 给出了放大后的多普勒信号及整流滤波后的波形。从图 2-23 可见，多普勒频率越低，滤波器的输出幅度越高，同时纹波系数也越大；反之，频率越高，输出幅度越低，同时纹波系数也越小。

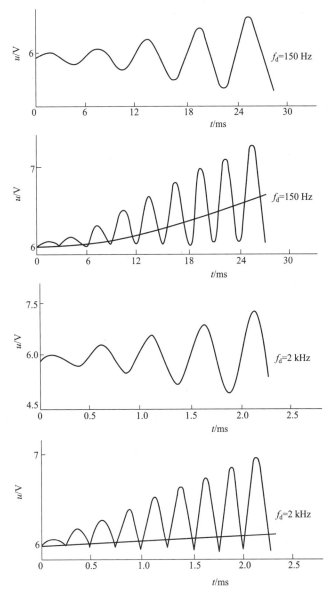

图 2-23 多普勒信号及整流滤波后的波形

3. 采样脉冲产生器

采样脉冲产生器电路如图 2-24 所示。它由两个比较器 COM_6 和 COM_5、两个反相器、一个或非门、三个 CMOS 开关 K_1 和 K_2、外接电阻 R_2 和电容 C_6 组成。其功能是为增幅速率检测电路提供一个采样的开关时钟。

采样脉冲产生器的输出脉冲周期等于多普勒信号的周期,脉冲宽度由外接 RC 决定,其占空比随输入信号频率而变化。当输入信号频率高于 2.1 kHz 时,其占空比恒等于 50%。因而,它是一个频率-占空比转换电路,用以控制 CMOS 开关的接通和关断时间。开关的接通时间决定了增幅速率选择电路中的积分器(低通滤波)和微分器(高通滤波)的作用时间,形成一个可移动的"窗口",进而控制增幅速率选择电路上、下限速率,使增幅速率选择电

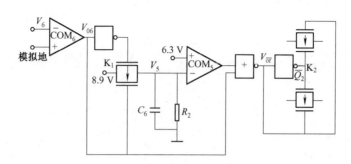

图 2-24 采样脉冲产生器电路图

路受多普勒频率的控制,具有一定的自适应功能。

其工作过程是:反相比较器 COM_6 将来自放大器的多普勒信号变成矩形脉冲,再经反相器变换极性。这极性相反的两列矩形脉冲分别加在 CMOS 开关 K_1 的两端,控制 K_1 的导通和关断。比较器 COM_5 与 R_2 和 C_6 构成单稳态触发器。6.3 V 和 8.9 V 电压由偏置电路供给。当 K_1 导通时,8.9 V 电压源对 C_6 充电,当 C_6 上的电压高于 6.3 V 时,COM_5 翻转,输出由高电平变成低电平。在 K_1 关断期间,C_6 通过 R_2 放电,当其上电压低于 6.3 V 时,COM_5 又由低电平翻转为高电平。COM_6 和 COM_5 的输出通过或非门和反相器控制两个并联的 CMOS 开关 K_2 的导通与关断。K_2 的导通与关断为增幅速率检测电路提供采样脉冲。各点波形如图 2-25 所示。

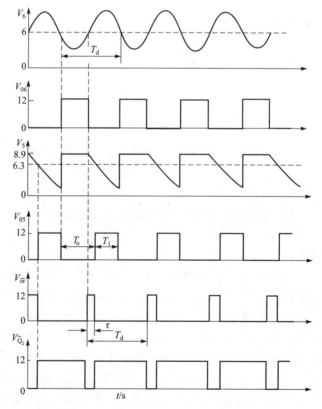

图 2-25 采样脉冲产生器各点时序波形

由图 2-25 可见，采样脉冲序列的周期与多普勒信号的周期相同，脉宽 τ 就是增幅速率检测电路的采样时间。在偏压（6.3 V 和 8.9 V）确定的情况下，τ 仅由 R_2、C_6 决定。而且

$$T_0 = T_d/2 + \tau$$
$$T_1 = T_d/2 - \tau$$

单稳态触发器的占空比 K_0 为

$$K_0 = \frac{T_1}{T_0 + T_1} = \frac{1}{2} - \frac{\tau}{T_d} \tag{2-64}$$

从式（2-64）可见，当 $T_d = 2\tau$ 时，$K_0 = 0$，这说明单稳态触发器不再有高电平输出。此时多普勒频率 f_d 为

$$f_d = 1/T_d = 1/2\tau = 2.04 \text{ kHz}$$

上面结果说明，当 $f_d \geq 2.04$ kHz 以后，因单稳态电路只处于低电平状态，因此，或非门的输出即采样脉冲只与比较器 COM_6 的输出状态有关，也就是采样脉冲是一个占空比为 0.5、宽度为 $T_d/2$ 的方波。在多普勒频率低于 2.04 kHz 时，只是占空比变化，而宽度 τ 始终不变。

4. 信号幅度检测电路

信号幅度检测电路如图 2-26 所示，它由固定偏置的电压比较器 COM_3 构成。

电路静态时同相输入端电平低于反相输入端，比较器输出低电平。仅当同相端信号电压高于反相端电压（6 V）时，比较器才输出高电平。

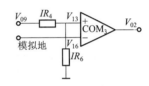

图 2-26 信号幅度检测电路

5. 增幅速率选择电路

引信的目标信号与交会条件、目标特性、辐射功率及天线特性等因素有关。但无论这些条件怎样不同，多普勒信号的幅值随弹丸离地面距离的减小而逐渐增大这一趋势是不变的，即多普勒信号的幅度以一定速率增加是具有普遍性的，只是条件不同增幅速率不同而已。因此，可以利用目标的这一特征识别目标。该引信在信号处理电路中设置了增幅速率上限检测电路和增幅速率下限检测电路，以提高对目标的识别能力。

由自差收发机理论知自差机输出的目标信号幅度表达式为

$$u_d = \frac{S_A \lambda D N F^2(\varphi)}{4\pi H}$$

对配用在特定弹丸上的某一发引信，对特定地面的某一次射击而言，S_A、λ、N、D、$F(\varphi)$ 都是常数，那么有

$$u_d = K_g F^2(\varphi)/H$$

式中，$K_g = S_A \lambda D N/(4\pi)$。

而

$$\left. \begin{array}{l} H = (t_0 - t) V_c \sin \theta \\ \varphi = 90° - \theta \end{array} \right\}$$

式中，t_0 为弹丸落地时刻（$t_0 > t$）。那么有

$$u_d = K_g F^2(90° - \theta) \frac{1}{(t_0 - t) V_c \sin \theta}$$

将 u_d 对时间求导可得增幅速率的表达式

$$V_z = \frac{\mathrm{d}u_d}{\mathrm{d}t} = K_g F^2(90°-\theta)\frac{V_c \sin\theta}{H^2} \tag{2-65}$$

从式（2-65）可见，弹丸离地面愈近，弹丸落速愈大，V_z 就愈大。

测试表明，该引信增幅速率上限为 0.5 V/s，下限为 0.1 V/s。即增幅速率 V_z 必须满足

$$0.1\ \mathrm{V/s} \leqslant V_z \leqslant 0.5\ \mathrm{V/s}$$

并同时满足幅度检测条件时引信才可能启动。

该引信增幅速率选择电路如图 2-27 所示。

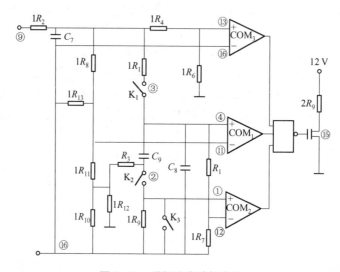

图 2-27 增幅速率选择电路

在图 2-27 中，COM_1 为增幅幅速率上限检测比较器；COM_2 为增幅速率下限检测比较器；COM_3 是幅度检测比较器。

可以计算出静态时

$U_{13} = 5.7\ \mathrm{V}$；$U_{16} = 6.0\ \mathrm{V}$；$U_4 = 6.0\ \mathrm{V}$
$U_1 = 6.0\ \mathrm{V}$；$U_2 = 5.9\ \mathrm{V}$；$U_{12} = 6.0\ \mathrm{V}$
$U_{11} = 5.94\ \mathrm{V}$

因此，当无信号输入时，COM_1 输出高电平，COM_2 和 COM_3 均输出低电平。故三输入端与非门输出高电平，没有触发脉冲输出，引信不动作。

当有目标信号输入并达到一定幅度且满足增幅速率要求时，三输入端与非门输出低电平，引信启动。

下面分析对信号增幅速率选择的工作过程。

该引信的信号处理电路对信号增幅速率的检测是先对信号采样，然后再经过低通滤波器（积分）和高通滤波器（微分）的频率特性的不同检测其斜率（增幅速率）。

根据信号与系统理论，经过整流滤波的目标信号是呈正指数增长的信号。可以用 $X(t)$ 表示，即

$$X(t) = Ce^{at}$$

而采样信号就是前面讲过的采样脉冲串，这里用 $P(t)$ 表示。采样后的信号用 $X_p(t)$ 表示，则有

$$X_p(t) = X(t)P(t) \quad (2\text{-}66)$$

其中
$$P(t) = \sum_{n=0}^{\infty} \delta(t - nT) \quad (2\text{-}67)$$

则
$$X_p(t) = \sum_{n=0}^{\infty} X(nT)\delta(t - nT) \quad (2\text{-}68)$$

经变换后表示为
$$X_p(\omega) = \frac{1}{2\pi}[X(\omega)P(\omega)] \quad (2\text{-}69)$$

$$X(\omega) = \frac{1}{T}\sum_{k=0}^{\infty} X(\omega - k\omega_s) \quad (2\text{-}70)$$

$$P(\omega) = \frac{2\pi}{T}\sum_{k=0}^{\infty} \delta(\omega - k\omega_s) \quad (2\text{-}71)$$

$X(t)$ 是缓慢增长的带限信号,其频率 $\omega_m = 2\pi/t_r$。$P(t)$ 的周期就是多普勒信号的周期,显然满足 $\omega_d \geq 2\omega_m$ 的采样条件。因此,可以通过一个理想的低通滤波器将 $X(t)$ 恢复出来。但此处的滤波器不是恢复 $X(t)$,而是检测其斜率变化。$X(t)$、$P(t)$、$X_p(t)$ 的波形如图 2-28 所示。

为分析 COM_1 的输出状态,先看一下在离散信号 $X_p(t)$ 的作用下,$V_4(t)$ 的变化情况。

在 $X_p(t)$ 的 T_1 时间内,$X_p(t)$ 通过电阻 $1R_1$ 给 C_8 充电。其充电时间常数
$$\tau_1 = 1R_1 C_8 = 14.7 \text{ ms}$$

此时电容 C_8 上的电压变化为
$$\Delta U_4(t) = X_p(t)[1 - e^{-t/\tau_1}] \quad (0 \leq t < T_1)$$
$$(2\text{-}72)$$

当 $t = T_1$ 时
$$\Delta U_4(t) = X_p(T_1)[1 - e^{-T_1/\tau_1}]$$

在 $X_p(t)$ 的 $T - T_1$ 时间内,电容 C_8 开始放电,放电时间常数
$$\tau_2 = (R_1 + 1R_7)C_8 = 228 \text{ ms}$$
$$\Delta U_4(t) = X_p(T_1)[1 - e^{-T_1/\tau_1}]e^{-(t-T_1)/\tau_2}$$

当 $t = T$ 时
$$\Delta U_4(t) = X_p(T_1)[1 - e^{-T_1/\tau_1}]e^{-(T-T_1)/\tau_2}$$
$$(2\text{-}73)$$

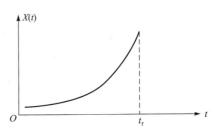

图 2-28 采样时序波形

由于 $\tau_1 \leq \tau_2$,电容 C_8 上的电压在原 6 V 的基础上缓慢增加。又由于 $\tau_1 \geq T_1$,所以增加得很缓慢。即 $U_4(t)$ 不能随 $X_p(t)$ 的升高而跟随升高,而是很缓慢地升高,这正是该引信所利用的斜率检测方法。

为确切描述 $U_4(t)$ 的变化,还应该研究 $1R_1$ 和 C_8 构成的阻容网络的传输特性。其传输函数为

$$H(s) = \frac{1}{1+s\tau} \tag{2-74}$$

其中 $\tau = \tau_1$。从频率特性知该低通滤波器的截止频率

$$f_H = \frac{1}{2\pi 1 R_1 C_8} = 10.8 \text{ Hz} \tag{2-75}$$

当 $f > f_H$ 时,增益以 -20 dB/dec 的速率衰减。从时域特性看,该网络是一个延时网络,它利用电容器充放电延时。

比较器的反相端经电阻分压器接于输入信号源上,因此,$U_{11}(t)$ 按分压比随输入信号 $U_{09}(t)$ 而变化。

当无目标信号输入时,因为 $U_4 > U_{11}$,COM_1 仍输出高电平（12 V）。

当输入信号为等幅信号时,$U_{11}(t)$ 保持不变,U_4 也不变,COM_1 仍输出高电平。

在有信号输入时,即 $U_{09}(t)$ 是个增幅信号。在信号增幅速率较小时,所含最高频率分量也较低,此时 $1R_1C_8$ 网络对 $U_{09}(t)$ 衰减很少。因此,在一定范围内仍满足 $U_4(t) > U_{11}(t)$,COM_1 仍输出高电平。当输入信号增幅速率逐渐加大时,其相应的最高频率分量也增大。根据 $1R_1C_8$ 网络的频率特性,此时 $U_4(t)$ 的电压以 -20 dB/dec 的速率衰减。而 $U_{11}(t)$ 则按分压系数随 $U_{09}(t)$ 而增大,在某一时刻 t_1,$U_4(t)$ 与 $U_{11}(t)$ 相等,之后 $U_{11}(t) > U_4(t)$。在 t_1 时刻 COM_1 的输出由高电平转为低电平。在 t_1 时刻对应的输入信号的斜率即为增幅速率的上限速度,并且当 COM_1 转为低电平后,通过一个模拟开关把比较器 COM_2 的同相端钳位在模拟地上,使其不能翻转为高电平,使引信闭锁。

增幅速率下限检测是由 COM_2 完成的。COM_2 的反相端电位是随 $U_4(t)$ 按一定分压比而变化的。因此,改变电阻 R_1 就改变了分压比,$U_{12}(t)$ 将随之改变。故调整 R_1 实际等于调整炸高。COM_2 的同相端接于 $1R_9$ 与开关电容 C_9 中间,在 K_2 闭合期间,可以把 $1R_9C_9$ 看成是一个高通网络,它的时间常数 $\tau_3 = 1R_9C_9 = 32$ ms。在采样脉冲的休止期内,C_9 并不通过 $1R_9$ 放电,因此,$1R_9$ 上的电压是与采样脉冲类似的脉冲串（在分析增幅速率上限检测时忽略了 $1R_9C_9$ 支路的作用,原因是既为了突出主要矛盾,也因为 C_9 放电时间常数很大,可以认为是对 $U_4(t)$ 影响很小）。

用分析 $1R_1C_8$ 时同样的方法可以得到 $1R_9C_9$ 构成的高通网络之下限截止频率 $f_L = 5$ Hz。对于低于 f_L 的频率以 -10 dB/(4 oct) 衰减。引信以此特性检测输入信号的下限斜率。

由偏置电路计算可知,在静态时 $U_1 = 6$ V,$U_{12} = 6$ V,故 COM_2 输出低电平。

当有信号输入时,K_2 按多普勒信号的周期重复导通和截止。在信号幅度比较小、信号的频率分量比较低时,C_9 和 $1R_9$ 并不起微分作用。然而此时,由于 $U_1(6\text{ V}) > U_2(5.9\text{ V})$,所以在 K_2 合上时,模拟地的 6 V 直流电压通过 C_9 反向充电;在 K_2 断开时,C_9 的放电电阻 $R_3(8.2\text{ M}\Omega)$ 很大,所以它的电位基本保持不变。当 K_2 再合上时,再给 C_9 充电。如此反复,直至 $U_2(t)$ 达到 6 V。在这段时间,$U_1(t)$ 是相对于模拟地电位的负脉冲,而 $U_{12}(t)$ 则随 $U_4(t)$ 的增长而增长,故仍满足 $U_{12}(t) > U_1(t)$ 的条件,COM_2 的输出仍为低电平,引信不动作。在输入信号的增幅速率逐渐变大,它的频率分量也逐渐增大时,$1R_9C_9$ 的微分作用也就逐渐明显。在 $U_2(t)$ 达到 6 V 后,K_2 合上时,$U_1(t)$ 由负向脉冲变为正向脉冲,并且幅度也逐渐增大,而此时低通网络的旁路作用愈来愈明显,$U_{12}(t)$ 的上升变得越来越缓慢。当 $U_1(t)$ 的脉冲幅度大于 $U_{12}(t)$ 的电压值时,COM_2 的输出即为高电平。

综合以上分析，对该引信信号处理电路可得到如下几点结论。

（1）在电路形式上采用模拟和数字电路混合使用的方式。电路中的4个运算放大器、6个比较器、8个模拟开关、8个门电路、10个模拟电阻均采用一次集成技术，将这些单片电路集成在一块 CMOS 基片上，其密集度高，使用电压范围宽，功耗低。

（2）在目标信息的提取方面，不仅利用了目标信号的幅度信息，同时还利用了目标信号的频率信息，这就提高了对目标信息的利用率，有助于目标识别水平的提高。

（3）该电路除具有信号幅度检测外，还具有增幅速率上、下限检测功能。因此，它可以抑制缓慢增幅信号和极快增幅信号的干扰。

（4）采用全波整流，目标信息利用率高。

（5）具有信号频率自适应跟踪能力。当输入信号频率变化时，其增幅速率也相应改变。在增幅速率选择电路中，开关网络的时钟周期可随信号频率而变化，从而调整开关网络的频率响应特性，自动跟踪输入信号频率的变化。

（6）增幅速率选择电路采用动态基准，即比较器的基准电平随输入信号而变化，真正实现了信号幅度变化率的比较鉴别，消除了固定基准在增幅速率检测中带来的误差。

三、定时接电器

定时接电器是在该引信中远距离接电的可调式电子定时开关，实为一种定时器。定时器是一种控制输入信号和一个或多个输出信号之间时间间隔的程序装置。定时器通常由四部分组成，即计时启动组件、能源、计时时间基准和输出组件。按照产生时间基准的不同原理，定时器可分为机械定时器、电子定时器、火药定时器、射流定时器、化学定时器、原子核精密定时器等。

定时器的设计通常考虑如下问题：定时的时间范围；要求的时间精度；如何实现时间的调节，是手工调节还是自动调节；采用何种能源，是电源、机械能还是火药能源或射流能源等；输入信号与输出信号的形式；工作的环境要求；可靠性要求及价格等。

定时接电器是该引信的主要电子部件之一，它由顶板部件、壳体部件及带有分立元件和集成电路块的印刷电路板部件组成。总装后，用聚氨酯泡沫塑料进行发泡灌封便构成了定时器部件。

该定时器可调时间范围为2～144 s，时间精度为±2%，装定时间分划2 s/格。

该定时器由四部分构成：定时集成电路，为14引脚双列直插塑料封装的集成芯片，包括了定时器的主要电路；厚膜比率计，用来装定定时时间；电源部分，为定时器提供12 V直流稳压电源；输出开关电路，用来在预定时间接通引信目标探测器和信号处理器的电源。

下面主要介绍其中的两个部分的工作原理。

1. 定时集成电路

定时集成电路按功能可分为振荡器、计数器、复位启动电路及中间电位电路四个部分。

（1）振荡器。在电源供电开始时，定时器集成电路引脚P_4为零电位，外接电容C_2上压降为零，V_{DA}为12 V，V_{DEF}为中间电位电路输出的6 V 参考电位。比较器COM_1的输出信号U_{OR}为高电平。U_{OR}加于计数器 CNTR 复位端，使计数器的各级 D 触发器清零，18 级分频器输出低电平，使振荡器的各级禁止端打开，允许振荡器工作，同时计数器输出端P_7为高电平，闭锁输出开关电路。

由图2-29可知，振荡器由放大器、施密特触发器和积分器构成。

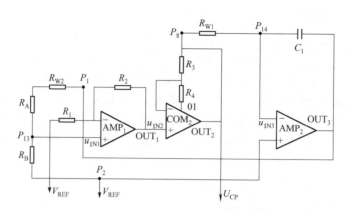

图 2-29 振荡器电路图

放大器由运算放大器 AMP_1 接同相负反馈放大器构成。控制端 DIS 低电平时允许工作。反相输入端通过 R_1 接中间参考电位 V_{REF}（6 V）作为 AMP_1 的模拟地电位。其输入信号 u_{IN1} 是 u_{o2} 经串联电阻 R_{W2}、R_A、R_B 分压而取得。经放大 A_V 倍后作为施密特触发器的输入信号 u_{IN2}。

施密特触发器由电压比较器 COM_2 和电阻 R_3、R_4 构成。COM_2 具有两个电平极性相反的输出端 01 与 OUT_2，两输出端分别通过反馈电阻 R_3、R_4 与反相输入端相连，为比较器加上少量正反馈，构成滞后阈值 V_T，这样可以克服一般电压比较器可能出现的振铃振荡现象。在输入信号 u_{IN2} 的作用下，其输出信号 U_{CP} 是高低电平，分别为 12 V 和 0 V 的矩形波，且是正负半波宽度相等的方波。

积分器由运算放大器 AMP_2 与电容 C_1、电阻 R_{W1} 构成。AMP_2 的反相输入端接施密特触发器的输出信号 U_{CP}（即 $U_{CP} = u_{IN3}$），其输出信号 u_{o3} 为

$$u_{o3} = -\frac{1}{R_{W1}C_1}\int_{t_0}^{t} U_{CP}\mathrm{d}t + u_{o3}|_{t=t_0}$$

显然，u_{o3} 与 u_{IN3} 成积分关系，两者极性相反。

振荡器系统工作波形如图 2-30 所示。

根据振荡器电路和各级波形，可以得到振荡周期 T 的计算公式

$$T = 4R_{W1}C_1 \frac{R_1}{R_1+R_2} \cdot \frac{R_3-R_4}{R_3+R_4} \cdot \frac{R_{W2}+R_A+R_B}{R_B} \tag{2-76}$$

从公式可见，T 只与振荡器各级的电阻、电容参数有关，而与电源电压无关。因此，只要控制阻容参数，就可以得到预期精度的时间基准。

（2）计数器。计数器电路如图 2-31 所示。它由 19 个 D 触发器构成的 18 级分频器、4 个 CMOS 传输门、4 个反相器和 1 个电阻构成。其作用是对振荡器产生的时钟信号进行二进制的 18 级分频，当时钟脉冲数记满后输出定时控制信号。

计数器输入端 CLK 接振荡器输出的时钟信号 U_{CP}，复位端接复位启动电路的输出 U_{OR}，U_{OR} 高电平使各级 D 触发器清零。为便于测试整个集成电路的性能，以芯片引脚 P_{10}、P_{11} 为控制端可构成 0 级、8 级、10 级与 18 级分频器。

当 P_{10}、P_{11} 均为低电平时，时钟信号经 10 级分频后输出控制信号；当 P_{10}、P_{11} 均为高电

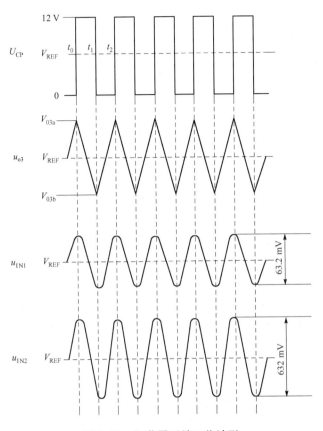

图 2-30 振荡器系统工作波形

平时,时钟信号不经过分频(0 级分频)直接输出;当 P_{10} 为高电平、P_{11} 为低电平时,时钟信号经过后 8 级分频器输出;当 P_{10} 为低电平、P_{11} 为高电平时,时钟信号经过前 10 级分频器输出。

在正常工作情况下,P_{10}、P_{11} 均为高电平,当复位信号结束启动计时后,P_{10}、P_{11} 均变为低电平,振荡器输出的时钟信号 U_{CP} 经过 18 级分频器才能输出控制信号。振

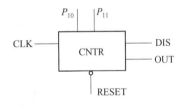

图 2-31 计数器电路

荡器在输出 2^{18} 个周期的 U_{CP} 后,第 18 级分频器计满,从第 19 个 D 触发器输出高电平,经 M_2 管反相,在计数器的输出端 P_7 输出低电平,使复合开关管 G_2 导通,将引信电源与引信高低频部件接通,目标探测器和信号处理器开始工作。同时,18 级分频器输出的高电平通过 DIS 端使振荡器各级电路闭锁,振荡器停止工作。

(3)复位启动电路。复位启动电路的作用是在引信电源供电后为计数器各级分频器提供复位清零信号,为振荡器各级电路提供允许工作信号,使振荡器工作,当复位脉冲结束时,启动计数器开始计时。

2. 厚膜比率计

厚膜比率计是定时器的一个外配部件,实际是一个可变电位器的电阻膜,该膜粘在引信的传爆块上,与定时器的三个弹簧触片相接触,从而构成了定时器中用来调整振荡周期的可

变电位器。R_B 为固定电阻，R_A 为外圆环形可变电阻，R_A 与 R_B 之比随装定角度成线性变化，该比率计 $R_A/R_B = 144.0^{+1.5}_{-2.5}$。

定时器的作用时间范围主要由厚膜比率计的 R_A/R_B 的比值决定。

定时器的时间精度由振荡器产生的定时脉冲周期 T 的精度、计数器的计数精度及由复位启动电路提供的计时起点的精度决定。

2.5 外差式多普勒无线电引信分析

本节将要分析的外差式多普勒无线电引信是一种配用在地空导弹上的微波引信。微波与米波均为某一定波段的电磁波，它们之间并无绝对的界限。微波是指波长从 1 m～1 mm（即频率从 300 MHz～300 GHz）这个范围内的电磁波。由于历史的原因，引信行业通常把 1 m～1 cm 波长的引信称为微波引信，而把更高工作频率的引信称为毫米波引信（将在第 6 章讲述）。

2.5.1 引信的组成

该引信的组成可以用图 2-32 所示方框图表示。从图可知，它具有两个波道。每个波道有两副发射天线和两副接收天线，一个带有功率分配器的磁控管，一个高频滤波器，一个平衡混频器和一个低频放大器。两个波道具有公共的检波负载、执行电路、保险机构和电源。

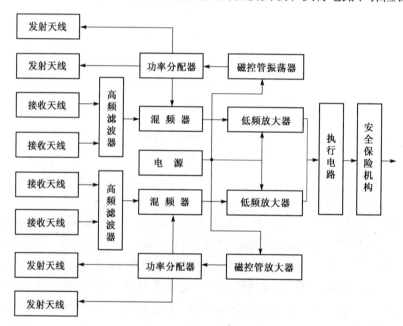

图 2-32　引信组成方框图

发射天线：定向发射电磁波。
接收天线：定向接收由目标反射回来的电磁波。
磁控管振荡器：产生高频振荡信号。
功率分配器：将磁控管产生的高频功率平均分配给两个发射天线，并将一小部分功率作为本振信号耦合到混频器。

高频滤波器：保证目标反射信号通过。

混频器：使反射信号和本振信号混频，输出多普勒信号。

低频放大器：用来放大多普勒信号，并对其进行振幅、频率和时间选择。

电源：利用导弹上使用的频率为 400 Hz、线电压为 200 V 的三相交流电变换成引信需要的各种电压。

2.5.2 微波敏感装置

该引信与米波多普勒引信相比，它们的敏感装置之定位原理相同，均利用弹目接近时产生的多普勒效应，但其结构和工作原理有较大差别。该引信发射机与接收机是分开的，即是外差式的，而前面分析的两种引信均是自差式。发射天线与接收天线均采用同轴开槽天线，能量传输与分配也采用了特殊的微波元件。因而敏感装置包括发射机、接收机、发射天线与接收天线几部分。

一、发射机

发射机由发射天线、磁控管振荡器及功率分配器组成。

1. 磁控管振荡器

磁控管是一种利用磁场和电场来控制电子运动而产生高频振荡的特殊二极管。由于它本身就是一个振荡器，所以又叫磁控管振荡器。该引信中所用 CK-829 型磁控管，是一个耐振性能良好的高频率低阳压振荡器，其波长在"B"波段内的某个固定波长上。

磁控管振荡器的基本结构如图 2-33 所示。阳极是由纯铜制成的环形柱体（图中只画出环形体的一部分），环形体上开有通孔，作为谐振空腔。空腔的形式很多，这里介绍两种：一种是同腔式，一种是异腔式。所谓同腔式，是每个空腔尺寸大小相同，如图 2-34（a）所示。所谓异腔式，是两种尺寸大小不同的空腔相间排列，如图 2-34（b）所示。CK-829 型磁控管就是 12 个大小空腔相间排列的异腔磁控管。阴极是氧化物间热式，做成圆管形，位于环形阳极的中心，螺旋形的灯丝在圆管形的阴极中间。阳极和阴极间的空间叫做作用空间，是电子与电场、磁场相互作用的场所。阳极和阴极间外加直流阳压，使作用空间产生恒定电场，其电力线与阴极表面垂直。磁控管阳极通常接地，而阴极加以很高的负电压。管外还有磁铁，使作用空间产生恒定磁场，其磁力线与阴极表面平行，与电力线互相垂直。CK-829 型磁控管所用的磁铁是特种合金制成的马蹄形永久磁铁，阳极与阴极置于两磁极之间。磁控管产生的高频能量通过空腔中的耦合线环经同轴线输出。

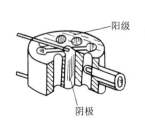
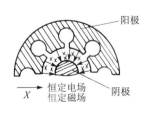

图 2-33 磁控管的基本结构

图 2-34 两种磁控管的形式
（a）同腔式；（b）异腔式

磁控管振荡器的工作原理与特性很复杂，可参阅有关微波技术书籍，这里只做简单介绍。

（1）产生振荡前的工作状态：在产生振荡前，管内作用空间只有恒定的电场和磁场。从阴极发射出来的电子进入作用空间时，即受恒定电场和磁场的共同作用。电子在电场和磁场中运动速度及方向由于电子与电场或磁场之间存在一定的作用力而发生变化。当电子以不大的初速度进入这互相垂直的电场和磁场后，就要做摆线运动，如图2-35所示。图中A极为阳极，K极为阴极。由于近代磁控管的阴极圆柱体外径和阳极圆柱体内径尺寸相差不大，故可以用平行板系统来近似地代替圆柱形系统。

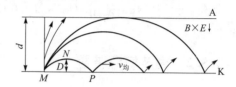

图2-35　电子在相互垂直的电场和磁场中的摆线运动

管内直流电场强度 E 的方向是由阳极 A 指向阴极 K，磁通密度方向是指向里的。由于灯丝给阴极加热的缘故，阴极的温度很高，这时有些电子会脱离阴极而跑向空间。设当电子刚从阴极 K 表面 M 点飞出时，其初速度接近于零，故所受磁场力也接近于零，电子只在电场力的作用下往上做加速运动，电子的动能由直流电源获得。随着电子运动速度的增大，磁场对电子的作用力也逐渐增大，电子运动的方向也发生越来越明显的偏转。经过一定时间后，电子开始转向阴极 K 运动，如图中 N 点所示。这时电子运动速度最大，磁场的作用力也最大。随后，电场的作用使电子减速，电子的速度逐渐减小，磁场对电子的作用力就逐渐减小，电子运动偏转的程度也就越来越小。最后电子到达阴极 K 时，速度几乎为零。这时，电子又重新开始做摆线运动，如图中 P 点所示。从电子整个运动过程中的能量关系来看，电子在 $M \to N$ 的路程上，由于获得电场能量而加速，电子所得能量等于 M、N 之间的电位差和电子电量的乘积。但在 $N \to P$ 的路程上，电子因释放能量而减速，电子所释放的能量等于 N、P 之间的电位差与电子电量的乘积。由于上述两个电位差相等，电子释放的能量等于从电场获得的能量，所以电子返回 P 点时的速度与离开 M 点时的初速度相同。至于磁场的作用，仅在于使电子的运动方向发生偏转，与电子之间并不发生能量转换。电子运动的轨迹则由电场强度和磁感应强度的大小决定。

图2-36所示为在圆形磁控管中阳极电压固定而磁感应强度改变时，电子运动轨迹的变化情形。磁感强度为零时，电子只受到电场的作用，从阴极直达阳极，其运动路线如图中直线1所示。磁感应强度增大时，电子的运动路线发生弯曲，如图中曲线2、3、4。其中曲线3表示磁感应强度增大到某一临界值时，电子从阳极内表面擦过并弯曲回到阴极，其运动路线成了滚轮线，这时的磁感应强度称为临界磁感应强度 $B_{临}$。图中曲线2和曲线4则分别表示磁感应强度小于和大于 $B_{临}$ 时电子的运动路线。

图2-37所示为阳压固定而磁感应强度改变时磁控管阳极电流的变化情形。磁感应强度小于临界值时，阴极放射的电子全部到达阳极，阳极电流达到最大，等于 I_0。磁感应强度大于临界值时，全部电子不能到达阳极，阳极电流等于零。但实际上，由于电子初速度不均匀以及磁控管结构上不可能完全对称等原因，即使在磁感应强度大于临界值时，仍有极少量电子到达阳极，故有微弱的阳极电流。上述的阳极电流称为磁控管的静态阳极电流。为了利用电子在作用空间运动来变换能量，磁控管应在磁感应强度大于临界值的情况下工作。在这种情况下，管内空间电荷环绕阴极旋转运动。

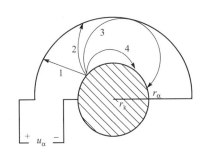

图 2-36　圆形磁控管中电子运动的轨迹

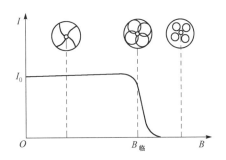

图 2-37　阳压固定时阳流的情况

（2）产生振荡后的工作状态：磁控管加上阳极电压和大于临界值 $B_{临}$ 的磁场后，电子在作用空间做摆线运动。当电子掠过阳极空腔的槽口时，会在腔内引起感应电流，并产生振荡。磁控管的空腔和其他谐振空腔一样，可以等效成集总参数并联回路，对于每个空腔，腔口槽缝部分相当于一个平板电容，每个腔的圆弧部分相当于一个电感线圈，等效电路如图 2-38 所示。

在流过空腔壁的感应电流的激励下，并联回路产生电磁振荡。这时管内高频电磁场的分布情况如图 2-39 所示。高频磁场主要集中在腔孔中，并耦合至相邻的腔孔；高频电场主要集中在腔口的缝隙间，并渗入到作用空间。相邻两空腔口的电场相移为 180°，所以这种振荡称为反相振荡或 π 型振荡。由于相邻空腔存在着电和磁的耦合，因而只要一个空腔开始振荡，交变电磁场就通过这些耦合途径向相邻的空腔传播，使整个系统随之振荡起来。磁控管刚起振时，交变电磁场是很弱的，必须及时和不断地补充能量，振荡才能维持下来。需要补充的能量是由作用空间内做滚轮线运动的电子供给的。当磁控管起振后，管内的电子不仅受到恒定电场和恒定磁场的作用，还受到渗入作用空间的高频电场的作用。

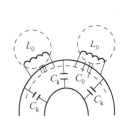

图 2-38　磁控管等效电路图

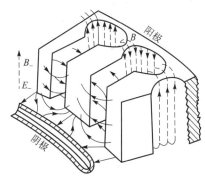

图 2-39　高频电磁场分布情况

为便于分析，把图 2-39 所示磁控管的部分阳极和阴极展开为图 2-40 所示的平行平面。在不同时机进入作用空间的电子，有的进入高频加速场中，例如进入阳极空腔 I 下面的电子 1，受到高频电场切线分量（指电力线平行于阴极表面的分量）的作用，要从这里吸取能量，并增加了速度。由于电子速度的增加，使恒定磁场对电子的作用力也增大，因此，电子运动的轨迹比在恒定电场和恒定磁场中运动的轨迹（图中虚线所示）要弯曲些，即按图中实线所示的摆线转回阴极，把在高频电场中吸收的能量变成打到阴极上的动能。这种电子称为耗能电子，对振荡起衰减作用。但它很快就移出作用空间，因而没有时间吸取更多的能量。有的电子进入高频减速场中，例如进入阳极空腔 II 下面的电子 2，受到电场切线分量的

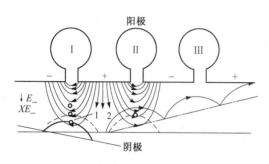

图 2-40 部分阳极和阴极展开平面

作用，减低了速度，把在恒定电场中获得的动能的一部分转换成高频能量，并且使恒定磁场对它的作用力也减小，因而按图中实线所示的摆线移向阳极。当电子 2 向阳极方向运动的同时，作用空间的高频电场也在改变其大小和方向。但只要恒定磁场 B 和恒定电场 E 的比值适当，使电子 2 的移动和高频电场的变化同步，即电子 2 从第 Ⅱ 空腔口移到第 Ⅲ 空腔口所需的时间接近振荡的半个周期，则电子 2 到达空腔 Ⅳ 下面时，仍处在减速场中，继续把恒定电场中吸收的能量转给高频电场，并且继续移向阳极，直到碰上阳极被阳极吸收，形成动态阳极电流 I_a 为止。这种电子称为供能电子。从它的运动规律可以看出，它不止一次地将直流能量转变为高频能量，比耗能电子在作用空间停留的时间长得多，因此，交给高频电场的能量比耗能电子从高频电场中取走的能量大得多，使得高频电场得到能量补充，从而维持了空腔中的等幅振荡。在不同瞬间进入作用空间的供能电子在高频电场法线分量（电力线垂直于阴极的分量）的作用下，还会产生群聚现象，这种现象的产生，提高了供能电子交换能量的效率。综上所述，当磁控管振荡器产生振荡时，由于高频电场切线分量的作用，使电子分化为耗能电子和供能电子两种。耗能电子只在贴近阴极表面的空间运动，吸取一部分高频电场能量后即返回阴极。供能电子能够越过作用空间，把直流能量变换为高频能量，是振荡的维持者。

磁控管的振荡频率决定于它的结构尺寸和振荡型。当结构尺寸一定时，振荡频率只和振荡型有关。前面已经讲过，此引信的磁控管是工作在 π 型，π 型振荡所需阳极电压低，同时电子每经过一个槽口就向高频电场交出一次能量，因而输出功率大，效率高，但由于 π 型和邻近振荡型的频率间隔小，容易产生跳模（即由一个振荡型跳到另一个振荡型）。为了克服这个缺点，采用异腔式振荡系统，即阳极空腔具有不同的形状或不同的尺寸，各空腔的固有频率有高有低，从而使整个回路系统的谐振频率间具有较大的间隔，使之不易产生跳模。

2. 功率分配器

功率分配器是一个同轴线式多路接头。当由一个超高频能源供给两个以上的负载时，必须应用功率分配器。它是按照给定的关系分配高频能量，通常都具有固定的分配系数。该引信上采用的功率分配器实质上是发射系统中的一个高频分流器。它可依靠结构的高度对称来保证将高频功率按照各支路已有的固定分配系数加以分配。图 2-41 为功率分配器简图。由图可知，功率分配器实际上是由超高频分流器 Ⅰ、Ⅱ、Ⅲ 支路与截止式衰减器支路 Ⅳ 组成。支路 Ⅰ 和支路 Ⅱ 连接发射天线，支路 Ⅲ 连接磁控管，支路 Ⅳ 连接本振电缆。

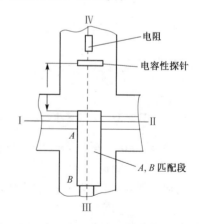

图 2-41 功率分配器简图

超高频分流器 Ⅰ、Ⅱ、Ⅲ 支路是同轴线做成的 T 形分支。若超高频能量从支路 Ⅲ 输入，则支路 Ⅰ、支路 Ⅱ 同时都会有输出。只要结构做得很对称，同时支路 Ⅰ、Ⅱ 的负载相同或是匹配的，那么支路 Ⅰ、Ⅱ 所分配的功率一定相等。支路

Ⅰ和支路Ⅱ阻抗并联就是支路Ⅲ的负载，因此必须考虑它们的匹配问题。设支路Ⅰ、Ⅱ的特性阻抗均为 Z_{fT}，这两支路并联后的阻抗为 $Z_{fT}/2$。再设支路Ⅲ的特性阻抗为 Z_{ck}，而一般 $Z_{fT}/2$ 和 Z_{ck} 是不相等的。为了保证匹配，在支路Ⅲ中接入一个 1/4 波长阻抗变换器，如图 2-41 中的 AB 段所示。AB 段应做成与支路Ⅲ相接的一端输入阻抗为 Z_{ck}，与Ⅰ、Ⅱ支路相接的一端输入阻抗为 $Z_{fT}/2$，即 AB 段为一段变阻抗匹配线。在该引信中，$Z_{ck}=50\ \Omega$，$Z_{fT}=75\ \Omega$。如果严格分析，支路Ⅲ的阻抗值应是由两天线的并联阻抗和本振电缆支路Ⅳ的阻抗共同决定才对。但由于本振电缆支路输出能量很小，它的阻抗与两天线并联阻抗相比大得多，所以在分析问题时就只考虑起决定作用的两个发射天线的并联阻抗。

同轴线分支只起分配能量的作用，而不能控制能量输出的大小，这样对于应该控制能量大小的支路Ⅳ是不适合的。为了对磁控管产生的功率在支路Ⅳ的输出起控制作用，在该支路中采用了截止式衰减器。所谓衰减器就是用来改变传输系统中超高频振荡功率大小的设备。比如，通过同轴线把磁控管产生的超高频振荡能量的一部分作为本地信号送给平衡混频器，而在混频器中要求本地信号是很小的，而磁控管的振荡又很强，为此必须使用衰减器把磁控管输出的能量减弱到所需要的程度。在该引信中用的是截止式衰减器。

本地信号电缆是连接支路Ⅳ的，即从功率分配器中耦合出高频能量，并经过它输往平衡混频器，作为本地信号。它是个同轴电缆，一端为连接混频器用的高频接头，另一端为容性探针，即上述截止式衰减器中的接收棒。为了解决探针与电缆的匹配问题，在探针与电缆之间串联一个电阻，这样可较好地达到匹配的目的，使平衡混频器能更稳定地工作。

二、接收机

接收机由天线、高频滤波器和平衡混频器组成。

1. 高频滤波器

高频滤波器的功用是去除通带以外的干扰信号而只让接收到的目标反射信号通过。这样就可以保护无线电引信接收机不受导弹制导站发射信号的影响，同时也可防止敌人用滤波器通带以外频率的信号进行干扰。

高频滤波器的结构如图 2-42 所示。有三个同轴线式的谐振空腔，各腔之间用 $\lambda/4$ 同轴

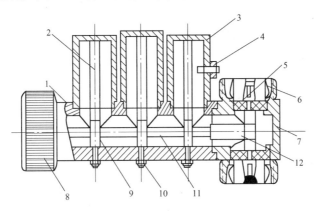

图 2-42 高频滤波器结构图示

1—外壳；2—容性短路线；3—壳体；4—调谐螺钉；5—介质圈；6—插孔；
7—三通器；8—外套螺母；9—感性圆环；10—固定螺母；11—$\lambda/4$ 耦合段；12—阻抗变换器

线连接。另外还有三个连接接头，对称设置的两个接头接两个接收天线，另一个接头与平衡混频器相连接。其输入端是一个三通器，它采用了 $\lambda/4$ 阻抗变换器使滤波器与一对接收天线相匹配。插孔与接收天线相连，其内导体由介质圈支撑。输出端通过外套螺母与混频器相连。三个同轴线谐振腔为并联的，每个谐振腔都是由壳体、容性短路线和感性圈环组成，它们可视为并联谐振回路。用固定螺母将容性短路线和感性圆环固定在外壳上。相邻谐振腔用 $\lambda/4$ 耦合线段耦合。中间一个谐振腔比两边的高一些，这个谐振腔中感性环也大一些。每个谐振腔的外壳上都有调谐螺钉，通过它可以对滤波器进行微调。

高频滤波器的工作原理简述如下：它的每个同轴线式谐振腔体实际上是终端短路的同轴线，其长度稍大于 $\lambda/4$，所以是容性的。谐振腔内的感性圆环是感性的。这样，每个谐振腔处可以等效成一个电容和电感的并联回路。中间的谐振腔处用 C_1、L_1 来表示，两边的谐振腔处用 C、L 表示。相邻谐振腔间的距离为 $\lambda/4$。据此，可用图 2-43 所示等效电路来表示高频滤波器，三个并联回路分别连在同轴线的 AA'、BB'、CC' 处，相邻回路距离为 $\lambda/4$。设这个同轴线的特性阻抗为 Z_C，

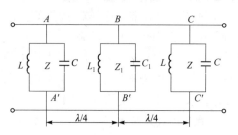

图 2-43 高频滤波器和等效电路

中间回路的阻抗为 Z_1，两边回路的阻抗为 Z_0。从 BB' 端向 CC' 看去，根据 $\lambda/4$ 阻抗变换器原理，其输入阻抗 $Z_{BB'}$ 由特性阻抗 Z_C 和在 CC' 处的并联回路阻抗 Z 及在 BB' 处所接回路阻抗 Z_1 决定，即

$$Z_{BB'} = \frac{\dfrac{Z_C^2}{Z} \cdot Z_1}{\dfrac{Z_C^2}{Z} + Z_1}$$

同理，AA' 端在不考虑此端口所接的阻抗 Z 时的输入阻抗为

$$Z_{AA'} = \frac{Z_C^2}{Z_{BB'}} = \frac{Z_C^2}{Z_1} + Z$$

由上式可得如下结论：AA' 端的输入阻抗是 Z_C^2/Z_1 与 Z 之和。这样，可以用图 2-44 所示的集总参数电路来表示 AA' 端的输入阻抗。

由图 2-44 和图 2-43 可得

$$Z = \frac{1}{j\omega C + \dfrac{1}{j\omega L}}$$

$$Z_1 = \frac{1}{j\omega C_1 + \dfrac{1}{j\omega L_1}}$$

$$\frac{Z_C^2}{Z_1} = j\omega Z_C^2 C_1 + \frac{1}{j\omega \dfrac{L_1}{Z_C^2}}$$

若令
$$C' = \frac{L_1}{Z_C^2},\ L' = Z_C^2 C_1$$

则
$$\frac{Z_C^2}{Z_1} = j\omega L' + \frac{1}{j\omega C'}$$

上式表示的是由电感 L' 和电容 C' 组成的串联回路的总阻抗。根据上面计算的结果，可以把同轴线型滤波器化为集总参数等效电路来表示，如图 2-45 所示。对于这样一个电路，在某特定频率范围内，L'、C' 和 L、C 所组成的串并联回路趋于谐振，L'、C' 串联回路阻抗很小，L、C 并联回路阻抗很大，电磁能以很小的衰减通过。而对于通带以外的信号呈现的串联阻抗很大，并联阻抗很小，这种频率的信号通过时衰减很大，从而被滤掉。所以这是属于带通滤波器。

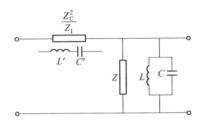

图 2-44　用集总参数表示 AA' 端的输入阻抗

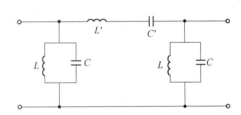

图 2-45　同轴线滤波器的等效电路

2. 平衡混频器

平衡混频器的功用是从被目标反射回来并为天线所接收的高频信号中分离多普勒信号。它还可以抑制由磁控管振荡器加到混频器的噪声。

平衡混频器具有同轴线式结构，有两个输入端，一个是从接收天线引来的目标反射信号输入端，另一个是从功率分配器引来的本振信号输入端。在厘米波段混频时，为减少损耗并降低噪声，必须采用专用微波混频晶体二极管。在平衡混频器中有两个二极管并联地接在主同轴线的内、外导体上。从结构设计上保证本振信号反相地加到两个二极管上，而反射信号同相地加到两个二极管上。同时，本振信号能量不能进入接收反射信号之同轴线，反射信号能量也不能进入本振信号之同轴线。

平衡混频器的工作原理主要是利用了晶体二极管的非线性。为了更清楚地阐述问题，先简单地分析二极管的混频过程。混频器是变频器的一个组成部分，它由两部分组成，如图 2-46 所示。把频率分别为 f_b 和 f_s 的本振电压和反射信号电压作用于非线性器件，能够产生各种组合频率 $mf_s \pm nf_b$（m，n 为正整数）的电流。用一选择电路就能得到所需频率信号。本振是一个正弦振荡器，它产生和供给频率为 f_b 的信号。由本振、非线性器件和选择性电路三部分构成变频器。二极管混频器等效电路如图 2-47 所示。二极管的伏安特性可由式 (2-77) 表示

$$i = a_0 + a_1 u + a_2 u^2 \tag{2-77}$$

信号电压为 $u_s = U_s \cos \omega_s t$。

本振电压为 $u_b = U_b \cos \omega_b t$。

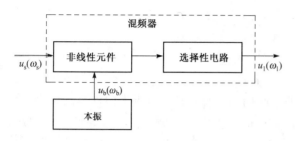

图 2-46 变频器组成

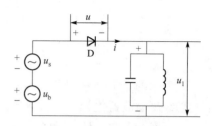

图 2-47 二极管混频器等效果电路

如果不考虑输出电压的反作用，当 $u=u_s+u_b$ 作用于二极管时有

$$i=a_0+a_1(u_s+u_b)+a_2(u_s+u_b)^2$$

式中，a_0 为常数项，它相当于二极管工作点的直流电流；$a_1(u_s+u_b)$ 是线性项，即输出电流和输入电压成线性关系；$a_2(u_s+u_b)^2$ 经过三角公式交换可表示为

$$\frac{1}{2}a_2(U_s^2+U_b^2)+\frac{1}{2}a_2U_s^2\cos 2\omega_s t+\frac{1}{2}a_2U_b^2\cos 2\omega_b t+$$
$$a_2U_sU_b[\cos(\omega_s+\omega_b)t+\cos(\omega_s-\omega_b)t] \tag{2-78}$$

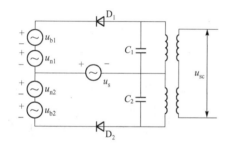

图 2-48 平衡混频器等效电路

式 (2-78) 表明，经过非线性器件的作用，二极管输出电流中含有直流、$2\omega_s$、$2\omega_b$、$\omega_s+\omega_b$、$\omega_s-\omega_b$ 各分量。$\omega_s-\omega_b$ 正是我们所需要的多普勒信号的频率，利用选择电路可以把差频信号选出来。

该引信所采用的平衡混频器的等效电路如图 2-48 所示。其中 C_1、C_2 是云母片构成的滤波电容；u_{sc} 是输出的多普勒信号；u_{b1} 和 u_{b2} 是本振电压通过变压器耦合到次级的大小相等的两个电压，它们加到两个二极管 D_1、D_2 时相位差为 $180°$；u_{n1}、u_{n2} 是大小相等相位相反的两个本振产生的噪声电压；u_s 是目标反射回来的信号电压。现设

$$\left.\begin{array}{l}u_b=U_b\cos(\omega_b t+\varphi_b)\\u_s=U_s\cos(\omega_s t+\varphi_s)\\u_n=U_n\cos(\omega_n t+\varphi_n)\end{array}\right\} \tag{2-79}$$

先讨论本振噪声通过混频器的情况。为了能清楚地说明问题的实质，在讨论本振噪声影响时，可以只考虑本振噪声与本振信号的作用。这时其等效电路如图 2-49 所示。可以得到下半部分电路的单路混频器内中频噪声电流为

$$i_{n2}=a_2U_nU_b\cos[(\omega_n-\omega_b)t+(\varphi_n-\varphi_b)] \tag{2-80}$$

上半部分电路混频器上电压是反向加给的，即相位差为 $180°$，其中频噪声电流为

$$i_{n1}=a_2U_nU_b\cos[(\omega_n-\omega_b)t+(\varphi_n+\pi)-(\varphi_b+\pi)]$$
$$=a_2U_nU_b\cos[(\omega_n-\omega_b)t+(\varphi_n-\varphi_b)] \tag{2-81}$$

在电路元件对称的情况下，$i_{n1}=i_{n2}$。由此可见，本振电压 u_b 和本振噪声 u_n 混频后，所得到的流经两个混频管 D_1、D_2 的中频噪声电流 i_{n1} 和 i_{n2} 是大小相等且相位也是一致的。由

于混频器的输出变压器是对称的，当 i_{n1}、i_{n2} 流过初级线圈时，在次级就会感应出上下对称的两个噪声电压 u'_{n1}、u'_{n2}，且 $u'_{n1}=u'_{n2}$。混频器输出的电压是上下两个次级电压之差值，因此，输出的噪声电压 u_n 是零值。可见这种混频器可以消除本振噪声的影响。

下面再讨论高频信号在平衡混频器中的混频情况。这时可以不考虑本振噪声 u_n，其等效电路如图 2-50 所示。加在两个混频管 D_1、D_2 上的信号大小、相位均相同。假设 D_2 上信号电压初相角为 φ_{s2}，D_1 上信号电压初相角为 φ_{s1}，则 $\varphi_s=\varphi_{s2}=\varphi_{s1}$。加在 D_1、D_2 上的本振电压是大小相等相位相反的。设 u_{b2}、u_{b1} 的初相角分别是 φ_{b2}、φ_{b1}，则 $\varphi_{b1}=\varphi_{b2}+\pi$。在 D_1、D_2 上混频后所得中频信号电流分别为

$$i_{s2}=a_2 U_s U_b \cos[(\omega_s-\omega_b)t+(\varphi_s-\varphi_{b2})]$$
$$i_{s1}=a_2 U_b U_s \cos[(\omega_s-\omega_b)t+\varphi_s-(\varphi_{b2}+\pi)]$$
$$=-a_2 U_s U_b \cos[(\omega_s-\omega_b)t+(\varphi_s-\varphi_{b2})]$$

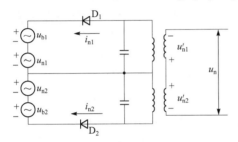

图 2-49 仅考虑本振噪声和本振信号的等效电路

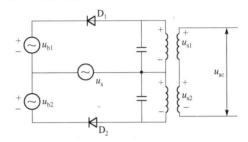

图 2-50 不考虑噪声的平衡混频器等效电路

由上两式可见，i_{s1} 和 i_{s2} 大小相等、相位相反。这时变压器次级输出的信号电压为

$$u_{sc}=u_{s1}+u_{s2}=2u_{s1} \tag{2-82}$$

即输出的信号电压是同相相加的。可见，这种平衡混频器是能清除本振噪声的影响而保存有用信号的。

实际上，由于两个二极管参数的不一致，混频器结构及变压器初级绕组的两个半部不完全对称等原因，要完全抑制掉本振噪声是不可能的。在使用中，根据实际需要达到一定程度就可以了。

三、天线系统

天线系统包括一套发射天线（四根）、一套接收天线（四根）以及把发射天线通过功率分配器同磁控管连接在一起的高频电缆（软同轴线）和把接收天线同高频滤波器连接在一起的高频电缆（软同轴线）。发射天线处在导弹锥形头部外表面，其天线方向图主峰方向与天线轴之间的夹角为 82°～87.5°；接收天线在稍后之圆柱部件外表面，其主峰方向与天线轴之间的夹角为 70°～75.5°，如图 2-51 所示。接收天线的主瓣宽度不大于 11°，径向平面内不小于 100°。

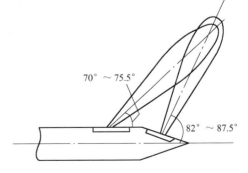

图 2-51 天线方向示意图

天线的结构是同轴线式槽缝天线。在同轴线外导体上开了 11 个纵向槽缝，相邻两个槽缝中心距离是固定的，它决定了天线辐射电磁波的主峰方向。各个槽缝的长度互不相同，这些不同长度的槽缝又决定了功率沿天线分配的比例，造成等强辐射，从而降低了天线的副瓣。接收天线只有 10 个槽缝，相邻两个槽缝中心距离比发射天线的要大些，这是因为收发天线在弹体上相隔一定的距离，而且安装角也不同。因此，要求接收天线的主峰倾角比发射天线要小，这样设置既能满足天线方向图的要求，又能减少收发天线之间的耦合。

同轴线型槽缝天线是如何将电磁能辐射出去的呢？当超高频电磁能沿同轴线传输时，同轴线上行波电压和行波电流在内导体周围便相应地产生出电场和磁场，如图 2-52 所示。电压电流向负载方向传播，即电磁波向负载方向传播。同轴线则起到引导电磁能沿着内外导体之间的有限空间向前传输的作用。电磁能传播的方向可用右手定则确定。不管电场、磁场如何变化，工作在行波状态的同轴线内外导体之间的电场和磁场总是互相垂直并与电磁波传播方向垂直。同轴线总是将电磁能由电源引向负载。如果简单地在同轴线的外导体上开纵向槽缝，是不能有效地把超高频电磁能从纵向槽缝口辐射到外部空间的。因为在上述讨论的情况下，内外导体之间的电场和磁场都没有纵向分量，这种电磁波叫横电磁波，因此，不能在槽缝口的平面内造成相互垂直的电磁场。为了从纵向槽缝口把电磁能辐射出去，采用了扇形连接环，把槽缝一侧的内外导体连接起来，如图 2-53 所示。图中连接环 1 和扇形片 2 合到一起通常称为扇形环，它把外导体 3 和内导体 4 连在一起。扇形环的作用是破坏同轴线内原有的电磁场分布并建立新的电磁场分布。因为扇形环把内外导体连接起来，这样，在扇形环片上就有高频电流流过。设在图中所示的时刻内导体为正、外导体为负，扇形环上高频电流的方向如图 2-53 中 i 所示的方向。此刻在扇形环的周围产生磁场 H，于是在槽缝口处造成在传播方向上的磁场分量。由于扇形环把内外导体连接了起来，使得外导体与扇形环相连部位的电位被提高，于是在槽缝口两侧建立起电场 E。上述电场 E 和磁场 H 是在槽缝口处，相互垂直且在同一平面上。它的传播方向垂直于 E、H 所在平面，指向槽缝口外部，即槽缝口向外辐射电磁能。这种利用扇形环把槽缝口一侧内外导体连接起来的装置，称为辐射体。

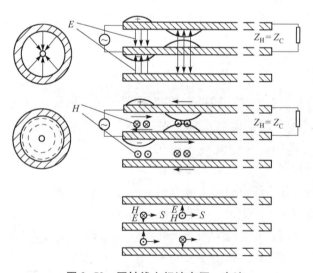

图 2-52 同轴线上行波电压、电流

为了在导弹的纵轴平面上定向辐射或接收电磁波,以确定引信的作用区,所以沿着弹体的纵向放置着直列式的多槽缝辐射体。若选择相邻两个槽缝口的中心距离 $d=\lambda$,那么电磁波到达两个槽缝口时的相位相同,这时只要把相邻槽缝的扇形环按相同方向安装在外导体上,就可以得到各槽缝口的同相辐射。但为了缩短各槽缝口之间的距离,取 $d=\lambda/2$,并仍要获得同相辐射,这时必须把两个相邻槽缝内的扇形环相反安装在外导体上。

如何满足收发天线的主峰方向与天线轴之间有一定夹角的要求呢?如图 2-54 所示,相邻等距离 d 的各点代表天线的各辐射体。设在所讨论的范围中某一点为 M',由于该点离天线的距离要比天线全长大得多,因此,天线轴与 M' 点到各辐射体的连线间的夹角可认为都是相等的,令其为 φ_0。当 $d=\lambda/2$ 时,$\varphi_0=90°$ 方向上任意一点 M,由于各辐射体是同相辐射的,且电磁波传播到 M 点所走的行程相等,即 $r_1=r_2=r_3$,因此各辐射体在 M 点所产生的电场(或磁场)相位相同,合成电场强度为各辐射体所辐射电场强度的算术和,即在该方向获得最大辐射能量,或称该方向为主峰方向。在 φ_0 不等于 $90°$ 的方向上,如 M' 点的方向,虽然各辐射体是同相辐射,但由于电磁波传到 M' 点的行程不一样,即 $r_1'\neq r_2'\neq r_3'$,行程差产生相位差,因此,各辐射体在 M' 点所产生的电场(或磁场)的相位不同,合成场强不等于各辐射体在该点产生场强的算术和,不能得到最大辐射能量。由上所述,当 $d=\lambda/2$ 时,在 $\varphi_0=90°$ 的方向才是主峰方向。但该引信要求单根发射天线与天线轴之间的夹角 $\varphi_0=82°\sim 87.5°$;单根接收天线的主峰方向与天线轴之间的夹角 $\varphi_0=70°\sim 75.5°$。为了满足上述指标,分别选择收、发天线的各辐射体之间的距离 d。从图 2-54 可见,如果电磁能在同轴线内是由下向上传输,那么,从槽缝口到 M' 点的行程 r_1'、r_2'、r_3' 之间有如下关系

$$r_2'=r_1'-d\cos\varphi_0$$
$$r_3'=r_2'-d\cos\varphi_0$$
$$\vdots$$
$$r_n'=r_{n-1}'-d\cos\varphi_0$$

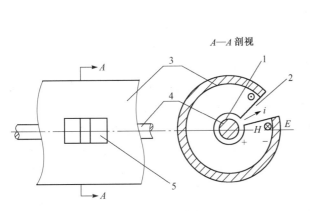

图 2-53 扇形连接环图示

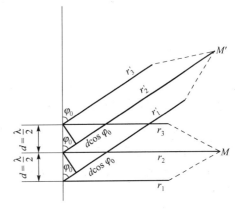

图 2-54 讨论天线辐射方向用图

也就是说,相邻两槽缝口到 M' 点的行程从后到前均差一个 $d\cos\varphi_0$。即每后一个槽口的电磁波在空间走到 M' 点的行程比它前面一个槽口的电磁波在空间走到 M' 点的行程都少走一个 $d\cos\varphi_0$ 的距离。为了消除这段距离产生的相位差,选择 $d=\lambda/2+d\cos\varphi_0$,如图 2-55 所示,使两相邻槽缝的距离都增大 $d\cos\varphi_0$,让每后面一个槽缝口的电磁波在同轴线内就多走一个

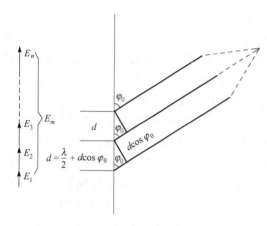

图 2-55 为消除距离引起误差的天线布置

$d\cos\varphi_0$ 的距离，这样就使每个槽缝口在 M' 点产生场强的相位相同，即可在 φ_0 方向造成主峰方向。由于发射天线与接收天线所要求的 φ_0 不同，因而在结构上收、发天线相邻两槽缝中心距离 d 不同。

为了在垂直于导弹轴的平面内获得近于圆形方向图，采用两对发射天线和两对接收天线。这两对天线互成 90°配置，并工作在不同波长上。这样可以消除天线方向图由于电磁波的互相干涉形成的"瓣状区"，从而就能在垂直于弹轴的平面上较均匀地接收或辐射电磁波。同时，工作于两个波道的两对天线如果有一个损坏时，另一个波道仍能工作，只是工作质量有所下降。

为了使天线系统能有效地发射和接收电磁波，希望天线系统工作在行波状态，效率较高。此时，要求同轴线与天线匹配。但在实际工作中，往往天线系统处于不匹配状态。因此，在天线末端与同轴线相连处采用了双套筒阻抗匹配器。

以上分别介绍了微波敏感装置各部分的工作原理，下面给予简要归纳：

该装置具有两个波道，每个波道的工作都是相同的。磁控管振荡器产生的高频振荡功率通过功率分配器分配给两个发射天线，发射天线向空间定向地辐射电磁波；同时还通过功率分配器将一小部分功率送至平衡混频器，作为混频器本振信号。当电波发射区域内出现目标时，接收天线收到目标反射信号，经过高频滤波器，在平衡混频器内与本振信号混频，并选出差频信号来，该信号就是多普勒信号。

2.5.3 引信的作用过程

在导弹发射后的 $3 \sim 4.3$ s，加速度由 $12g \sim 25g$ 下降到 $3g \sim 2g$ 时，惯性启动器的定时机构被打开，定时机构开始工作。此时，解除了第一道保险。当火箭发动机氧化剂泵压力达到 20 atm① 时，导弹电气系统的压力信号器工作，接通其触点。于是导弹电源的 26 V 电压经过压力信号器的触点加到引信上，并进入保险开关电磁铁线圈，然后加至定时机构的 $8 \sim 11$ s 触点上，为解除第二级保险做好电源准备。当导弹起飞 $8 \sim 11$ s 时，在定时机构作用下，$8 \sim 11$ s 触点闭合，电路接通，保险开关工作。此时，解除了第二级保险。当导弹距目标 525 m 时，地面制导站发出 K_3 指令，为弹上无线电控制探测仪所接收。无线电控制探测仪将 K_3 指令以 26 V 电压的形式分两路送进引信设备：一路进入远程待爆继电器，使其工作，断开点火电容器的旁路电阻，并使 200 V 直流电压加到闸流管的阳极上，同时向点火电容充电。经 90 ms 后，充上足够的电量，即解除了第三级保险。另一路将 400 V 直流电压加在两个磁控管的阳极上（磁控管阳极接地，阴极接 −400 V 电压），这时磁控管开始工作。与此同时，400 V 直流电压给起爆电容充电。这时引信装置处于待爆状态。

---

① 1 atm = 101.325 kPa。

当磁控管工作后，高频能量进入功率分配器。功率分配器将大部分高频功率分配给发射天线，定向地向空间辐射电磁波，另外功率分配器还将小部分功率作为混频本振信号经本振电缆分配给平衡混频器。

当目标进入引信的作用区时，接收天线接收到从目标反射回来的信号，经滤波器到平衡混频器。平衡混频器将目标反射信号与本振信号进行混频，输出多普勒信号。此信号进入低频放大器内，经两级前置放大器放大后，再经放大限幅器进行双向限幅，然后进入惯性检波器，将电压积累于一电容器内。经过 3.5~7 ms 的延迟后，闸流管导通，点火电容放电，使瞬时触发器的电雷管起爆，触点接通，起爆电容向传爆管放电，引爆战斗部主装药。

如果导弹飞越目标，在导弹起飞后（60±3）s，定时机构自动将自毁电路接通，使导弹自毁。

第 3 章
调频无线电引信

调频无线电引信（调频引信）是一种发射信号频率按调制信号规律变化的等幅连续波无线电引信。图 3-1 所示为调频无线电引信原理方框图。该调频系统发射信号的频率是时间的函数，在无线电信号从引信发射到遇目标后返回这段传播时间内，发射信号已经发生了变化，于是导致回波信号频率与接收到回波信号时的发射信号频率不同。两者之间差值的大小与引信到目标间的距离有关，测定其频率差，便可得到引信到目标的距离。这种测距方法称为调频测距。它在连续波雷达和无线电调频高度表等领域内得到广泛的应用。但对无线电引信来说，应用这种原理时，还要考虑到引信本身的特点，这些特点是：

（1）弹目之间存在着高速的相对运动，由于多普勒效应使目标的回波信号产生多普勒频移，这将严重影响引信的测距精度。因此，在选择引信参数时，必须尽可能降低多普勒频率的影响。

（2）目标的轮廓尺寸可以与引信作用距离相比拟时，目标上不同的部位到引信的距离相对而言相差很大，从而使引信接收机混频器输出的差频有一个散布。在设计接收机的放大器通带时，必须考虑差频的这种散布。

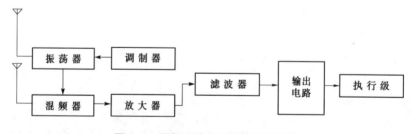

图 3-1 调频无线电引信原理方框图

对调频系统所获得的信号采用不同方式进行处理，可以设计出各种不同类型的调频引信，常见的有差频测距引信、调频多普勒引信和调频比相引信等。

3.1 调频系统信号分析

对无线电调频信号进行分析，首先必须对信号特征进行考察，以便采取合适的信号分析方法，这是信号分析的前提和依据。本节依据统计分析和随机过程理论，分析无线电调频信号，得出调频引信的发射信号和回波信号均属于随机非平稳信号。在此基础上分析差频与距离的关系。

3.1.1 无线电调频信号的随机性

不管是主动式还是被动式无线电引信,都要首先解决信号分析问题。因为,只有正确地分析信号,才能抓住信号本质特征,并根据信号特征选择合适的方法处理信号。而分析信号的关键在于搞清信号的性质,即信号究竟具有怎样的性质,属于哪种类型,是确定性的还是随机的,是平稳的还是非平稳的,这样才能用合适的数学方法和信号分析方法,正确地描述信号本质及其物理意义,从而更好地处理信号。

基于这一思想,首先对无线电调频信号进行分析,认为无线电信号通常表现为瞬时频率和瞬时频谱特性,即具有随机性。关于这一判断可从以下几个方面得到解释。

首先从无线电调频信号的产生过程来看,调频信号是通过调制信号对载波信号进行调制形成的,而载波信号和调制信号分别由自激振荡器或信号源等产生。当调制信号为语音等时变信号对载波调制时,由于调制信号频率随时改变,使得载波和已调信号频率也随时改变,表现为随机性。即使载波信号和调制信号均由固定振荡器产生,如调频引信,由于振荡器器件不可能是理想的,即便是理想的,振荡器还需要一定外界条件才能振荡,如需要能源、满足振荡条件等,因此,振荡器不可能在所有时刻输出具有单一频率、单一频谱的稳定的、确定性信号,而是在时域上表现为由许多曲线组成的曲线族,在频域上表现为不同的频谱,即随机性。

虽然载波和调制信号源能够产生理想的单一频率的确定性信号,但是信号在调制与发射过程中,要历经电路、空间和时间上的每一个过程,因而也就有着不同的发射信号频率。因为,信号在调制与发射过程中,尽管每一个过程时间短暂为 Δt,但 $\Delta t \neq 0$,因此,信号在对应不同级的不同时刻 t,有着不同的频率。设调频载波信号 $s(t)$ 为

$$s(t) = A_t \cdot \cos(2\pi f t + \varphi) \tag{3-1}$$

式(3-1)中,A_t 为载波信号幅值;f 为载波信号频率;φ 为初始相位。信号 $s(t)$ 在历经每一个过程 i 后,第 i 个过程的载波信号可以描述为

$$s(t)_i = A_t \cdot \cos(2\pi f_i \Delta t_i + \varphi_i) \tag{3-2}$$

因此,当 $s(t)$ 历经所有 n 个过程完成调制后,总的 $s(t)$ 即为所有 n 个 i 过程之和

$$s(t) = A_t \cdot \sum_{i=1}^{n} \cos(2\pi f_i \Delta t_i + \varphi_i) \tag{3-3}$$

同理,当以调制角频率为 Ω、调频指数为 m_f 的正弦波进行调制时,调频发射信号的数学描述可表示为

$$s_t(t) = A_t \cdot \sum_{i=1}^{n} \cos(2\pi f_i \Delta t_i + m_f \sin \Omega_i \Delta t_i + \varphi_i) \tag{3-4}$$

由此可以给出调频载波信号和发射信号时域曲线。图 3-2 所示为调频载波信号时域曲线族,图 3-3 所示为调频发射信号时域曲线族。

实际上,在信号调制与发射过程中,由于信号在历经每一个过程的每一个元器件时都不可避免地要有功率损耗,所以载波信号和发射信号幅度也在每时每刻地变化,这也说明调频信号是随机的。

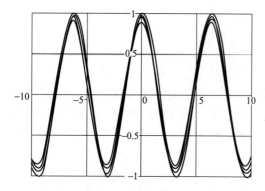

图 3-2 调频载波信号时域曲线族

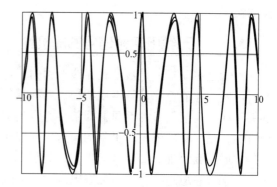

图 3-3 调频发射信号时域曲线族

此外，对于引信回波信号，它的产生过程是引信探测器通过天线向空间辐射调频信号（电磁波），当电磁波遇到目标后发生反射或散射，通过引信接收机接收，成为回波信号。在这个过程中，由于器件的非线性以及电磁波传播等的不一致性，再加上实际引信系统中，各环节、各部分都不可避免地对信号叠加各种随机性的干扰，因此，回波信号一定是随机信号。下面再通过随机过程理论予以说明。

设 U 为时间过程 T 的随机实验，S 为全体引信随机信号总和构成的样本空间，则 $S=\{u\}$。若对于每一个 $u \in S$，总有实值函数 $X(u,t), t \in T$ 与之对应，其中，t 为时间参数，那么，当 u 取遍 S 时，就可得到一族时间函数，即随机过程。其中每一确定性时间函数信号，称为该随机过程的一个实现或样本。因此，确定性信号可以看做是随机信号的一个特例。对于任一固定时刻 $t=t_i \in T$，随机过程 $\{X(u,t), t \in T\}$ 是一个定义在 S 上的随机变量，称为 $\{X(u,t), t \in T\}$ 在 $t=t_i$ 时的状态。状态的所有可能取值的集合称为随机过程的状态空间。因此，对于调频引信，由于发射信号是由调制信号和一个呈振荡变化的载波组合而成。即便载波信号是一个确定性过程，但对于接收的回波信号，也不能确定它在任一时刻的回波幅度，即便测得了它的频率，也不能确知任一时刻的幅度或相位，因此，由随机过程的定义来看，无论引信发射信号还是回波信号，均是随机信号。

3.1.2 无线电调频信号的随机非平稳性

设无线电调频引信发射信号为 $s_t(t)$，载波频率为 f_0。假定载波频率是确定性的，那么，发射信号经过弹目交会后，引信接收到回波信号。由于弹目交会复杂，目标不同，或目标本身特征不同，即便知道载波信号频率，但目标反射回波相位也是时变的，因而回波信号是具有随机相位的随机过程。即它的一个样本是二维函数。设回波信号 $s_r(t)$ 的第 n 个样本为 $s_r(t,n)$，则有

$$s_r(t,n) = \delta(n-i) \sum_{i=-\infty}^{+\infty} \cos[2\pi f_0(t-\tau) + \sin \Omega(t-\tau) + \varphi_i] \tag{3-5}$$

式中，$\delta(n)$ 为克罗内克（Kronecker）德尔塔函数；i 是对样本 $s_r(t,n)$ 相位 φ_i 随机抽取的随机数；τ 为引信辐射的电磁波在引信与目标之间往返传播延迟的时间。δ 函数为

$$\delta(n) = \begin{cases} 1 & n=0 \\ 0 & n \neq 0 \end{cases} \tag{3-6}$$

这样,在 $t=t_1$ 时刻,对所有样本 $s_r(t,n)$ 求积平均,可得

$$\overline{s_r(t_1, n)} = \lim_{U\to\infty} \frac{1}{U} \sum_{i=-\infty}^{+\infty} \delta(n-i) \sum_{i=-\infty}^{+\infty} \cos[2\pi f_0(t-\tau) + \sin\Omega(t-\tau) + \varphi_i]$$

$$= \cos[2\pi f_0(t_1-\pi) + \sin\Omega(t_1-\tau)] \lim_{U\to\infty} \frac{1}{U} \sum_{i=-\infty}^{+\infty} \cos\varphi_i -$$

$$\sin[2\pi f_0(t_1-\tau) + \sin\Omega(t_1-\tau)] \lim_{U\to\infty} \frac{1}{U} \sum_{i=-\infty}^{+\infty} \sin\varphi_i \tag{3-7}$$

从广义平稳随机过程定义来看,一个随机过程若为平稳的,则在任何时刻其集平均 $\overline{s_r(t_1,n)} = c$(常数),其自相关函数只与其滞后量有关,而与时间点无关。即有:$R(t_1,\tau) = R(t_2,\tau)$。从式(3-7)可以看出,只要 $\sin\varphi_i$ 和 $\cos\varphi_i$ 有一个极限不为零,那么 $\overline{s_r(t_1,n)}$ 就是一个与 t_1 有关的量,是 t_1 的时间函数,就不是常数。因此,回波信号的性质与随机相位 φ_i 的分布有关。事实上,回波信号的相位是由目标性质所决定的,实际目标引起的回波信号相位 φ_i 的分布是不均匀的,由此 $\sin\varphi_i$ 和 $\cos\varphi_i$ 的极限都不会为零,即 $\overline{s_r(t_1,n)} \neq c$(常数),所以,回波信号 $s_r(t)$ 就不是一个平稳过程。当然,某种情况下随机相位 φ_i 可能分布均匀,但只要载波信号频率 f_0 本身具有随机性,那么 $s_r(t)$ 就一定是非平稳随机过程。

由此可见,无线电调频信号是随机非平稳的。因此,对调频信号进行分析处理时,当目标为点目标,并可以肯定地确知发射信号和回波信号时,可采用确定性信号的分析处理方法。而实际上调频信号是随机非平稳的,应该以非平稳随机信号理论为前提,采用时频分析方法,这样才有可能正确认知和分析处理调频信号。

3.1.3 基于瞬时频率与时频分析的调频信号描述方法

从数学的观点看,信号的描述方法有多种情况。在函数空间的任何完备正交集上展开信号,就可以获得信号的不同描述方法,而且有无穷多种情况。那么究竟用什么方法描述信号比较合适呢?其关键在于这种描述方法是否能够更好地理解信号的内部特征。时间、频率和幅度是描述信号最基本的自变量,而频率能够不依赖信号的幅值和均值等表象描述信号结构的特征。但是对于非平稳信号,傅里叶定义的频率已不能直观地说明信号的物理含义了,由此,人们对频率的概念进行了新的描述,提出了瞬时频率的概念。

一、用瞬时频率描述调频信号

瞬时频率这个概念起源于通信中的频率调制,是描述非平稳信号的一个重要参数,表示为时变频率在某一时刻的峰值位置,定义为相位的导数,表示为

$$f_i(t) = \frac{1}{2\pi} \cdot \phi'(t) = \frac{1}{2\pi} \cdot \frac{\mathrm{d}\phi(t)}{\mathrm{d}t} \tag{3-8}$$

式(3-8)中,$\phi(t)$ 为信号相位。由于瞬时频率表示为相位的导数,这就要求所观察的相位必须可导、连续。但自然界中的各种信号,很多都是实信号,如果根据这个定义,实信号的瞬时频率为零,这个结果显然荒谬。1946年,伽波尔(Gabor)提出了从实信号产生相应复信号方法,引入了解析信号概念,即要寻找一个解析信号 $z(t)$,使它的实部为要分析的实信号,而虚部则是要选择的,若能确定虚部,就可明确定义信号幅度和相

位了。于是，伽波尔以希尔波特（Hilbert）变换为基础，求出了解析信号，再对其相位求导，得出具有频率量纲的参量，即瞬时频率，使瞬时频率的概念得到进一步发展。他定义的解析信号（也称复信号）$z(t)$为

$$z(t) = s(t) + jH[s(t)] = A(t)e^{j\varphi(t)} \tag{3-9}$$

式中，$z(t)$是解析信号；$s(t)$为实信号；$H[s(t)]$为$s(t)$的希尔波特变换。

$$H[s(t)] = s(t) \cdot \frac{1}{\pi t} = \int_{-\infty}^{+\infty} \frac{s(t-\tau)}{\pi \tau} d\tau \tag{3-10}$$

则有解析信号幅度$A(t)$和相位$\varphi(t)$分别为

$$A(t) = \sqrt{s^2(t) + H^2[s(t)]}, \quad \varphi(t) = \arctan \frac{s(t)}{H[s(t)]} \tag{3-11}$$

1948年，威利（Ville）整合了前人的工作，提出了实信号$s(t) = A(t)\cos[\varphi(t)]$的瞬时频率定义，形成了传统的解析信号相位求导定义

$$f_i(t) = \frac{1}{2\pi} \cdot \frac{d[\arg z(t)]}{dt} \tag{3-12}$$

式（3-12）中，$\arg z(t)$为$z(t)$解析相位函数。这是到目前为止被公认的相对合理的定义。但实际上它并非完全令人满意，因为把实信号$s(t)$表示成$s(t) = A(t)\cos[\varphi(t)]$的形式，即使假设$A(t) \geq |s(t)|$，也有无穷多种表示方法。

可见，给瞬时频率一个确切定义并不是一件容易的事。但是，要想分析非平稳信号，首先就要分析瞬时频率，因而解决瞬时频率的定义问题就显得十分重要。为此，人们也没放弃对它的研究，如时频分析可以间接研究瞬时频率。

二、用时频分析方法分析调频引信信号

人们在研究中发现，通过对时间和频率的联合分析，即时频分析，可以间接达到研究瞬时频率的目的，且研究难度大为降低，因而渐次出现了各种时频分析方法。

较有代表性的时频分析方法，是1932年魏格纳（Wigner）研究量子力学中，提出的二次时频分布，即魏格纳分布（Wigner Distribution，WD），它把时间确定性复值函数信号$s(t)$在变换中被使用了两次，表示为

$$WD(t,f) = \int_{-\infty}^{+\infty} s\left(t+\frac{\tau}{2}\right) s^*\left(t-\frac{\tau}{2}\right) e^{-j2\pi f\tau} d\tau \tag{3-13}$$

式中，*表示共轭。当$s(t)$通常为实值函数时，魏格纳分布的物理意义就是以某一时刻t为中心，如图3-4所示。把它两边相距$\tau/2$的对称点的值相乘后对τ取傅里叶变换。

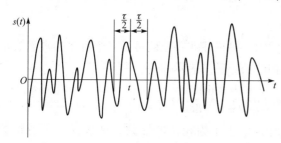

图3-4 实函数信号魏格纳分布

后来，威利把魏格纳分布引入到信号分析，用$s(t)$的解析信号$z(t)$代替魏格纳分布定义中的实信号，发明了魏格纳-威利分布（Wigner-Ville Distribution，WVD），表示为

$$\mathrm{WVD}(t,f) = \int_{-\infty}^{+\infty} z\left(t+\frac{\tau}{2}\right) z^*\left(t-\frac{\tau}{2}\right) \mathrm{e}^{-\mathrm{j}2\pi f\tau} \mathrm{d}\tau \qquad (3-14)$$

这就是时频分析方法，它解决了傅里叶变换分析非平稳信号的局限性，不但可以在时频二维平面上给出信号的时变频谱，还能分析和估计瞬时频率，认为瞬时频率应出现在时频分布的能量峰脊迹线附近。下面就通过魏格纳-威利分布来研究调频信号的瞬时频率。

依据调频概念，幅度为 1 的线性调频信号的数学模型可表示为

$$s(t) = \exp\left[\mathrm{j}(2\pi f_0 t + \pi k t^2)\right] \qquad (3-15)$$

根据瞬时频率定义，求得 $s(t)$ 的瞬时频率为

$$f_i(t) = f_0 + kt \qquad (3-16)$$

式中，k 为调频斜率，也称为扫频率，$k=B/T$，T 为调制周期，B 为信号带宽。再根据魏格纳-威利分布定义，计算 $s(t)$ 的魏格纳-威利分布为

$$\begin{aligned}
\mathrm{WVD}(t,f) &= \int_{-\infty}^{+\infty} \exp\left\{\mathrm{j}\pi\left[2f_0\left(t+\frac{\tau}{2}\right) + k\left(t+\frac{\tau}{2}\right)^2\right]\right\} \cdot \\
&\quad \exp\left\{-\mathrm{j}\pi\left[2f_0\left(t-\frac{\tau}{2}\right) + k\left(t-\frac{\tau}{2}\right)^2\right]\right\} \cdot \mathrm{e}^{-\mathrm{j}2\pi f\tau} \mathrm{d}\tau \\
&= \int_{-\infty}^{+\infty} \exp\left[-\mathrm{j}2\pi(f - f_0 - kt)\tau\right] \mathrm{d}\tau \\
&= \delta(f - f_0 - kt) \qquad (3-17)
\end{aligned}$$

这样，通过式（3-15）可以给出线性调频信号的时域波形，如图 3-5 所示，通过傅里叶变换，可以给出频域频谱如图 3-6 所示。通过式（3-17）可以给出线性调频信号瞬时频率如图 3-7 所示，以及魏格纳-威利分布三维时频分布如图 3-8 所示。

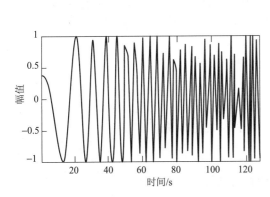

图 3-5 线性调频信号的时域波形

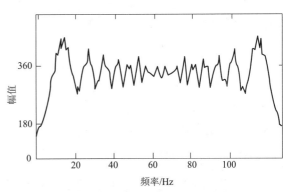

图 3-6 线性调频信号的频域波形

在图 3-5 中，从时域波形可以确定信号的幅度信息等，但不能确定时刻 t 的频率信息。

从图 3-6 频谱图上，可以知道哪些频率存在，及其相对强度，但不能描述这些频率何时存在以及调频信号的调制类型、特点。

而在时频二维魏格纳-威利分布瞬时频率图 3-7 中，可明显看出在一个调制周期内调频信号的频率与时间成正比，且信号的能量主要集中在瞬时频率 $f_i(t) = f_0 + kt$ 这一斜线上。因此，在时频分布图上不但可以知道信号有哪些频率成分存在，而且还可知道这些频率成分是如何随时间变化的。

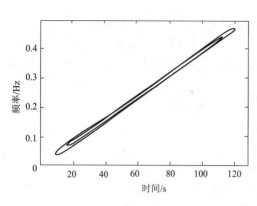
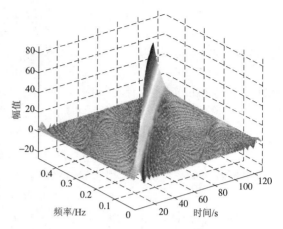

图 3-7　线性调频信号瞬时频率图　　　　图 3-8　线性调频信号 WVD 时频分布

$s(t)$ 的魏格纳-威利分布三维立体图 3-8 更能反映信号的能量谱随时间变化的情况，从而也说明了时频分析可以更细微地反映信号的本质。

另外，魏格纳-威利分布与瞬时频率的关系十分密切。因为，魏格纳-威利分布能更好地描述时变信号的时变频谱。根据有关文献的推导证明，认为不论具有怎样的幅度和频率调制的单分量信号，魏格纳-威利分布的时间一阶条件矩就是瞬时频率，即

$$f_i(t) = \frac{\int_{-\infty}^{+\infty} f \cdot \mathrm{WVD}(t,f) \mathrm{d}f}{\int_{-\infty}^{+\infty} \mathrm{WVD}(t,f) \mathrm{d}f} = \frac{1}{2\pi} \cdot \frac{\mathrm{d}\varphi(t)}{\mathrm{d}t} \tag{3-18}$$

这里，式中的 $\varphi(t)$ 表示解析信号相位。可见，魏格纳-威利分布可以很好地说明瞬时频率的概念。同时，瞬时频率反映了时间函数的频域能量集中分布情况，因此，我们可以通过对信号能量的检测，来跟踪、识别目标，也可以通过估计信号的瞬时频率实现对目标的定向、测距等。

综上所述，在分析调频信号过程中，如果引入瞬时频率概念，配合时频分析，将信号从一维时域或频域空间映射到二维时频域空间，描述信号功率谱或能量谱随时间变化的规律，则更能精细、准确地刻画和反映信号的特征和细节，得到信号的二维或三维谱图。从而就能更好地分析调频引信的回波信号特征，通过回波信号的瞬时频率分析调频引信性能，为正确分析引信信号建立基础。

三、用魏格纳-威利分布估计调幅-调频信号的瞬时频率

在实际调频引信中，即便发射信号是理想的等幅调频信号，但是由于信号在传输过程中的衰减以及弹目交会条件下的复杂目标特性的影响等，使得调频信号幅度发生变化，即调频引信实际上是调幅-调频（AM-FM）相伴而生的过程。为此，本节研究具有调幅-调频特征的调频信号瞬时频率问题。

由于不论瞬时频率的变化规律如何，信号的理想时频分布应表现为沿瞬时频率变化规律的曲线上分布。而魏格纳-威利分布具有较好的时频聚集性能，时频能量完全在瞬时频率变化规律的曲线上聚集，因此，可以通过信号的魏格纳-威利分布能量脊峰估计瞬时频率。由此，采用仿真实验方法，针对幅度递增和幅度先递增后递减的调幅-调频信号，用魏格纳-

威利分布来分析和估计具有调幅-调频特性的调频信号频谱特征及瞬时频率。

一般地说,除了常数幅度的调幅-调频信号外,调幅-调频信号的幅度还有四种变化趋势,幅度递增、幅度递减、幅度先递增后递减和幅度先递减后递增。考察调频引信的工作情况,我们仅对幅度递增的调幅-调频信号用魏格纳-威利分布估计它的瞬时频率。

为了研究幅度递增的调幅-调频信号,我们假定调幅-调频信号是线性调频的,因此,根据调频概念,可以给出等幅线性调频信号的一般描述,即

$$s(t) = \exp[j(2\pi f_0 t + \pi k t^2)] \tag{3-19}$$

实际中,回波信号幅度的递增的趋势,是由电磁波的传播特点决定的,表现为指数递增或递减趋势,因此,幅度递增的调幅-调频信号的数学模型可以表示为

$$s(t) = \exp(0.01t^2)\exp[j2\pi(0.05t + 0.005t^2)] \tag{3-20}$$

于是,根据魏格纳-威利分布定义有

$$\begin{aligned}\text{WVD}(t,f) &= \int_{-\infty}^{+\infty} \exp\left[0.01\left(1+\frac{\tau}{2}\right)^2\right]\exp\left\{j2\pi\left[0.05\left(t+\frac{\tau}{2}\right)+0.005\left(t+\frac{\tau}{2}\right)^2\right]\right\} \times \\ &\quad \exp\left[0.01\left(t-\frac{\tau}{2}\right)^2\right]\exp\left\{-j2\pi\left[0.05\left(t-\frac{\tau}{2}\right)+0.005\left(t-\frac{\tau}{2}\right)^2\right]\right\}e^{-j2\pi f\tau}d\tau \\ &= \int_{-\infty}^{+\infty} \exp\left[0.02\left(t^2+\frac{\tau^2}{4}\right)\right]\exp\left[-j2\pi(f-0.05-0.01t)\tau\right]d\tau \end{aligned} \tag{3-21}$$

这样,就可以通过式(3-20)给出幅度递增的调幅-调频信号的时域波形(图3-9),对式(3-20)进行傅里叶变换,可给出它的频谱(图3-10),根据式(3-21)可给出它的魏格纳-威利分布(图3-11)和它的瞬时频率曲线(图3-12)。

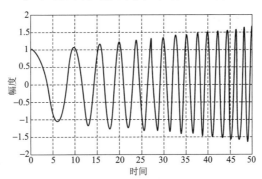

图 3-9 幅度递增的 AM-FM 信号时域波形

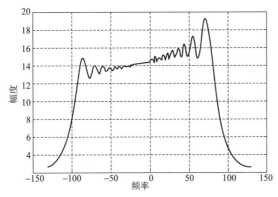

图 3-10 幅度递增的 AM-FM 信号频谱图

从时域波形图 3-9 来看，随着时间的增加，调幅-调频信号包络按指数规律逐渐增大。从信号的频谱图 3-10 来看，可以定性地估计调幅-调频信号存在的频率分量，而且信号的频谱在调制带宽范围内的强度具有明显的幅度包络变化特征。在魏格纳-威利分布时频分布图 3-11 中，虽然不再是冲激线谱，但是随着时间和频率的增加，魏格纳-威利分布的能量也在增加，在时频中部时能量最大，有最高的时频分辨率。因此，可以估计出信号的瞬时频率，如图 3-12 所示。

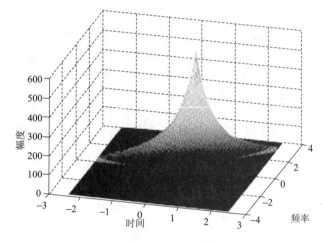

图 3-11　幅度递增的 AM-FM 信号 WVD

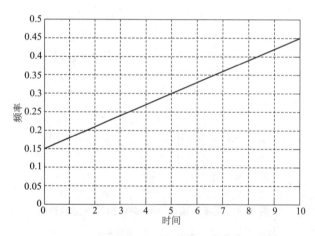

图 3-12　幅度递增的 AM-FM 信号瞬时频率

3.2　调频测距方程

3.2.1　调频引信瞬态测距方程

为了便于考虑调频引信本身的固有问题，设调频载波信号的幅度是不变的，于是瞬时载频信号可用下面通式表示为

$$s(t) = A(t)\cos[\omega_0 t + \varphi_0(t_0)] \tag{3-22}$$

式中，$A(t)$ 为载波信号幅值；ω_0 为载波角频率；$\varphi_0(t_0)$ 为载波初始相位，当考虑噪声时，包含由噪声引起的调制相位。

对于调频引信无论是正弦调制，还是余弦调制，其调制信号总可以表示为 $U_m(t)$，当考虑噪声影响时，调频引信的瞬时发射信号可以用下面通式表示为

$$s_t(t) = A_t(t)\cos\left[\omega_0 t + m_f \cdot \int_0^t U_m(t)\,\mathrm{d}t + \varphi_0(t_0)\right] \tag{3-23}$$

式中，$A_t(t) = A(t) + \Delta a(t)$ 为引信射频受噪声调制的信号幅值，$\Delta a(t)$ 为寄生调幅；$m_f \cdot \int_0^t U_m(t)\,\mathrm{d}t$ 是因调制引起的相位变化量，称为相位偏移；$m_f = \dfrac{\Delta \omega}{\Omega}$ 为调制常数，表示为调制后产生的最大角频偏与调制信号角频率 Ω 之比。

当不考虑杂波回波及多径效应时，发射信号遇目标后在引信天线处接收到的瞬时回波信号为

$$s_r(t) = k \cdot A_t(t-\tau)\cos\left[\omega_0(t-\tau) + m_f \cdot \int_0^{t-\tau} U_m(t)\,\mathrm{d}t + \varphi_0(t_0) + \varphi_r(t_0)\right] \tag{3-24}$$

式中，k 为电磁波往返衰减系数；τ 为电磁波往返传播延迟时间；$\varphi_r(t_0) = 2\xi R_0(t_0)$，为由弹目初始位置引起的回波初始相位。

若不关心调频引信的幅度情况，只关心它的频率和相位，那么，由以上分析可知，未调制时引信瞬时相位 $\theta(t)$ 为

$$\theta(t) = \omega_0 t + \varphi_0(t_0) \tag{3-25}$$

调制后的引信发射信号的瞬时相位 $\theta_t(t)$ 为

$$\theta_t(t) = \omega_0 t + m_f \cdot \int_0^t U_m(t)\,\mathrm{d}t + \varphi_0(t_0) \tag{3-26}$$

则引信天线接收到的回波信号瞬时相位 $\theta_r(t)$ 为

$$\theta_r(t) = \omega_0(t-\tau) + m_f \cdot \int_0^{t-\tau} U_m(t)\,\mathrm{d}t + \varphi_0(t_0) + 2\xi R_0(t_0) \tag{3-27}$$

由于回波信号是随机非平稳的，因此，可以通过瞬时频率的解析相位求导公式（3-12），对回波信号的瞬时相位 $\theta_r(t)$ 求导，得出回波信号的瞬时角频率和瞬时频率。为此，以线性调频引信为例，研究它的回波信号瞬时频率。

当发射信号为线性调频时，它的数学描述可表示为

$$s_t(t) = A_t(t)\cos[2\pi f_0 t + \pi m_f t^2 + \varphi_0(t_0)] \tag{3-28}$$

那么，引信接收的回波信号为

$$s_r(t) = [A(t-\tau) + \Delta a(t-\tau)]\cos[2\pi f_0(t-\tau) + \pi m_f(t-\tau)^2 + \varphi_0(t_0) + \varphi_r(t_0)] \tag{3-29}$$

将 $\tau = 2R(t)/c$ 代入上式，可有回波信号的瞬时相位为

$$\theta_r(t) = \omega_0\left[t - \frac{2R(t)}{c}\right] + \pi m_f\left[t - \frac{2R(t)}{c}\right]^2 + \varphi_0(t_0) + \varphi_r(t_0) \tag{3-30}$$

再根据瞬时频率相位求导公式，可有回波信号的瞬时频率为

$$f_r(t) = \frac{1}{2\pi} \cdot \frac{d\theta_r(t)}{dt} = f_0 + f_d + m_f\left[t - \frac{2R(t)}{c}\right]\left[1 - \frac{2}{c} \cdot \frac{dR(t)}{dt}\right] \quad (3\text{-}31)$$

式中,$f_d = 2v(t)f_0/c$ 为多普勒频率。由于 $v(t) = dR(t)/dt \ll c$,因此有

$$f_r(t) = f_0 + f_d + m_f\left[t - \frac{2R(t)}{c}\right] \quad (3\text{-}32)$$

分析式(3-32),回波信号瞬时频率是关于时间的函数,也是关于弹目相对距离 $R(t)$ 的函数,与弹目之间的相对距离 $R(t)$ 是息息相关的。也就是说调频引信回波信号的每一时刻的瞬时频率,都对应着一个弹目距离,因此,只要测定或估计每一时刻回波信号的瞬时频率,就可得出相对应的弹目距离,这就是调频引信的瞬态测距方程。

可见,回波信号在弹目瞬态交会过程中携带了目标信息,它既含有弹目相对运动的多普勒信息,也包含弹目相对运动的距离信息,是时变函数,也是弹目距离的函数。也就是说,当引信探测器在感知目标或目标相对变化时,回波信号相位或瞬时频率发生变化,变化的相位或瞬时频率包含了目标距离信息。那么,就可以检测回波信号的变化相位或瞬时频率而提取目标距离信息。

3.2.2 差频信号定距方程

一、锯齿波调频

图 3-13 所示为锯齿波调频时信号的时间-频率曲线图。图 3-13 (a) 为发射与接收信号的时间-频率曲线,其中实线所示为发射信号频率 f_t;虚线为回波信号频率 f_r;载波频率为 f_0;最大频偏为 ΔF;调制信号周期为 T。图 3-13 (b) 为某一弹目距离上混频器输出端差频信号 u_i 的时间-频率曲线,其中 f_i、f_i' 表示这一距离上的差频频率。

由图 3-13 (a) 可求得

$$f_i = \frac{\Delta F}{T}\tau = \frac{2\Delta F}{cT}R \quad (3\text{-}33)$$

$$R = \frac{Tc}{2\Delta F}f_i \quad (3\text{-}34)$$

从式(3-34)可看出,当调制参数 T 和 ΔF 一定时,差频 f_i 与距离 R 成正比,只要测出 f_i 值就可得到相对应的距离 R。

在实际调频测距应用中,对差频信号的观测在时间上是随机的,在任何一个观测时刻,尽管探测器与被测物体之间距离是确定的,但因为观测时刻的随机性,使得在观测时刻不知道发射信号和接收信号的频率是多少。尽管此时距离是确定的,电磁波传播时间 τ 是固定的,但由于观测时刻的随机性,差频可能是 f_i 或 f_i'。但无论观测时刻如何,在图 3-13 所示的锯齿波调频中,差频仅是 f_i 或 f_i' 两者中的一个,且 f_i 可能大于 f_i',也可能小于 f_i'。现给出 f_i、f_i' 与距离的关系曲线如图 3-14 所示。

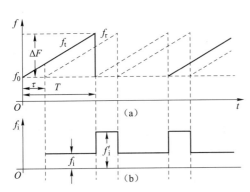
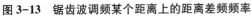

图 3-13 锯齿波调频某个距离上的距离差频频率

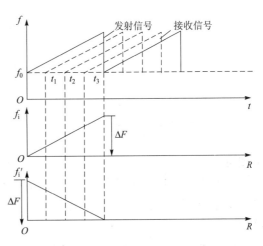

图 3-14 距离与差频关系曲线

图 3-14 中上图为发射信号与接收信号的时间与频率关系的曲线，下两个图为差频与延迟时间（距离）的关系曲线。从图 3-14 中可见，在任何距离上，由于观测时刻的随机性，锯齿波调频的差频存在两个，一个为 f_i，另一个为 f_i'，且

$$f_i + f_i' = \Delta F \tag{3-35}$$

因此，有了 f_i 的表达式，也就有了 f_i' 的表达式

$$f_i' = \Delta F\left(1 - \frac{2R}{cT}\right) \tag{3-36}$$

二、三角波调频

图 3-15 所示为三角波调频信号的时间-频率曲线图。与上述锯齿波调频相类似，也可求出差频频率。

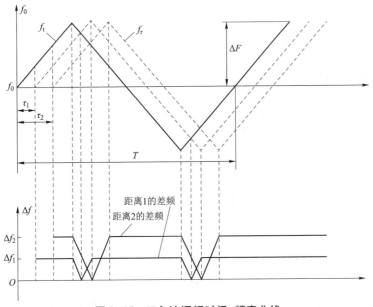

图 3-15 三角波调频时间-频率曲线

$$f_i = \frac{4\Delta F}{T}\tau = \frac{8\Delta F}{cT}R \tag{3-37}$$

或

$$R = \frac{cT}{8\Delta F}f_i \tag{3-38}$$

式 (3-38) 仅适用于 $nT<t<T/4 + nT(n=0,1,2,\cdots,N)$。

三角波调频与锯齿波调频均为线性调频，但差频与距离的具体关系式不同。

图 3-15 中，T 为调制周期，f_t 为发射信号频率，f_r 为接收信号频率，ΔF 为调制频偏。从图可见：

(1) 在 $(0\sim\tau)$ 内的任何一个距离上，差频从 0 到 Δf 之间变化，距离大 (τ 越大)，Δf 大，在 $\tau = T/4$ 时 Δf 最大，达到 $2\Delta F$，且某个距离上的最大差频 Δf 可用式 (3-37) 计算；

(2) 在 $(0\sim\tau)$ 内的任何一个距离上，由于观测时刻的不同，差频 $0\sim\Delta f$ 的各频率出现均不少于两次。

三、正弦波调频

图 3-16 所示为正弦波调频信号的时间-频率曲线图。发射信号频率为

$$f_t = f_0 + \Delta F\cos\Omega t$$

回波信号频率为

$$f_r = f_t(t-\tau) = f_0 + \Delta F\cos\Omega(t-\tau)$$

混频器输出端差频信号频率为

$$\begin{aligned}f_i &= |f_t - f_r| \\ &= |\Delta F[\cos\Omega t - \cos\Omega(t-\tau)]| \\ &= \left|-2\Delta F\sin\frac{\Omega t+\Omega(t-\tau)}{2}\sin\frac{\Omega t-\Omega(t-\tau)}{2}\right| \\ &= \left|-2\Delta F\sin\left(\Omega t-\frac{\Omega\tau}{2}\right)\sin\frac{\Omega\tau}{2}\right|\end{aligned}$$

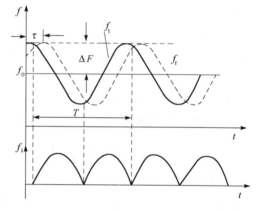

图 3-16 正弦波调频时间-频率曲线

通常 $\frac{\Omega\tau}{2}\ll 1$，则 $\sin\frac{\Omega\tau}{2}\approx\frac{\Omega\tau}{2}$

$$\begin{aligned}f_i &\approx 2\Delta F\frac{\Omega\tau}{2}\sin\left(\Omega t-\frac{\Omega\tau}{2}\right) \\ &= \frac{2\Delta F\Omega}{c}\cdot R\sin\left(\Omega t-\frac{\Omega\tau}{2}\right) \\ &= \frac{4\pi\Delta F}{Tc}\cdot R\sin\left(\Omega t-\frac{\Omega\tau}{2}\right)\end{aligned} \tag{3-39}$$

由上式可见，差频频率 f_i 是按正弦规律变化的，其最大值为

$$f_{im} = \frac{4\pi\Delta F}{Tc}\cdot R \tag{3-40}$$

在调制参数一定的条件下，差频频率最大值 f_{im} 也是与距离 R 成正比的。

在正弦波调制时,其差频信号频率是以 Ω 为角频率按正弦规律变化的。

四、线性调频测距精度

所说的测距精度是指引信能区分的最小距离。式(3-38)给出了三角波调频的距离公式。引信可区分的最小距离可表示为

$$\Delta R = R_1 - R_2$$
$$= \frac{cT}{8\Delta F} f_{i_1} - \frac{cT}{8\Delta F} f_{i_2}$$

$$\Delta R = \frac{cT}{8\Delta F}(f_{i_1} - f_{i_2}) \tag{3-41}$$

式(3-41)说明,差频测距的精度取决于调制周期、调制频偏、电路对频率的分辨能力。其中起决定作用的是电路对频率的分辨能力。

五、差频公式的分析

从上述分析,可以得到调频测距的几点重要结论。

(1) 差频测距中的差频频率是连续的,差频与距离存在对应关系,因此,可以连续测距。

(2) 在锯齿波调频时,差频信号的频率与传播时间(距离)的关系曲线与发射信号的频率与时间关系的曲线变化规律完全相同;由于观测时刻的随机性,同一距离会产生两个差频,两个差频的和为 ΔF。

(3) 在三角波调频时,差频信号的频率与传播时间(距离)的关系在 $0<t<T/4$ 时段内观测时,是有规律的,可以用式(3-38)表示。

(4) 三角波调频存在"差频不规则区"。且由于观测时刻的随机性,同一距离可能对应几个差频频率。

(5) 用周期信号调制时,存在测距模糊。

在三种不同调制规律下推导出的差频公式都明确给出了差频信号频率 f_i 与距离 R 成比例的关系,这些就是差频测距的基本原理。

另外上述分析是在没有考虑系统与目标之间相对运动的条件下进行的,如果考虑引信与目标之间的相对运动,将使差频信号发生变化,从而影响差频公式的精确度。当引信与目标之间具有相对运动时,回波信号相对于发射信号的延迟时间,将是时间的函数,即 τ 是随时间而变化的。在发射信号的一个调制周期 T 内,τ 将变化 $2v_R T/c$。若弹目接近速度 v_R 为 $1\ Ma$,则在一个调制周期内 τ 变化为 $2\times10^{-6}T$ 数量级。τ 的这种变化对差频频率产生两方面的影响:一方面使发射信号频率相对于反射信号频率的变化不再是确定不变的,而是随时间而变化的;另一方面将使回波产生多普勒频移。这样必将使回波信号及差频信号的时间-频率曲线也发生变化。

3.3 调频测距引信

这种引信是在上述时间-频率分析法的基础上设计出来的。由差频公式给出了差频 f_i 与

距离 R 成正比的关系。当给定最佳起爆距离 R_0 时，就可以求出相应差频 f_{i0}。在引信电路中可以设置中心频率为 f_{i0} 的带通滤波器或放大器等，其目的是让所需要的差频信号通过，抑制其他频率的信号。在弹目接近过程中，弹目距离 R 连续地变化，差频 f_i 也随之变化，直到距离 $R=R_0$ 时，差频 $f_i=f_{i0}$，目标处于弹的有效杀伤范围内，信号处理电路的输出端才有一定幅度的差频信号输出，送入执行级使引信作用。差频信号起了定距的作用。

3.3.1 调频测距引信举例

法国 PIE2 型引信是配用于"马特拉"空-空导弹用的一种微波调频测距引信。

一、"马特拉"空-空战斗部系统

该导弹战斗部系统由四部分组成：无线电探测部分、可变延时机构、保险机构和弹头部分。

无线电探测部分及可变点火延时机构的作用是探测目标并保证导弹在弹道上最有利炸点爆炸。如图 3-17 所示，敌方目标 A，我方导弹 B，目标速度 v_m，导弹速度 v_d，导弹相对于目标的速度 v_s，静止爆炸破片的速度 v_p，相对于目标破片速度 v_{ps}。而 v_{ps} 是由 v_p 及 v_s 合成的。对一定的交会条件，在相对弹道上，可以确定一个最有利炸点，使目标的要害部位处于杀伤破片的最大密度方向上。当最有利炸点 1 确定后，就能很方便地求出点火点 2，因从点火点到导弹爆炸点是有一定的时间的，它包括引信在内的整个导弹战斗部的传火系、传爆系所需的时间。这个时间是个常量，因而点火点 2 的位置是随相对速度 v_s 的不同而不同，通常根据最大相对速度来确定点火点 2 的位置。当目标的探测点 3 一定的情况下（该点由引信辐射场确定），为了保证最有利爆炸点的位置，对于较小的相对速度采用可变点火延时机构来补偿由于相对速度的差异而引起的炸点误差。可变点火延时机构的延长时间，是在导弹发射前飞机驾驶员根据目标和射击情况进行装定的。

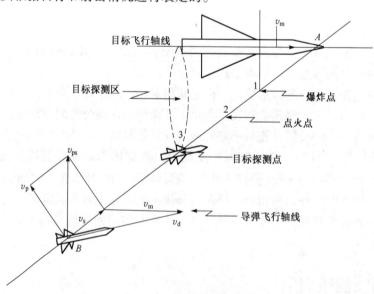

图 3-17 弹目交会状况

导弹如能直接命中目标，则无线电探测控制部分将不起作用，而通过触发开关使雷管起爆。如导弹不能直接命中目标，无线电探测器探测目标位置，并使导弹在有利炸点爆炸。如无线电探测部分没有作用，经过 25 s 以后，自炸开关闭合，使雷管起爆，实现自炸。

二、引信的组成及基本原理

图 3-18 所示为引信发火控制系统的组成方框图。引信的发火控制系统主要由以下几部分组成：

发射系统，由速调管、摆频信号发生器及调节器等组成，速调管微波振荡源产生微波振荡，由一个真空五极管构成的电容三点振荡器作为摆频信号发生器，产生正弦振荡，将此正弦调制信号加于速调管反射极，便可得到正弦波调频振荡，其大部分能量经波导管耦合到发射天线；

接收系统有两组接收天线和两组接收电路，接收电路由滤波器和混频器组成；

其他还有中放级、低放级及电源等。

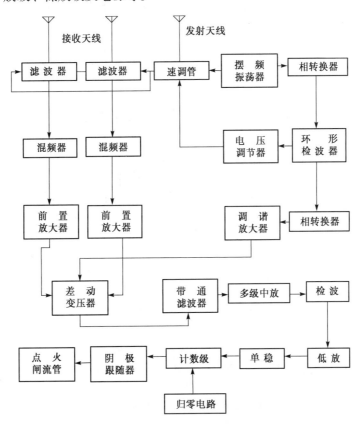

图 3-18 引信发火控制系统组成方框图

引信的基本原理是利用从目标反射回来的回波信号与发射信号的差频信号而工作。为了简化分析，我们先忽略由于弹目相对运动而产生的多普勒效应的影响。发射信号是由发射速调管产生的一个具有适当功率、频率被调制的 3 cm 信号。频率调制的包络线如图 3-19 中第 1 条曲线的实线所示，由于频率调制是由正弦电压波控制的，因而包络线为正弦曲线。发射信号的波形如图 3-19 中第 2 条曲线所示。由于信号在弹目之间往返传播而产生的时间延迟 τ，而使回波信号频率调制的包络线也偏离了一个 τ 值，如图 3-19 中第 1 条曲线的虚线所示。发射与回波信号在混频器中混频得到差频信号，其波形如图 3-19 中第 4 条曲线所示。

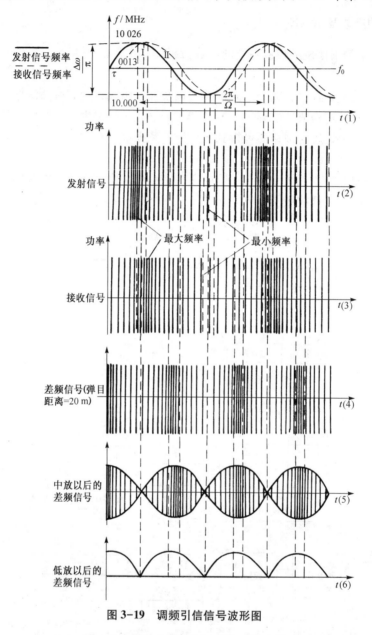

图 3-19 调频引信信号波形图

设 ω_0 为微波信号的角频率；$\Delta\omega$ 为调频波的角频偏；Ω 为调制信号角频率，该引信的调制频率为 $F=110\text{ kHz}$，频偏 $\Delta F=13\text{ MHz}$。由图中可以看出，差频信号是一个频率波调制的等幅信号。对于每一个调制信号周期，差频信号的频率两次通过零点，两次通过最大值。可见，这个差频信号具有 $2F$ 的调制频率，即 $2F=220\text{ kHz}$。由图 3-19 中曲线及前面推导出的差频公式可以看到，差频信号的频率是与 τ 成正比的，也即与弹目间距离 R 成正比，同时也是频偏 ΔF 的函数。频偏和其他参数都经过适当选择，从而当弹目距离为 2 m 时，差频信号频率由 0 伸展到 100 kHz。当弹目距离为 10 m 时，差频信号频率由 0 伸展到 500 kHz。当弹目距离为 20 m 时，差频信号频率由 0 伸展到 1 MHz。若只考虑差频最大值，则有如下关系：

弹目距离 2 m——差频最大值 100 kHz；
弹目距离 10 m——差频最大值 500 kHz；
弹目距离 20 m——差频最大值 1 MHz。

即一个差频信号频率对应于一个距离，这就是调频测距引信的基本原理。

"马特拉"空-空导弹要求引信在弹目间距离为 2~20 m 间能确保导弹爆炸。如何实现这个要求呢？这就要靠引信电路来实现。

根据上述弹目距离在 2~20 m 时，所对应的差频最大值为 0.1~1 MHz，这就要求放大器的通带应在此频带范围。同时为了保证在 2~20 m 时能起爆战斗部，则要求放大器的频率特性曲线不是线性的。

下面进一步探讨放大器在通带范围内的频率特性。设引信作用时放大器输出电压为

$$U_{om} = K U_{im} \tag{3-42}$$

式中，U_{im} 为放大器输入端的差频信号电压；K 为放大电路的放大倍数。由前面分析差频信号可知，U_{im} 与所接收的目标回波信号 U_{rm} 成比例，而 U_{rm} 又与目标反射电场分量 E_r 成比例，因而

$$U_{im} = \alpha E_r \tag{3-43}$$

式中，α 为比例系数。而对于空中目标，其反射电场是与距离的平方成反比的。即

$$E_r = \frac{\beta}{R^2}$$

式中，β 为比例系数。因而可将 U_{im} 表示为

$$U_{im} = \alpha \frac{\beta}{R^2}$$

由差频公式可知差频频率是与距离 R 成正比的，即

$$f_m = \gamma R \quad \text{或} \quad R = \frac{f_{im}}{\gamma}$$

式中，γ 也为比例系数。将上述关系式代入式（3-42）中得

$$U_{om} = K \alpha \beta \gamma^2 \frac{1}{f_{im}^2}$$

或

$$K = \frac{U_{om}}{\alpha \beta \gamma^2} f_{im}^2 \tag{3-44}$$

由于要求引信在 2~20 m 范围内作用，因而在给定的 2~20 m 作用距离内，放大电路的输出差频信号 U_{om} 应是等幅的，即 U_{om} 不应随距离 R 而变化，即 U_{om} 应为常量，则式（3-44）中 $U_{om}/(\alpha\beta\gamma^2)$ 也为常量，那么电路放大倍数 K 与差频频率 f_{im}^2 成正比，也就是说要求放大倍数随频率的增高而成平方关系上升，即每倍频程增益提高约 12 dB。而这种按平方律上升的频率特性的放大电路是通过适当选择电路元件来实现的。

上述对放大器频率特性的分析也可以这样来解释：在 0.1~1 MHz 频带范围内，放大器增益是每一倍频程 12 dB。它的输出信号幅值直接依赖于输入信号的频率，因此该放大器起了一

个鉴频器的作用。也就是说，它能将等幅的但频率是变化的差频信号，转换为幅度变化的信号。当差频达到最大值时，增益也处于最大值，此时幅度最大。当差频接近于零时，增益接近于零，幅度也接近于零。故放大器的输出波形如图 3-19 中的第 5 条曲线所示，再经检波低放，就变成如图中的第 6 条曲线所示。由于差频信号的最大频率随弹目距离的增加而增加，而放大器的增益随频率增加而增加，且遵循每一倍频程增益 12 dB 的规律。因此，该放大器对差频信号的增益随弹目距离增加而增加，又因距离和差频之间有一定的线性关系，所以也适用于每倍距离增益 12 dB 的规律。另一方面，从目标反射回来的回波功率与距离成反比，因为考虑信号往返的功率损失，所以它按照 $1/R^4$ 的规律变化。也就是说，接收到的回波信号电压，在每倍距离上，以 12 dB 的规律在减少。例如，弹目距离由 10 m 增至 20 m，功率损失为 12 dB，但放大器增益增加 12 dB，总的结果为零。由于上述两方面的作用，在弹目距离为 2~20 m，放大器输出信号的幅度基本上是不变的。

在小于 2 m 时，放大器增益会迅速下降，但这没有关系，可以由被引信探测的目标表面的增大而得到补偿。而在大于 20 m 时，灵敏度迅速降低，因差频超过 1 MHz 时，增益将以每倍频 25~35 dB 降低。

以上讨论是在不考虑多普勒效应的情况下进行的，这不符合实际情况。当引信与目标相对运动时，被接收的信号频率比发射的信号频率要高，它们之间相差一个多普勒频率 f_d。如果考虑多普勒效应，就应在原来接收信号频率上加一个 f_d 的频率。图 3-20 中曲线 1 实线表示发射信号调频包络线，虚线表示接收信号调频包络线，虚线向右偏移时间 τ_0。该曲线与不考虑多普勒效应时图 3-19 中曲线 1 相比较是不同的。如果在调制包络线的第一个半周期中多普勒频率是被叠加在差频信号上，那么第二个半周期中它被从差频信号中减去。而多普勒频率 f_d 的大小决定于弹目接近速度 v_R，在"马特拉"导弹的战术运用条件下，v_R 在 100~1 500 m/s 的范围内，则对应的 f_d 为 6.5~100 kHz。例如，弹目距离 R 为 10 m，接近速度为 1 500 m/s，在不考虑多普勒效应时最大差频为 500 kHz。在考虑多普勒效应时，则差频信号最大差频数为：

在第一个半周期内 500 kHz−100 kHz = 400 kHz。

在第二个半周期内 500 kHz+100 kHz = 600 kHz。

在频率调制包络的每半个周期中，差频信号按上述两个频率依次变化。经过放大后，它使差频信号产生一种双重频率调制，如图 3-20 中的曲线 2 所示。其基本重复频率是 220 kHz，但也有 110 kHz 的过调制。通过一个选频放大器，可以把 220 kHz 的基本频率选出来，而把 110 kHz 的信号滤除出去。因此，可认为多普勒效应对引信的正常工作影响很小。然而，由于有多普勒效应的存在，差频信号的频谱要扩展一些，由计算将扩展到 0.115~

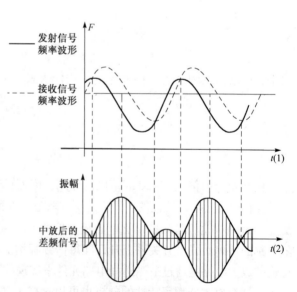

图 3-20 考虑多普勒效应的信号波形图

1.100 MHz。故放大器的通频带也需修正,以适应此频率的扩展。

差频信号经过上述中频放大后,再经过检波,就变成一个 220 kHz 的信号。前面已经分析过,由中放输出的信号其幅度应不受弹目距离的影响。但实际上由于种种原因,其幅度还是有些变化,为了保证后面电路工作的稳定,经过检波及低频放大以后的信号还需要再生一次(即整形)。低频放大器是选择性的,其频率响应曲线的中心在 220 kHz,它能选出有益信号而排除包括多普勒信号在内的其他干扰。经过低放后的有益信号,推动一个单稳态多谐振荡器以便得到一个有固定幅度和脉冲宽度的方波,此方波的幅度及其宽度与 220 kHz 的有益信号的幅度无关,这就是再生了的低频有益信号。如图 3-21 中曲线 2 所示。此信号给一个"计数"电容器充电,当充电电压达到点火电压时,闸流管导通,执行级工作。此过程如图 3-21 中曲线 3 所示。在递增充电过程中,充电时间常数是很小的,而放电时间常数是很大的,因而某些单个的、杂散的干扰信号,由于积累的原因,在一定时间后也可能导致足够大的充电电压而使执行级工作。为了解决这一问题,用一个"归零脉冲"使"计数"电容周期地放电。因此,要求信号的稠密度必须是大的,使其在两个"归零脉冲"之间能给"计数"电容器充电到点火电压,而单个的杂散信号达不到点火电压。但由于有益信号的出现与"归零脉冲"不是同步的,就有可能产生在有益信号充电还未达到点火电压之前"归零脉冲"就来抵消它。这就要求信号有个持续时间,而这个持续时间足以使电容器再充电到点火电压。因此,信号的持续时间应该大约为"归零脉冲"周期的两倍,信号持续时间与弹目相对速度、交会条件以及目标尺寸、天线波束宽度等有关。在该引信中,信号的最小持续时间是 1.11 ms,因此"归零脉冲"的周期取为 500 μs。

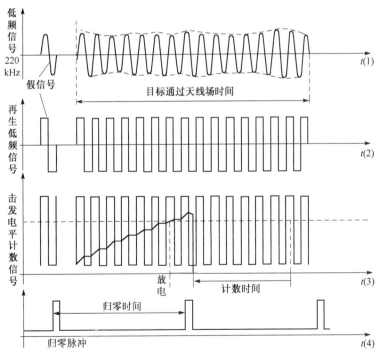

图 3-21 低频及计数信号波形图

该引信有一对发射天线和一对接收天线，它们径向对称地沿着弹圆柱的母线分别装在弹体的两侧，发射天线与接收天线间互成 90°。每个天线的结构是一个沿着轴线开有许多横槽的矩形波导管所形成的裂缝天线。这样的开槽波导在赤道面上产生一个圆形方向图，在子午面上的方向图不是垂直于导弹轴，而是向前倾斜一个角度 φ。在该引信中 $\varphi=60°$，如图 3-22 所示。

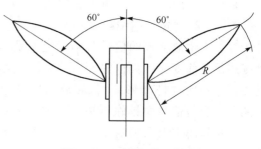

图 3-22 天线安装示意图

3.3.2 调频测距引信调制参数的选择原则

在差频公式中，调制频偏值 ΔF 和调制周期 T 似乎是相互独立的，而且可以任意选择。但实际上对调制系统的参数选择是受到一系列限制的。

一、频偏 ΔF 的选择原则

（1）要避免寄生调幅的影响。

由于调频发射机有寄生调幅存在，以致在没有反射信号的情况下，混频器输出端也具有调制频率 Ω 及其谐波分量的输出。虽然在设计调频系统时，采取各种减小寄生调幅的方法：如选择适当的振荡器、使用平衡混频器、设置限幅器、对寄生调幅进行负反馈等，但仍不能完全消除寄生调幅。所以，在选择系统参数时，要考虑尽量减少寄生调幅的影响。为此要求混频后的差频信号的频率 f_i 与产生寄生调幅的调制频率 f 相差较远，即

$$f_i = mf$$

式中，当 $m \gg 1$ 时，则可实现 f_i 与 f 相差较远。

以锯齿波调制为例，将式（3-33）代入上式，得

$$\Delta F = \frac{mc}{2R_{\min}} \tag{3-45}$$

为了确定 ΔF 值的下限，式中采用引信工作时弹目距离的最小值 $R_{\min}$。当 $R_{\min}$ 越小，要求的频偏越大。对于近感引信来说，是属于典型的近距离工作，例如取 $R_{\min}$ 为 15 m，并取 $m=10$，那么要求频偏为 $\Delta F=100$ MHz。这么大的频偏必将在技术上为实现调频测距引信带来特殊困难。

（2）要考虑具体电路实现的可能性以及天线频带宽度等的限制。

二、调制频率 f 的选择原则

1. 消除非单值所产生的距离模糊

在周期性调制的情况下，差频公式还不能单值地确定引信到目标间的距离，因为根据它们不能区分延迟时间为 τ, $T+\tau$, $2T+\tau$, …, $nT+\tau$ 时所对应的距离。也就是说，在相差距离为 $\Delta R=cT$ 值和其倍数 $n\Delta R$ 时，所对应的差频 f_i 值都是相同的，这样就产生了距离模糊。

为了消除距离模糊，在选择调制频率时，应使调制周期足够大，一个调制周期所对应的距离大于可能测得的距离变化范围。设 R_0 为系统能够测出的距离范围，应使这个可能测得

的距离变化范围小于 cT，即

$$R_0 < \Delta R = cT$$
$$f < c/R_0 \tag{3-46}$$

这实际上就是要求在距离 $(R_0+\Delta R)$ 上的最大可能回波信号电压 $U_{\text{rm}}(R_0+\Delta R)_{\text{max}}$ 应该比在距离 R_0 上的最小可能回波信号电压 $U_{\text{rm}}(R_0)_{\text{min}}$ 还要小。式中的 R_0 为引信的作用距离。

2. 减小多普勒效应的影响

在前面已分析过当弹目间有相对运动时，由于延迟时间 τ 的变化及多普勒效应的存在，使差频信号的频谱发生变化，特别是多普勒频率的出现，将给信号处理造成困难或引起距离误差。因此，应该使差频频率尽量与多普勒频率相差较远，即

$$f_i \gg f_d$$

例如采用锯齿波调频时

$$f_i = \frac{2\Delta F}{c} \cdot fR$$

$$f_d = \frac{2v_R}{\lambda_0}$$

则有下列关系式

$$f \gg \frac{v_R c}{\lambda_0 \Delta F R_{\text{min}}} \tag{3-47}$$

3.4 调频多普勒引信

调频多普勒引信是在差频信号频谱分析基础上进行设计的一种引信。根据对差频信号的频谱分析可知，在弹目之间存在相对运动时，差频信号的频谱发生了变化。调频多普勒引信与前述调频测距引信根本不同之处就是要设法取出差频信号中的多普勒信号，利用多普勒信号中所含有的距离信息或速度信息使引信作用。

3.4.1 调频多普勒引信原理

该引信一般原理方框图如图 3-23 所示。在此系统中，混频器输出端接有边带放大器。它可选择出某一边带信号，输给二次混频器，与来自调制信号发生器并经过 n 倍倍频的相应次谐波信号进行二次混频，便可得到多普勒信号，再经过放大与信号处理，便可推动执行级作用。若输入信号幅度恒定，输出边带信号幅度为

$$U_{\text{om}} U_{\text{im}} J_n \left(\frac{2\Delta\omega}{\Omega} \sin \frac{\Omega \tau}{2} \right)$$

式中，$\tau = 2R/c$。可见，多普勒信号振幅具有距离信息。只要适当地选择调制参数和边带谐波次数就可以利用上述关系来控制引信的作用距离。但通常还是利用多普勒信号所具有的速度信息来控制引信的作用。

这种引信取其 n 次边带信号，其频率为 $n\Omega \pm \Omega_d$，进行中频放大，这样就避开了大量的低频振动噪声的影响，因而它具有低噪声的特点。此外，这种体制还可以减小泄漏的影响。但这种引信也存在问题，就是引信所利用的只是某次边带功率，因此造成较大功率损失。

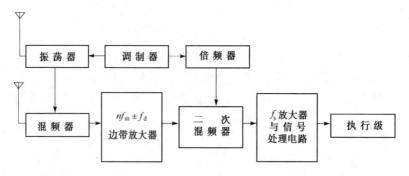

图 3-23 调频多普勒引信原理方框图

3.4.2 调频多普勒引信参数的选择

以正弦波调频为例来分析其选择原则。

一、谐波次数的选取

调频多普勒体制的引信经常只取其差频频谱中某次谐波的一个边带来工作,那么选几次为好呢?可从以下几方面来考虑。

1. 功率损失较小

由于各次谐波功率将随谐波次数的增高而降低,从减小功率损失的角度来考虑,应选择较低次的谐波分量为好。

2. 取得一个合适的边带频率

一般来说,边带频率取得较高一些对避开大量的低频振动噪声更有利。而通常调制频率 f 不能取得很高,但又要使边带频率 $n\Omega \pm \Omega_d$ 不很低,所以应选较高次的谐波分量。

3. 减小噪声的影响

通过对考虑噪声时发射信号与回波信号混频后的差频信号进行的分析,发现噪声的影响将随谐波次数的增高而减小。因此,从减小噪声的角度出发应选择次数较高的谐波。

根据以上所述,选取的谐波次数通常在 3 次($n=3$)以上。

二、调制频率的选择

在选择调制频率时,应考虑两个方面。一方面,为了消除非单值性,调制频率应满足

$$R_0 < \Delta R = cT$$

即

$$f < \frac{c}{R}$$

另一方面,为了能滤除相邻谐波,调制频率还应满足

$$f \gg f_d$$

3.5 调频比相引信

调频比相引信是利用调频与比相测角原理相结合而设计的一种引信。它经常能同时获得

目标的角度、速度等信息而控制引信作用。

比相是指通过沿弹轴配置并相隔一定距离的两组接收天线所接收信号进行相位比较，从而得到目标角度的信息。图 3-24 所示为两组接收天线与目标的相对位置，T 为目标，A_1 与 A_2 为两个接收天线。d 为两个接收天线中心间的距离，ϕ 为弹目连线与弹轴间的夹角，R 为天线到目标的距离，ΔR 为两个天线到目标的路程差。为分析问题简单起见，认为目标是点目标，而且天线到目标的距离远大于两接收天线间的距离，以至 $\phi_1 \approx \phi_2 \approx \phi$。从图 3-24 中可得目标到两天线的路程差为

$$\Delta R = R_2 - R_1 \approx d\cos\phi$$

两接收天线所接收信号的相位差

$$\Delta\phi = \frac{2\pi}{\lambda}d\cos\phi \qquad (3-48)$$

式中，λ 为接收信号载波波长。由式（3-48）可见，当 ϕ 在 0°～90°范围内变化时，$\Delta\phi$ 是 ϕ 的单值函数。只要通过鉴相器就可检出两组接收天线所接收信号的相位差，利用它可控制引信的起爆角。通过适当的信号处理电路，还可以使引信随着战斗部相对于目标的动态破片飞散方向变化，来连续地自动调整引信的启动角，使引信与战斗部能更好地配合。

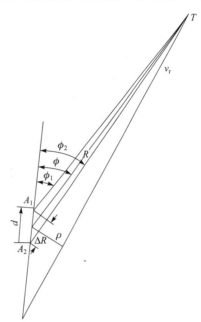

图 3-24 调频比相引信测角原理

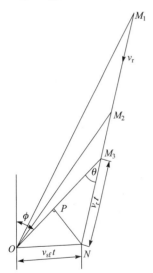

图 3-25 导弹与目标的相对位置

下面介绍一种利用比相测角、调频多普勒测速获得最佳起爆条件的引信。该引信可配用于地-空导弹。为说明该引信的设计思想，先分析最佳起爆条件。设导弹与目标为共面交会，其相对位置如图 3-25 所示。取战斗部中心 O 为坐标原点，$M_1, M_2, M_3, \cdots, M_n$ 为目标在不同时刻相对于战斗部中心的位置。ϕ 为弹轴与弹目连线间的夹角，v_r 为目标相对于弹的相对速度，角 θ 为弹目连线与相对速度的夹角，v_{sf} 为战斗部破片静态飞散速度。由图 3-25 中可见，如果目标位于 M_3 点时，战斗部起爆，目标与战斗部最大破片密度方向上的破片相遇于 N 点，便能获得高的毁伤效率，这时可认为是最佳起爆。由简单的几何关系可以得到最佳起爆条件为

$$v_{sf}t\cos\phi = v_r t\sin\theta$$

或

$$v_{sf}\cos\phi = v_r\sin\theta \qquad (3-49)$$

若引信能连续地测出 $v_{sf}\cos\phi$ 和 $v_r\sin\theta$，并把它们送进比较电路进行比较，当两者相等时便输出一个启动信号推动执行级工作，引爆战斗部，这样便能获得最佳起爆。而且可以做到随着战斗部破片动态飞散方向的变化，自动连续地调整引信启动角，以保证引战配合的要求。关键的问题是如何测出 $v_{sf}\cos\phi$ 和 $v_r\sin\theta$。

$v_{sf}\cos\phi$ 可以通过比相原理测得，根据式（3-48）可得

$$\cos\phi = \frac{\lambda}{2\pi d}\Delta\phi$$

$$v_{sf}\cos\phi = \frac{\lambda v_{sf}}{2\pi d}\Delta\phi$$

对于一定的弹和引信，式中 v_{sf}、λ、d 均为已知数。利用两接收天线所接收的反射信号进行相位比较即可测得 $\Delta\phi$，也就得到了 $v_{sf}\cos\phi$。

$v_r\sin\theta$ 可以通过调频多普勒原理测得，由前面可知多普勒频率

$$f_d = \frac{2v_R}{\lambda} = \frac{2v_r\cos\theta}{\lambda}$$

$$v_r\cos\theta = \frac{f_d\lambda}{2}$$

$$v_r\sin\theta = v_r\sqrt{1-\cos^2\theta} = \sqrt{v_r^2 - \left(\frac{f_d\lambda}{2}\right)^2}$$

由制导系统给出 v_r，由引信测出 f_d，再经函数变换器变换，即可得到 $v_r\sin\theta$。

测出 $v_{sf}\cos\phi$ 和 $v_r\sin\theta$ 后，再比较两信号电压，当两信号电压相等时，则给出启动信号，实现最佳起爆。

该引信原理方框图如图 3-26 所示。

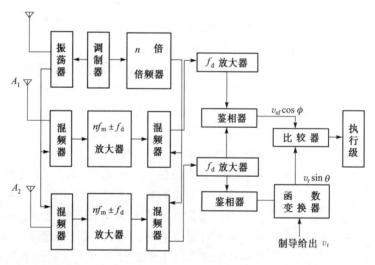

图 3-26 比相测角、调频多普勒测速引信原理方框图

调频原理引信除上述外，还有一种称为"复合调制法"原理，即指在现有的正弦调频信号上，再加上脉冲调幅，组成调频、调幅复合调制，以获取距离截止信息，有效地降低安全高度，提高引信的低空性能。此外，采用"多频正弦调制技术"可以改善单一频率正弦调频距离模糊问题，从而改善引信的低空性能。

第4章
脉冲无线电引信

脉冲无线电引信是一种发射的高频脉冲信号具有一定重复周期的无线电引信。

一般的脉冲引信工作原理类似于脉冲测距雷达。发射装置通过天线发射一定脉宽及重复周期的矩形脉冲串，其一部分能量被目标反射，引信接收到的目标反射脉冲在时间上比发射脉冲滞后一个时间 Δt，即 $\Delta t = 2R/c$，它正比于引信到目标的距离 R。利用从反射信号中提取距离等信息来控制引信作用。

脉冲无线电引信只在脉冲持续期间内发射高频能量，因而可在平均功率较小的条件下，具有较高的峰值功率，从而能达到较大的作用距离，同时也有利于抗干扰。这种引信可采用"距离门"等措施进行测距选择，使其距离截止特性好。此外，它还可以通过脉冲宽度选择以及编码等措施来提高抗干扰能力。如果直接利用脉冲测距，则要求接收与发射系统之间隔离完善，又因引信作用距离小，要求调制脉宽很窄等。这些均会给系统的实施带来一定的困难。

脉冲引信按其工作原理可分为脉冲测距引信、脉冲多普勒引信和脉冲比相引信等。下面重点介绍前两种引信。

4.1 脉冲测距引信

4.1.1 脉冲测距引信基本工作原理

引信每隔一段时间发射一次短促的高频脉冲，碰到目标后产生反射，一部分能量回到引信的接收机，到达接收机的反射脉冲比发射脉冲滞后 Δt 时间。我们知道，发射的高频脉冲信号是由一系列高频频谱组成。根据电磁波在空间传播的等速性和直线规律，所有频谱分量均以同一速度和同一时间到达目标，也以同一速度和同一时间到达接收机。所以由目标返回的信号仍保持原来的脉冲形式，即反射信号与发射信号相比只有时间滞后而无波形失真。于是，反射信号与发射信号之间的时间间隔 Δt 直接反映出电波往返传播的时间间隔。只要能测出 Δt，即可确定弹目距离 R_0。

下面以一个较简单的脉冲测距引信原理方框图（图4-1）来说明脉冲测距引信的基本工作原理。各部分脉冲波形如图4-2所示。触发脉冲发生器产生重复周期为 T 的窄脉冲，如图4-2（a）所示。这些脉冲控制调制器产生脉宽为 τ、重复周期为 T 的矩形脉冲，如图4-2（b）所示。这种矩形脉冲又用来调制发射机的高频振荡，形成了向外发射的高频脉冲，如图4-2（c）所示。同时触发脉冲又通过延迟装置延迟一个 Δt 时间，如图4-2（d）所示。然后将延迟后的脉冲送入选通脉冲发生器，使其产生一定脉宽的矩形选通脉冲，如图 4-2（e）所示。

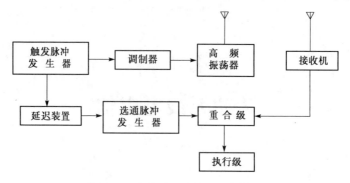

图 4-1　脉冲测距引信原理方框图

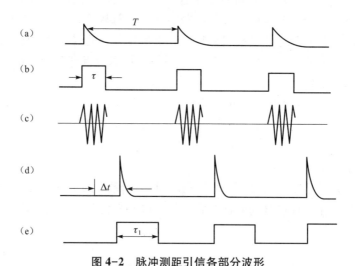

图 4-2　脉冲测距引信各部分波形
（a）触发脉冲；（b）调制脉冲；（c）发射脉冲；（d）延迟脉冲；（e）选通脉冲

选通脉冲前沿与延迟脉冲前沿相重合，因此，选通脉冲相对于发射脉冲也延迟了 Δt 时间。而延迟时间 Δt 及选通脉冲宽度是根据引信作用距离来给定的，也就是说由触发脉冲产生的选通脉冲限定了引信起爆时弹目间的距离。将此选通脉冲送入重合级，同时由接收机接收的反射脉冲也送入重合级。只有在选通脉冲工作期间，反射脉冲到达重合级时，重合级才输出一个启动信号，使引信起爆。

引信的作用距离 R_0 可由引战配合的要求给定，延迟时间与 R_0 之间关系由下式给出

$$\Delta t = 2R_0/c$$

$$R_0 = \frac{\Delta t}{2}c$$

这种引信最主要的问题是发射机辐射的脉冲通过寄生耦合进入接收机，而要将寄生耦合脉冲分离开是比较困难的，因寄生耦合脉冲电平与反射脉冲电平相差不多，不同之处只是反射脉冲较寄生耦合脉冲滞后一个短时间 Δt。而在引信与目标间距离很小时，这些脉冲可以部分地或几乎全部相重合，为避免它们相重合，则必须发射极窄的脉冲。

如果发射和接收天线之间隔离不完善，而使漏到接收机输入端的直接信号功率 P_Δ 为

$$P_\Delta > P_S$$

式中，P_S 为接收机灵敏度。则必须对接收机采取选通的措施，在发射脉冲持续期间，选通脉冲不出现，使接收机关闭，不接收发射脉冲，而抑制泄漏的发射脉冲。也就是说，在发射脉冲持续时间 τ_M 内为盲区。将此时间换算成距离时，盲区范围即是引信工作的最小距离。

$$R_{\min} = \frac{\tau_M}{2}c$$

式中，τ_M 为发射脉冲宽度。如果给定引信最小作用距离 $R_{0\min}$，则发射脉冲宽度应满足

$$\tau_M \leqslant \frac{2R_{0\min}}{c}$$

例如，$R_{0\min}=15$ m，则由上式可得 $\tau_M \leqslant 0.1$ μs。

但另一方面，引信仅在近距离工作的情况下，经常能满足下式

$$P_\Delta < P_S$$

在这种条件下，上述的选通已没有必要，在发射脉冲持续期间内，接收机可以打开，即可以接收反射脉冲。这时发射脉冲宽度可以不受上式的限制，同时由于 P_S 值比较大，可以不采用超外差式接收机，而采用直接检波放大式接收机。在这种电路中也可以采用选通方式工作，但这种选通的目的只是限制引信的作用距离。

综上所述，选通脉冲的宽度由引信作用距离变化范围来确定，即

$$\tau_1 = \frac{2(R_{0\max}-R_{0\min})}{c}$$

上述体制的脉冲测距引信需要两副天线，并且它们之间的距离需要足够大，使其在空间的耦合具有几十分贝的衰减。因此，它在小型常规武器中很难采用，一般用于导弹上。

4.1.2 脉冲测距引信举例

图 4-3 为脉冲测距引信发火控制系统的组成方框图。它由发射天线、接收天线、发射机、接收机、起爆点转换开关、保险执行机构、引爆机构、前吸收盘和后吸收盘等部分组成。

该引信采用了具有不同主波瓣倾角的两组接收天线、起爆点电子转换开关和前后引爆机构，其目的是保证在导弹与目标的相对接近速度范围内，战斗部破片杀伤区与引信作用区配合一致，以解决引战配合的问题。图 4-4 所示为引信启动区在导弹纵轴平面上的剖面图。图 4-5 所示为战斗部静态和动态杀伤区的剖面图。为了可靠地杀伤目标，必须使引信启动区同战斗部杀伤区配合一致，也就是必须保证在相对速度的整个变化范围内，战斗部破片都能击中目标。而引信的效率取决于弹目在规定的遭遇条件下引信启动区与战斗部杀伤区的配合程度。如果要使引信取得较高效率，则必须恰当地选择引信天线辐射的波瓣同导弹纵轴间的夹角以及波瓣在导弹纵轴平面上的宽度，使其形成一个绕导弹纵轴呈环形的天线波瓣，以便保证引信能按一定角度绕导弹纵轴进行等强定向发射和等强定向接收。引信的启动区取决于引信接收天线的波瓣，该引信采用两套接收天线，其波瓣倾角不同，一对接收天线最大场强方向的倾角为 φ_1，而另一对倾角为 φ_2。此外，在该引信中设置的前后引爆机构可使战斗部能选择两个起爆点。根据导弹与目标在各种不同遭遇姿态时的弹目相对速度由导弹无线电控制系统向引信发出一个指令 K_4，该指令为不同宽度的脉冲信号，引信的起爆点电子转换开关可以按照 K_4 指令脉冲宽度，使两组接收天线和前、后引爆机构分别接通，组成表 4-1 中四种配合关系。

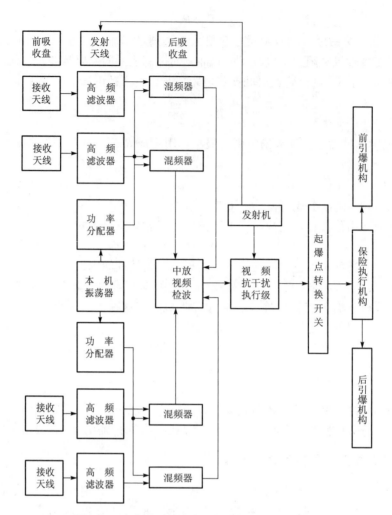

图 4-3 脉冲测距引信发火控制系统组成方框图

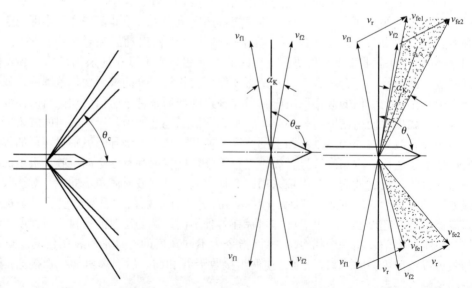

图 4-4 引信启动区在导弹纵轴平面上的剖面图　　图 4-5 战斗部静态与动态杀伤区剖面图

表 4-1 配合关系表

K_4 指令种类	K_4 指令脉冲电压宽度/s	接收电路接通状态	引爆机构接通状态
K_4-1	0.86	φ_1 角接收天线接通	前引爆机构接通
K_4-2	1.06	φ_2 角接收天线接通	前引爆机构接通
K_4-3	1.37	φ_1 角接收天线接通	后引爆机构接通
K_4-4	>1.37	φ_2 角接收天线接通	后引爆机构接通

由表 4-1 可见，由于引信与战斗部有四种配合关系，因而该引信可以根据弹目速度及各种遭遇姿态，来控制引信的启动区和战斗部的杀伤区位置，从而使引信与战斗部达到最佳配合的目的。

引信在战斗使用时的工作情况如下：当接通弹上电源时，交流电（115 V，400 Hz）便输到引信的发射机、接收机和起爆点转换开关的电源整流器上，经过整流后供给接收机阳极电路和灯丝电路、发射机灯丝电路和起爆点转换开关电源。如果弹道附近区域内有消极干扰存在，则制导站在发射导弹之前就会向引信发出一个电压为 26 V 的消极干扰指令，该指令可使抗干扰电路中继电器的触点闭合，从而使抗干扰电路与接收机接通，使接收机的灵敏度降低。在导弹起飞瞬间，当导弹的加速度达到 $13g$ 时，保险机构的惯性开关开始工作，于是保险机构的第一级保险被解除。当主发动机管道内的压力达到 20 atm 时，装在发动机上的气压继电器就接通，此时 26 V 直流电压就通过该继电器的闭合触点加到保险机构电路上，于是第二级保险就被解除。在导弹起飞后的第 7~13 s，保险机构的触点闭合，使引信执行电路与一个引爆机构接通，引爆机构解除保险，从而使第三级保险解除。同时自炸装置被触发，自炸装置是一个定时机构。当导弹接近目标时，无线电控制系统就向引信发出一定宽度的 26 V 直流电压脉冲，即 K_4 指令。引信的起爆点转换开关根据 K_4 指令值接通前引爆机构或后引爆机构，并接通与当时相对速度相应的第一波道天线或第二波道天线。发出 K_4 指令后 0.2 s，无线电控制系统便向引信发出一个 26 V 直流电压的 K_3 执行指令，以接通发射机的阳极电路电源和执行电路的闸流管电源，从而解除第四级保险。这时，引信就完全处于待发状态。当目标进入电磁波辐射区并在引信的有效距离内时，电磁波就被目标反射回来，被接收天线接收，再通过高频滤波器进入混频器。同时本机振荡器输出的高频振荡信号沿本振电缆加在每个混频器上。混频器输出中频信号加到中频放大器，经放大和检波后再输入到视频放大器进行放大，被放大后的视频信号输入执行电路，当积分器输出电压达到一定值时，执行电路的闸流管点火。这时点火电容器所储存的电能便通过相应的引爆机构的电爆管引爆战斗部。如果导弹在引信的最大作用距离以外飞过目标，那么自炸装置中的定时机构接通弹上电源输来的 26 V 电压而使弹自炸。

由图 4-3 可见，脉冲测距引信的发火控制部分主要由发射机、接收机、执行电路及抗干扰电路等组成，现主要针对发射机和接收机分别介绍如下。

一、发射机

发射机由调制信号发生器、调制器、高频振荡器及电源组合组成，如图 4-6 所示。其功能是产生某一固定波长的脉冲振荡。

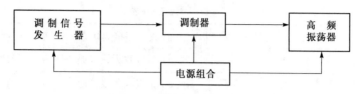

图 4-6　发射机组成方框图

调制信号发生器是一个自激间歇振荡器，其间歇振荡器的脉冲重复频率为 400 Hz。由调制信号发生器产生一个有一定重复周期、幅度为 500～600 V 的正脉冲，加至调制管，使调制管开启，输出一个幅度达 2 000 V 的正脉冲，加至高频振荡器，以调制高频振荡器，产生一个高频脉冲信号。

二、接收机

接收机的功用是接收、混频、放大和检波，通常由本机振荡器、高频滤波器、混频器、中频放大器、脉冲检波器及视频放大器等组成。

接收机的高频部分由一个本机振荡器、两个功率分配器和四个接收方向的电路组成。每个接收方向的电路包括一个高频滤波器、一个混频器和一根具有降压电阻的高频连接电缆。每个高频功率分配器连接两个接收方向。其组成如图 4-7 所示。

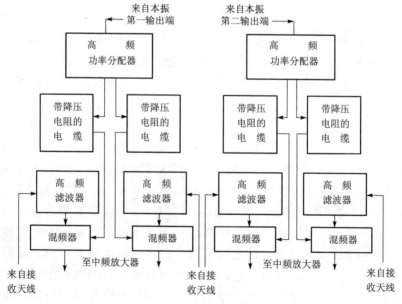

图 4-7　接收机高频部分的组成方框图

从目标反射回来的信号，被接收天线接收，经过高频滤波器加到混频器上。本机振荡器的信号从振荡器的每一输出端加到各自的高频功率分配器上，在此又分成两路，从各自输出端输出，经过带降压电阻的电缆，加到混频器上。两个信号在混频器内相互作用之后，便分出中频信号，加到中频放大器的输入端。

高频滤波器的功用是保护接收机不受制导雷达和干扰机信号的影响。它是由三个 LC 并联回路组成的，其等效电路如图 4-8 所示。每条回路都调谐在通带的中间频率，各回路用四分之一波长的同轴线线段连接。

混频器的功用是将目标反射回来的信号和本机振荡器的信号变换成中频信号。该混频器等效电路如图 4-9 所示，为非平衡电路，其结构也为同轴线式混频器。采用硅晶体二极管为变换信号的非线性器件。

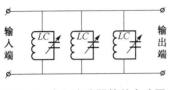

图 4-8　高频滤波器等效电路图

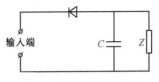

图 4-9　混频器等效电路

高频功率分配器的用途是将本机振荡器的功率分配给两个混频器，其结构为 T 形连接的同轴线。

本机振荡器的功用是产生高频振荡，其频率与发射机振荡器产生的高频振荡相差一个中频值。其构造和等效电路与发射机高频振荡相似，采用钛瓷三极管组成自激振荡器，产生连续高频振荡。所不同的是由于有四根接收天线，本机振荡器的高频能量由两个对称配置的输出端输出，然后再通过高频功率分配器按两个波道进行分配。

中频放大器的功用是放大混频器输出的中频脉冲。在该引信中采用选通脉冲来控制中放，即只有在选通脉冲持续期间内中放才正常工作。常称这种受选通脉冲控制的电路为"距离波门"，而选通脉冲称为波门脉冲。此外，在中放里可进行程序增益调整和由抗干扰电路控制的增益调整。其组成如图 4-10 所示。为了保证中频放大器具备必需的放大系数和通频带，中频放大器采用"三级参差调谐"电路。所谓"三级参差调谐"指总级数 m 是 3 的整数倍，每三级构成一组。每组中，一个回路调谐在低边频上，另一个回路调谐在高边频上，第三个回路调谐在中间频率上。所以该中频放大器由六级组成。第一级和第六级回路调谐在通频带中间频率上；第二级和第四级回路调谐在低边频上；第三级和第五级回路调谐在高边频上。在中频放大器的输入端装有继电器，该继电器受起爆点转换开关控制，将各对天线转接到输入电路上，而中频放大器第一级为一个对称多谐振荡器，它起电子转换开关的作用，即转接一对天线所接收的信号，并将这些信号继续汇集到一个波道里。

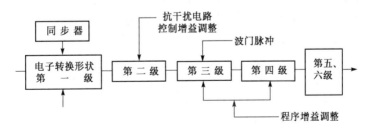

图 4-10　中频放大器组成方框图

视频脉冲检波器由按倍压电路连接的双二极管组成。视频放大器的功能是将视频检波器输出信号放大到一定数值，使执行级电路和抗干扰电路正常工作。

4.2 脉冲多普勒引信

4.2.1 脉冲多普勒引信工作原理

脉冲多普勒引信是一种应用多普勒效应工作的脉冲引信。它辐射的是不连续的射频信号，这一点不同于一般的连续波多普勒无线电引信。它又不同于普通脉冲测距引信，它仅是在脉冲发射期间接收信号，即在脉冲持续期间，引信振荡器发射射频能量，并在适当的条件下接收它自己发射的并由目标反射回来的信号，在这方面，它类似于普通的连续波多普勒引信。因此，脉冲多普勒引信具有脉冲引信和连续波多普勒引信的某些特性。由于引信发射机工作于脉冲状态，具有高的峰值功率和低的平均功率的优点，因而改善了对扫频干扰的对抗能力，同时也提高了引信的作用距离。由于脉冲多普勒引信是按多普勒原理工作的，因而不需要宽带放大器，只要应用连续波多普勒引信中的那种普通多普勒放大器，就可以满足脉冲多普勒系统的要求。

脉冲多普勒引信也有自差式与外差式两种。

一、自差式脉冲多普勒引信

常见的自差式脉冲多普勒引信方框图如图 4-11 所示。其信号波形如图 4-12 所示。其中脉冲调制器产生脉宽为 τ_m、重复周期为 T_m 的脉冲，对自差收发机进行调制，产生脉冲振荡。受脉冲调制影响的高频振荡（图 4-12(a)）经天线发射到空间；遇到目标后产生回波，回波信号（图 4-12(b)）比发射信号在时间上延迟 $\tau = 2R/c$。如果弹目之间存在相对运动时，回波信号仍具有多普勒频移。在设计引信时，一般使接收的回波脉冲与发射脉冲在时间上有一部分重合，这样，回波信号与发射信号在自差机中进行差拍，得到一个被多普勒频率调制的脉冲信号（图 4-12(c)），即每个脉冲的幅度都与由连续波获得的多普勒信号各点的幅度相对应，也就是说，多普勒信号将以许多离散的瞬时信号表现出来，这些离散的瞬时信号的多少取决于在一个多普勒周期内所发射的脉冲数。这个幅度按多普勒频率变化的脉冲列，经过检波取出包络便得到多普勒信号（图 4-12(d)），再对此信号进行放大等处理后，输给执行级，使引信启动。若在发射脉冲宽度 τ_m 时间内不存在由运动目标反射的脉冲信号，即说明弹目距离 $R > \tau_m c/2$，此时，自差机无信号输出，引信不启动。

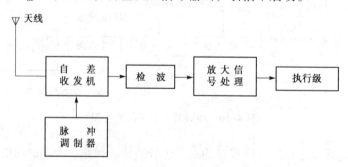

图 4-11 自差式脉冲多普勒引信方框图

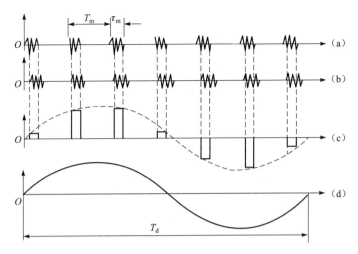

图 4-12 自差式脉冲多普勒引信信号波形图
(a) 发射信号；(b) 回波信号；(c) 差拍信号；(d) 检波输出

上述自差式脉冲多普勒引信主要特点是电路简单、结构简单、体积小，适宜配置在常规弹药中。

二、外差式脉冲多普勒引信

典型外差式脉冲多普勒引信原理方框图如图 4-13 所示。

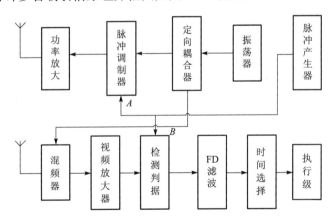

图 4-13 典型外差式脉冲多普勒引信原理方框图

电路工作原理如下：

当引信开机工作时，射频振荡器开始工作，产生频率为 f_0 的连续波信号，经定向耦合器耦合，被脉冲 A 控制的微波开关调制器调制产生宽度为 τ_A、重复频率为 f_R 的射频脉冲信号，经功率放大器放大，馈给发射天线，由天线向预定的空间辐射出去。同时，定向耦合器取出少量振荡器产生的连续波信号，作混频器的相参本振信号。

由目标反射回来的回波信号，被接收天线接收，进入混频器，与本振信号混频。混频器输出的信号为幅度包络按多普勒频率变化的窄脉冲序列。经视频放大器放大后，与脉冲产生器输出的 B 脉冲在相关器中作相关判断。输出的信号经多普勒放大器放大、滤波，作为目标检测和启动判据去触发引信执行电路，输出起爆信号。

上述外差式脉冲多普勒引信各要点波形如图 4-14 所示。

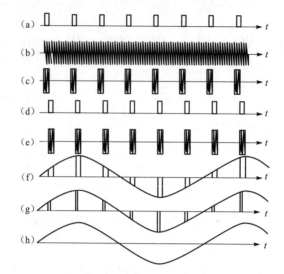

图 4-14 脉冲多普勒引信各级电路时序波形图

(a) 基准脉冲信号；(b) CW 振荡器输出及本振信号；(c) 发射脉冲信号；(d) 距离门 B 脉冲信号；(e) 回波脉冲信号；(f) 混频器及视放输出视频信号；(g) 距离门选通电路输出信号；(h) 多普勒放大器输出信号

4.2.2 典型外差式脉冲多普勒引信分析

引信的发射信号可表示为

$$U(t)=U_0 R_{\text{ect}}\left[\frac{t}{\tau_A}\right]\cos(\omega_0 t+\phi_0) \tag{4-1}$$

式中的 $R_{\text{ect}}[\ *\ ]$ 为矩形函数，其值为

$$R_{\text{ect}}\left[\frac{t}{\tau_A}\right]=\begin{cases}1 & nT_R\leqslant t\leqslant nT_R+\tau_A \quad n=0,1,2,\cdots\\ 0 & \text{其他}\end{cases} \tag{4-2}$$

式中，U_0 为发射信号的幅度；T_R 为调制脉冲重复周期；ω_0 为发射信号载波角频率；τ_A 为发射脉冲宽度；ϕ_0 为发射信号的初始相位。

引信接收到的回波信号为

$$U_r(t)=U_r R_{\text{ect}}\left[\frac{t-\tau_R}{\tau_A}\right]\cos[(\omega_0\pm\omega_d)t+\phi_r] \tag{4-3}$$

$$R_{\text{ect}}\left[\frac{t-\tau_R}{\tau_A}\right]=\begin{cases}1 & nT_R\leqslant t-\tau_R\leqslant nT_R+\tau_A \quad n=0,1,2,\cdots\\ 0 & \text{其他}\end{cases} \tag{4-4}$$

式中，U_r 为接收回波信号振幅；τ_R 为弹目距离的时延，$\tau_R=\dfrac{2R(t)}{c}$；ω_d 为多普勒角频率；ϕ_r 为接收回波信号的初始相位。

混频器输出信号为

$$U_w(t)=U_r U_L R_{\text{ect}}\left[\frac{t-\tau_{RL}}{\tau_A}\right]\cos(\omega_d t+\phi_L) \tag{4-5}$$

$$R_{\text{ect}}\left[\frac{t-\tau_{\text{RL}}}{\tau_{\text{A}}}\right]=\begin{cases}1 & nT_{\text{R}}\leq t-\tau_{\text{RL}}\leq nT_{\text{R}}+\tau_{\text{A}} \quad n=0,1,2,\cdots\\ 0 & \text{其他}\end{cases} \quad (4\text{-}6)$$

式中，τ_{RL} 为接收系统的延迟时间，$\tau_{\text{RL}}=\tau_{\text{R}}+\tau_{\text{L}}$；$U_{\text{L}}$ 为本地信号电压振幅；ϕ_{L} 为混频器输出信号初始相位。

外差式脉冲多普勒引信接收机输出端的信噪比可表示为

$$\frac{S}{N}=\frac{P_{\text{t}}G_{\text{r}}G_{\text{t}}\lambda_0^2\sigma_{\text{n}}L_{\text{aw}}\tau_{\text{A}}^2}{(4\pi)^3R^4KT_0\Delta fF_{\text{n}}L_{\text{s}}\tau_{\text{B}}T_{\text{R}}} \quad (4\text{-}7)$$

式中，P_{t} 为引信发射机的峰值功率，W；G_{t} 为发射天线增益，dB；G_{r} 为接收天线增益，dB；λ_0 为引信工作波长，m；τ_{A} 为发射脉冲的宽度，s；τ_{B} 为距离波门的宽度，s；σ_{n} 为目标雷达截面积，m^2；T_{R} 为脉冲重复周期，s；R 为引信到目标的距离，m；K 为玻耳兹曼常数，1.38×10^{-23} J/K；Δf 为接收机的等效带宽，Hz；F_{n} 为接收机整机噪声系数，dB；T_0 为接收机工作的热力学温度，K；L_{s} 为接收机和发射机系统损耗，dB；L_{aw} 为归一化相关函数。

引信接收机灵敏度为

$$S_1=KT_0\Delta fF_{\text{n}}\left(\frac{S}{N}\right)=\frac{P_{\text{t}}G_{\text{r}}G_{\text{t}}\lambda_0^2\sigma_{\text{n}}L_{\text{aw}}\tau_{\text{A}}^2}{(4\pi)^3R^4L_{\text{s}}\tau_{\text{B}}T_{\text{R}}} \quad (4\text{-}8)$$

因此，引信的最大作用距离可表示为

$$R_{\max}^4=\frac{P_{\text{t}}G_{\text{r}}G_{\text{t}}\lambda_0^2\sigma_{\text{n}}L_{\text{aw}}\tau_{\text{A}}^2}{(4\pi)^3KT_0\Delta fF_{\text{n}}l_{\text{s}}\tau_{\text{B}}T_{\text{R}}\left(\dfrac{S}{N}\right)} \quad (4\text{-}9)$$

4.2.3 脉冲多普勒引信有关参数的选择原则

一、调制脉冲宽度 T_{M} 的选择

对于自差式脉冲多普勒引信调制脉冲的最小宽度主要由最大作用距离 $R_{\max}$ 确定。因为在每一个脉冲周期间，信号到达目标并返回到引信必须有足够的时间。例如，引信的最大作用距离为 $R_{\max}$ 时，从信号发出到碰上目标返回共走了 $2R_{\max}$ 的距离，需要时间为 $t_0=2R_{\max}/c$。若选择脉冲宽度为 $\tau_{\text{M}}=2t_0$ 时，脉冲前沿在经过目标返回后与发射脉冲在 t_0 处重合，如图 4-15 所示。在回波脉冲宽度一半时间内发射信号与回波信号不重合，因此，混频后输出的脉冲宽度只有调制脉冲宽度的一半。随着目标的靠近，脉冲宽度逐渐增加。如果脉冲宽度 $\tau_{\text{M}}<t_0$ 时，那么在 $R_{\max}$ 处，受多普勒调制的脉冲群消失，引信不会启动。因此在选择调制脉宽时，应使在弹目距离等于最大作用距离时，发射脉冲仍然有一部分时间与回波脉冲相重合，即应有以下限制

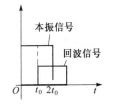

图 4-15 发射信号与回波信号的关系

$$\tau_{\text{M}}\geq\frac{2R_{\max}}{c} \quad (4\text{-}10)$$

调制脉冲宽度的确定还与射频振荡器的频率有关。根据经验，在脉冲调制系统中，脉冲的宽度应足以宽到至少包含射频信号中心频率的 200 个振荡周期，即

$$\tau_M \geqslant 200/f_0 \tag{4-11}$$

式中，f_0 是射频振荡器的中心频率。这个式子只是在数量级的范围内成立。如果脉冲宽度太小，那么信号频谱就太宽，会使系统效率产生相当大的损失。

调制脉冲宽度的确定与多普勒频率有关。多普勒频率 f_d 由公式 $f_d = 2v_r f_0/c$ 给出。式中 v_r 是弹目接近速度。相对于多普勒信号的周期，脉冲宽度应该是相当窄的，以致使多普勒信号在被脉冲取样期间，也就是说在脉宽 τ_M 时间内，多普勒信号的瞬时值没有显著变化。在这种要求下脉冲宽度应如何选定呢？设多普勒信号为正弦波，可以表示为

$$E = E_m \sin \omega_d t$$

式中，E_m 是 E 的最大值，$\omega_d = 2\pi f_d$。如能求出 E 的百分比变化与多普勒频率和脉冲宽度之间的关系，并认为在一定的 E 的百分比时电压可看成是恒定的。在这个条件下可以得到关于脉冲宽度的限制。为求出电压变化，将上式对时间微分可得

$$\frac{dE}{dt} = E_m \omega_d \cos \omega_d t$$

为求得 E 的最大变化速率，求出

$$\frac{d^2 E}{dt^2} = -E_m \omega_d^2 \sin \omega_d t$$

令

$$\frac{d^2 E}{dt^2} = 0$$

得

$$t = \frac{2k\pi}{\omega_d} \quad (k = 0, 1, 2, \cdots)$$

$$\left(\frac{dE}{dt}\right)_{max} = \pm E_m \omega_d$$

取 dE/dt 最大的绝对值，以得到 E 的最大变化速率

$$|dE| = E_m \omega_d dt$$

以脉冲宽度 τ_M 代替 dt，以 ΔE 代替 $|dE|$，并将 f_d 的表达式代入上式得

$$\Delta E = \frac{4\pi E_m v_r f_0 \tau_M}{c}$$

或

$$\frac{\Delta E}{E_m} = \frac{4\pi v_r f_0 \tau_M}{c}$$

这就是 E 的百分比变化与多普勒频率和脉冲宽度之间的关系。如果取 ΔE 小于 E_m 的 5%，则在脉冲持续时间脉冲的包络的幅度实际上接近于恒定，这时，脉冲宽度应满足下式

$$\tau_M \leqslant \frac{5c \times 10^{-2}}{4\pi v_r f_0} \tag{4-12}$$

调制脉冲宽度的确定还应当考虑回答式干扰机的影响。发射信号从引信到达干扰机再返回引信所用的时间 Δt 是

$$\Delta t = 2R'/c$$

式中，R' 是从干扰机到引信的距离。在一般情况下，干扰机的转发设备本身还要产生延迟时间 δ，所以对回答式干扰机总的延迟时间为

$$\Delta t' = \frac{2R'}{c} + \delta$$

当引信为自差式脉冲多普勒引信或是以发射脉冲信号作为相干检波的基准信号时，引信只能在发射脉冲持续期间内检测信号，如果 $\Delta t'$ 超过了脉冲宽度 τ_M，则来自回答式干扰机的任何信号都不能对引信发生作用，因为引信在接通工作期间干扰机的信号不可能被接收到。于是最大脉冲宽度应限制在

$$\tau_M \leqslant \frac{2R'}{c} + \delta \tag{4-13}$$

对于简单的接收、放大而立即转发的干扰机，在高灵敏度条件下，有产生自激振荡的趋向，这样一个固有的特点使这种干扰机具有高的干扰功率是不太现实的。因此，这类干扰机主要是采用门控类型的干扰机，在典型的门控延时转发器中，接收信号与再发射信号之间的延迟时间 δ 为两个微秒的数量级，这样，如果在脉冲多普勒系统中，采用的脉冲宽度为 $2\ \mu s$，那么，这样的回答式干扰机即便是与引信相距在最短距离上，由干扰机返回的脉冲也不能与引信的发射脉冲相互作用。

二、调制脉冲频率的选择

脉冲多普勒引信作用的实质是提取多普勒信息，而该系统相当于一个取样装置，为了传送足够的信息以便较准确地恢复多普勒信号，必须考虑所需的取样数值。设多普勒信号为正弦波，先考虑正半周，若在这半周中等间隔的三次取样，一次在起始部分，一次在峰值部位，而最后一次是在末端，这样一条曲线就被确定了。再考虑后半周，一个样本取在负的峰值部分，一个样本取在周期的末端，当同前半周的取样相连接时，就给出了全周正弦波的最低限度的表示。当取样数值增大时，正弦曲线则更精确，即多普勒信号恢复得更准确。由上述分析，样本之间的时间间隔 τ_M 在极限情况下应满足

$$\tau_M \leqslant \frac{T_d}{4}$$

式中，T_d 为多普勒信号周期，而

$$T_d = \frac{1}{f_d} = \frac{c}{2v_r f_0}$$

代入上式可得

$$\tau_M \leqslant \frac{c}{8v_r f_0} \tag{4-14}$$

时间 τ_M 可认为是在给定 f_0 时，为确定多普勒信号的各脉冲之间的最大时间间隔，即为调制脉冲重复周期。上述结论也能满足采样定理的要求，即

$$\tau_s \leqslant \frac{1}{2F_m}$$

式中，τ_s 为采样间隔，F_m 为信号最高频率。

以上对脉冲多普勒引信的调制脉冲宽度及重复频率的选择原则进行了分析，下面通过一个具体实例介绍如何应用上述的一些基本原则来确定其有关参数。

配用于某航弹的脉冲多普勒引信，已知航弹降落时对地面的接近速度范围大约为 $v_r = 600\ m/s$，正常作用高度 $h_0 = 30\ m$，射频振荡器工作频率 $f_0 = 150\ MHz$。

利用已给的这些值，根据式（4-10）可求出最小脉冲宽度为 $2 \times 10^{-7}\ s$；根据式（4-11）

计算的最小脉冲宽度为 1.3×10^{-6} s；由式（4-12）可得到最大脉冲宽度为 13.3×10^{-6} s；又可根据式（4-13）得最大脉冲宽度为 2.2×10^{-6} s。分析以上计算结果，可认为调制脉宽 τ_M 选在 1.3×10^{-6} s 和 2.2×10^{-6} s 之间为合适。选择调制脉冲重复频率可从式（4-14）中求出脉冲最大时间间隔 τ_M 为 41.6×10^{-5} s 左右。

根据对现有某些脉冲多普勒引信的统计得到，一般调制脉冲宽度在 $0.8\sim4$ μs 之间，调制脉冲重复周期为 $30\sim50$ μs。我们根据上述选择参数的基本原则所确定的调制脉冲宽度及其重复周期也在此范围内。

第5章
噪声无线电引信

引信发射的信号是被噪声电压调制的无线电引信称为噪声无线电引信。它是在噪声雷达的基础上发展起来的一种引信。

噪声无线电引信的特点是抗干扰性能好，并具有良好的距离和速度鉴别力。众所周知，除阻塞干扰外，其他有源干扰都是要先接收被干扰信号，然后模拟被干扰引信的有用工作信号特征，并用强功率向外发射干扰波，对引信进行有效干扰。对于周期调制信号的频率及其有用工作信号是容易侦察出来的，因而周期调制信号的引信容易被干扰。但是噪声是一个随机信号，敌方要侦察出噪声调制（非周期性调制）的频谱及其有用工作信号波形是很困难的，所需要的时间要长得多。这样弹丸就可在干扰发生前就把目标摧毁了。即使对阻塞干扰，因为很难做到很高的干扰功率谱密度，同时它的干扰信号也很难和引信辐射的噪声调制信号相关，所以使阻塞干扰对噪声引信的作用大为降低。

噪声引信是靠什么原理得到距离选择性的呢？在比较简单的信号中（脉冲、调频）是按其时间、频率参数来分析的，而对于噪声信号就要按其形状来分析处理。假如一个系统辐射的能量是被随机信号（例如高斯噪声）进行振幅、相位或频率调制的已调波，如果一个很近的目标将该能量的一部分反射回来，反射波的时间延迟很短，那么这个短的时间内，发射机将没有充分时间来使其振幅（或相位，或频率）作很大的变化。对于一个较远距离的目标，反射信号的延迟时间较长，则发射机信号就可能作大的变化。如将发出的信号与返回来的信号进行比较，就可以得到一个具有依赖于距离的统计特性的信号。在零距离时（无时间延迟），反射信号与发射信号是相同的，它们之间是完全相关的。在很大距离时，反射的信号看来几乎与发射信号无关，即发射与反射的信号是不相关的。发射信号与反射信号之间从零距离的完全相关变化到很远距离的没有任何相关，其变化程度取决于随机函数的频率成分，即噪声频谱。如果只有非常低的频率成分，那么发射信号不能有及时地迅速变化，发射信号与反射信号之间的相关程度随距离增大的变化是很慢的。但是，如果有很高的频率成分，那么发射信号的振幅、相位或频率就可以迅速变化，而发射信号与反射信号之间的相关程度就将随它们之间的延迟时间的增大下降至零。噪声引信就是根据接收信号与发射信号之间的相关程度来得到距离选择性的，这也是噪声引信定位的一个出发点。

噪声引信按照调制的信号可分为随机信号调制无线电引信与伪随机码调制无线电引信。随机噪声调制的引信，其调制信号的瞬时值一般是服从高斯分布的，功率谱在很宽的频带内都是均匀的，这种引信尽管在原理上很理想，但实现上有困难。伪随机码调制是随机噪声调制演化而来的，它既有近似于噪声调制的性能，又易于实现。噪声引信按发射机的调制方式可分为调频和调幅两种,前者用得较多。按信息处理方法可分为相关法、反相关法和频谱法。

5.1 噪声信号的特征

噪声一般是由一系列随机脉冲组成,这些脉冲信号的相位或频率是不相关的。理想的噪声信号为白噪声,如各种物体中的热噪声以及电子管、晶体管的散粒噪声等都属于白噪声。白噪声电压(电流)可以看做是由大量相互无关的极其短促的电压(电流)脉冲随机叠加所合成的。由概率论的中心极限定理可知,白噪声电压(电流)的瞬时值的概率分布为高斯分布。由此可见,我们平时所研究的噪声信号的一个重要特性就是随机性质。因而,不可能用确定的或估计足够数目的参数来描述它,但和其他随机过程一样,其波形的某些统计特性是可以进行描述的,因而要求人们研究它的统计特性。

5.1.1 噪声的相关函数

相关函数表征两个信号或者同一信号相隔时间 τ 的两点之间的相互关系。

一、自相关函数

同一信号的相关函数称为自相关函数。它表示随机信号 $f(t)$ 与延时了时间间隔 τ 的同一信号的相关性,即 $f(t)$ 与 $f(t-\tau)$ 的相关性。自相关函数 $R(\tau)$ 被定义为

$$R(\tau) = \lim_{T \to \infty} \frac{1}{T} \int_{-\frac{T}{2}}^{\frac{T}{2}} f(t)f(t-\tau) \mathrm{d}t \tag{5-1}$$

这个定义可用于所有形式的信号,不论是随机信号还是周期信号(确知信号)。

求 $R(\tau)$ 的过程,包含将 $f(t)$ 与延时信号 $f(t-\tau)$ 相乘,然后将相乘结果在时间间隔 T 上取平均。由于时间延迟 τ 不同,自相关函数值也不同,因此自相关函数是时延 τ 的函数。

自相关函数有如下两个特性:

(1) 当 $\tau=0$ 时

$$R(0) = \lim_{T \to \infty} \frac{1}{T} \int_{-\frac{T}{2}}^{\frac{T}{2}} f^2(t) \mathrm{d}t \tag{5-2}$$

即为 $f^2(t)$ 的平均值。$R(0)$ 是 $R(\tau)$ 的最大值,即 $R(\tau) < R(0)$,因为 $\tau=0$ 是全相关的情况。

(2) $R(\tau)$ 是从 $-T/2$ 到 $+T/2$ 时间内的时间平均值,而 T 又趋于无限大,因此,起始时间的选择对 $R(\tau)$ 没有什么影响。即 $R(\tau) = R(-\tau)$,即自相关函数是偶函数。

二、互相关函数

与自相关函数相类似,两个不同的随机信号 $f_1(t)$ 和 $f_2(t)$ 之间的相关性或统计依赖性,可以用互相关函数 $R_{12}(\tau)$ 表示为

$$R_{12}(\tau) = \lim_{T \to \infty} \frac{1}{T} \int_{-\frac{T}{2}}^{\frac{T}{2}} f_1(t)f_2(t-\tau) \mathrm{d}t \tag{5-3}$$

互相关函数常用于通信系统和控制系统。在通信系统中，它揭示出信道的传输特性并可得出码间串扰或串话的情况。

三、反相关函数

反相关函数是信号与它的延时形式之差的均方值，定义为

$$H(\tau) = \lim_{T \to \infty} \frac{1}{2T} \int_0^T [f(t) - f(t-\tau)]^2 dt$$

$$= \lim_{T \to \infty} \left\{ \frac{1}{2T} \int_0^T [f(t)]^2 dt + \frac{1}{2T} \int_0^T [f(t-\tau)]^2 dt - \frac{1}{T} \int_0^T f(t)(t-\tau) dt \right\} \quad (5-4)$$

如果 $f(t)$ 是归一化的，则

$$\lim_{T \to \infty} \frac{1}{T} \int_0^T [f(t)]^2 dt = 1$$

$$H(\tau) = 1 - \lim_{T \to \infty} \frac{1}{T} \int_0^T f(t) f(t-\tau) dt$$

$$H(\tau) = 1 - R(\tau) \quad (5-5)$$

由式（5-4）可见，$H(\tau)$ 定义为归一化的 $f(t)$ 与 $f(t-\tau)$ 之差的平方平均值的一半。式（5-5）说明了反相关函数与自相关函数的关系。

5.1.2 噪声的频谱与相关函数的关系

对于噪声的不规则特性，可由两方面来表征：第一是具有随机特性的信号中各参量的概率分布。上面引入的噪声相关函数就是用统计特性来研究噪声的方法之一。现在再来研究噪声信号第二方面的统计特性，即能量频谱。

不规则信号的振幅频谱实际上是不存在的。因为对于随机过程无法确切地知道它在 $-\infty \sim +\infty$ 时间范围内的情况。所以也无法用积分来求得它的频谱函数。因而不规则信号的频谱特性是采用能量频谱来表示。噪声信号具有不规则的特性，因此可用能量频谱来表示其频谱特征。

为了得到随机信号 $f(t)$ 在无限时间 t 内的平均功率，必须假设平均功率是有限的。平均功率是用功率谱密度函数 $G(f)$ 来计算的。$G(f)$ 定义为在频率 f 处，在 1 Ω 负载电阻上得到的平均功率。因此 $G(f) df$ 给出在 df 频率范围的功率，因而随机信号 $f(t)$ 的平均功率为

$$P_{av} = \int_{-\infty}^{\infty} G(f) df = \frac{1}{2\pi} \int_{-\infty}^{\infty} G(\omega) d\omega$$

而 $G(f)$ 与 $f(t)$ 的一个由 $-T/2 \sim +T/2$ 的样本函数的傅里叶变换 $F(t)$ 有如下关系

$$G(f) = \lim_{T \to \infty} \frac{|F(t)|^2}{T} \quad (5-6)$$

这个关系式在一般无线电技术中已证明。

由前面分析可知，一个连续随机噪声信号 $f(t)$ 的自相关函数 $R(\tau)$ 为

$$R(\tau) = \lim_{T \to \infty} \frac{1}{T} \int_{-\frac{T}{2}}^{\frac{T}{2}} f(t) f(t-\tau) dt$$

由维纳-欣钦定理可以得到相关函数与功率谱的关系,即 $R(\tau)$ 与 $G(f)$ 形成傅里叶变换对

$$R(\tau) = \int_{-\infty}^{\infty} G(f) \mathrm{e}^{\mathrm{j}\omega\tau} \mathrm{d}f \tag{5-7}$$

$$G(f) = \int_{-\infty}^{\infty} R(\tau) \mathrm{e}^{-\mathrm{j}\omega\tau} \mathrm{d}\tau \tag{5-8}$$

由于 $G(f)$ 是 f 的偶函数,因此可以将此傅里叶变换写成余弦形式,并由 $0\sim\infty$ 的积分的两倍来代替从 $-\infty\sim+\infty$ 的积分,因此得

$$R(\tau) = 2\int_{0}^{\infty} G(f) \cos \omega\tau \mathrm{d}f \tag{5-9}$$

$$G(f) = 2\int_{0}^{\infty} R(\tau) \cos \omega\tau \mathrm{d}\tau \tag{5-10}$$

以上关系式可以用单边(即正频率范围)的功率谱来表示,若以 $G_1(f)$ 表示单边的功率谱,因正负频率部分是等价的,所以

$$G_1(f) = 2G(f)$$

此时上式可写为

$$R(\tau) = \int_{0}^{\infty} G_1(f) \cos \omega\tau \mathrm{d}f \tag{5-11}$$

$$G_1(f) = \int_{0}^{\infty} R(\tau) \cos \omega\tau \mathrm{d}\tau \tag{5-12}$$

从上述相关函数和功率谱的对应关系可知,相关函数是从时域的角度来研究信号的统计特性,而功率谱则是从频域方面来研究信号的统计特性。时域和频域之间的密切关系说明,它们之间本质是相同的,仅是处理方法不同而已。

5.1.3 几种噪声谱和自相关函数

在研究噪声时,通常按其概率密度和功率谱的形状来分类。如按功率谱的形状分类时,可将噪声分成白噪声和有色噪声。白噪声是一种理想化模型,它的电压(电流)瞬时值的概率分布是高斯分布,对于平均值为零的白噪声电压瞬时值的概率分布密度表示为

$$W(u) = \frac{1}{\sqrt{2\pi}\sigma} \mathrm{e}^{-\frac{u^2}{2\sigma^2}}$$

式中,σ^2 为随机噪声 u 的方差,即噪声的有效功率(指在值为 1 Ω 的电阻上的平均值);σ 为随机噪声 u 的均方根偏差,或称为标准差,也就是噪声电压的有效值。

噪声电压的波形图和概率密度曲线如图 5-1 所示。图(a)是将时间轴扩大了的噪声电压波形图。图(b)是噪声电压的概率密度曲线(即正态分布曲线),它表明噪声电压的振幅分布特性主要取决于噪声电压有效值的 σ。随着 σ 的增大,噪声电压较大的尖头脉冲出现的概率增大,同时,电压较小的尖头脉冲出现的概率相应地减小。电压小于 σ 的概率为 68.3%,小于 2σ 的概率为 95.6%,小于 3σ 的概率为 99.7%,也就是说噪声电压大于 3σ 的概率是极小的。

由于白噪声是许多极其短促的、相互独立的、统计无关的电压(电流)脉冲加在一起组成的,每个短促脉冲所占频谱是很宽的。所以白噪声的频谱可以看做均匀的无限频谱,即噪声功率在整个频谱内是均匀连续分布的。它的功率谱密度 $G(f)$ 为常数,即 $G(f) = N_0$(常数)。

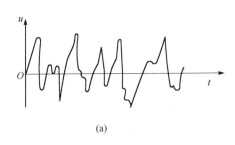 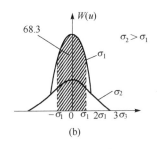

图 5-1 噪声电压波形和概率密度曲线

(a) 将时间轴扩大了的噪声电压波形；(b) 噪声电压的概率密度曲线

由式（5-7）可得

$$R(\tau) = \int_{-\infty}^{\infty} G(f) e^{j\omega\tau} df$$

$$= N_0 \int_{-\infty}^{\infty} e^{j\omega\tau} df$$

$$= N_0 \delta(\tau)$$

式中，$\delta(\tau)$ 为单位冲量函数（狄拉克函数）；$G(f)$ 及 $R(\tau)$ 如图 5-2 所示。这个结果表明，白噪声只在 $\tau=0$ 时是相关的，除此之外，τ 为任意值时都是不相关的。而实际上，噪声功率密度不可能在所有频率范围内为一常数，因为这意味着噪声有无限大的功率，而噪声功率总是有限的，所以实际的噪声频谱有限。但由于无线电引信的带宽是较窄的，在这个带内，可把噪声频谱看成一常数。

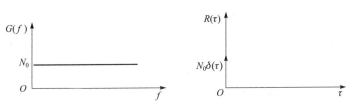

图 5-2 功率谱密度 $G(f)$ 及相关函数 $R(\tau)$

为了得到合适的相关函数，往往采用特殊办法形成相应的噪声功率谱密度，下面考虑几种特殊情况的噪声功率谱密度，并求出对应的相关函数。

一、白噪声通过一个理想带通滤波器

白噪声通过理想带通滤波器输出的功率谱如图 5-3 所示。其归一化的功率谱密度为

$$G(f) = \begin{cases} \dfrac{1}{f_2-f_1} = \dfrac{1}{\Delta f} & f_1 \leqslant f \leqslant f_2 \\ 0 & \text{其他范围} \end{cases}$$

将上式代入式（5-11）并积分可得相关函数为

$$R(\tau) = \frac{1}{2\pi\tau(f_2-f_1)} \{\sin[(2\pi f_2)\tau] - \sin[(2\pi f_1)\tau]\}$$

$$= \frac{1}{\pi\tau\Delta f}\left[\sin\frac{2\pi(f_2-f_1)\tau}{2}\cos\frac{2\pi(f_2+f_1)\tau}{2}\right]$$

$$= \frac{1}{\pi\tau\Delta f}\left[\sin\frac{\Delta\Omega\tau}{2}\cos\omega_0\tau\right]$$

式中，$\Delta\Omega=2\pi\Delta f, \omega_0=2\pi(f_1+f_2)/2$，$R(\tau)$ 和 τ 的关系如图 5-4 所示，是一个包络为脉冲函数的余弦振荡。τ_0 定义为第一个零点出现的时间，即

$$\sin\frac{2\pi\Delta f\tau_0}{2}=0$$

也就是 $\Delta f\tau_0=1$，因而 $\tau_0=\frac{1}{\Delta f}$。

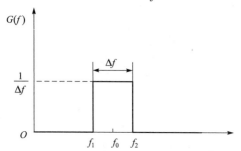

图 5-3　白噪声通过理想带通滤波器
输出的功率谱密度

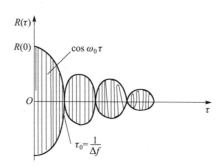

图 5-4　白噪声通过理想带通滤波器
输出频谱的相关函数

相关时间 τ_0 表明起伏噪声内在联系的紧密程度。τ_0 不同，说明起伏过程快慢不同。对于无穷频谱的白噪声，$\tau_0=0$ 表示噪声变化极为迅速。对于有限带宽的白噪声，$\tau_0\neq 0$，其变化就慢一些。对于窄带噪声，包络变化的速度与噪声带宽 Δf 成反比，带宽越窄，则其输出的噪声包络变化越缓慢，包络的结构越松散。

二、白噪声通过一个理想低通滤波器

当 $f_1=0, f_2=F_0$ 时为理想低通滤波器，这时输出噪声的功率谱密度为

$$G(f)=\begin{cases}\dfrac{1}{F_0} & 0\leqslant f\leqslant F_0 \\ 0 & f>F_0\end{cases}$$

相关函数为

$$R(\tau)=\frac{1}{2\pi\tau F_0}\sin(2\pi F_0\tau)$$

$G(f)$ 与 $R(\tau)$ 的图形如图 5-5 所示。$R(\tau)$ 随 τ 的增大而衰减振荡，$R(\tau)$ 与 τ 是非单值关系，一个 $R(\tau)$ 可对应于多个 τ 值。

三、白噪声通过一个低通 RC 滤波器

低通滤波器如图 5-6 所示。假设噪声是一个输出阻抗为零的噪声产生器输出的白噪声，通过图示的滤波器后，输出的功率谱密度为

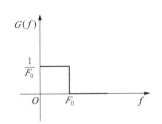
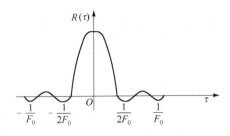

图 5-5 输出的噪声功率谱密度及其相关函数

$$G(f) = \frac{4/\lambda}{(2\pi f)^2 + 1/\lambda^2}$$

式中，$\lambda = \dfrac{R_1 R_2}{R_1 + R_2} C$ 为滤波网络的时间常数。相关函数为

$$R(\tau) = e^{-\frac{\pi}{\lambda}}$$

图 5-6 低通滤波器

$G(f)$ 与 $R(\tau)$ 对应的波形如图 5-7 所示。从图中可见，相关函数 $R(\tau)$ 随 τ 增大而单调下降，而不是前两种情况中 $R(\tau)$ 与 τ 的模糊关系，并且形成此种相关函数的噪声功率谱密度的电路简单。

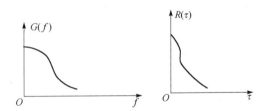

图 5-7 白噪声通过低通 RC 滤波器输出的功率谱密度及其相关函数

四、白噪声通过一个在零点具有最大值的高斯滤波器

白噪声通过以零频为最大值的高斯滤波器输出的功率谱密度为

$$G(f) = \frac{1}{\sigma} \cdot \frac{2}{\pi} e^{-\frac{f^2}{2\sigma^2}}$$

式中，σ 为正态分布的均方根。同样通过公式可得相关函数为

$$R(\tau) = e^{-2\pi^2 \sigma^2 \tau^2}$$

$G(f)$ 与 $R(\tau)$ 的图形与图 5-7 的情况一样，$R(\tau)$ 也随 τ 的增长而单调下降，没有模糊情况。但高斯滤波器难以实现。

从以上四种情况可见，第三、第四种情况可得到不模糊的相关函数，但第四种情况要求有较复杂的滤波网络，而第三种情况仅要求阻容网络即可实现。第一、第二种情况存在模糊，给定距带来困难。

5.2 相关噪声引信工作原理

在噪声引信中，目标的距离和速度信息不能像上述其他原理的无线电引信那样从回波中直接提取，必须对目标回波的相位和幅度采取特殊处理技术，即采用相关技术才能消除距离与速度的模糊，提高其抗干扰能力。相关噪声引信是利用相关法原理，即其接收机是一部相关接收机，它可以确定接收的目标回波信号与延迟的发射信号之间的相关函数，从而利用随机的发射信号与回波信号相关函数的最大值 $R(\Delta\tau = 0)$ 来测距。因此，必须把发射的基准信号 $f_1(t)$ 延迟一段时间 τ，并使 τ 等于回波的延迟时间 τ_0。相关接收机的核心部分是相关器，其原理方框图如图 5-8 所示。假设发射信号为 $f_1(t)$，接收信号为 $f_2(t)$，则

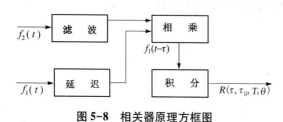

图 5-8 相关器原理方框图

$$f_2(t) = af_1(t-\tau_0) + f_n(t)$$

式中，a 为回波信号的幅度系数；f_n 为回波中所包含的其他噪声信号。

接收的信号与经过延迟的发射信号（基准信号）$f_1(t-\tau)$ 进行互相关运算，即

$$\begin{aligned}
R_{21}(\tau) &= \lim_{T\to\infty} \frac{1}{T} \int_{-\frac{T}{2}}^{\frac{T}{2}} f_1(t-\tau) f_2(t) \mathrm{d}t \\
&= \lim_{T\to\infty} \frac{1}{T} \int_{-\frac{T}{2}}^{\frac{T}{2}} f_1(t-\tau) [af_1(t-\tau_0) + f_n(t)] \mathrm{d}t \\
&= \lim_{T\to\infty} \frac{1}{T} \int_{-\frac{T}{2}}^{\frac{T}{2}} f_1(t-\tau) af_1(t-\tau_0) \mathrm{d}t + \lim_{T\to\infty} \frac{1}{T} \int_{-\frac{T}{2}}^{\frac{T}{2}} f_1(t-\tau) f_n(t) \mathrm{d}t \\
&= aR_x(\tau) + R_{nx}(\tau)
\end{aligned}$$

式中，$R_{21}(\tau)$ 为 $f_1(t-\tau)$ 与 $f_2(t)$ 的互相关函数；$R_x(\tau)$ 为 $f_1(t-\tau_0)$ 与 $f_1(t-\tau)$ 的自相关函数；$R_{nx}(\tau)$ 为 $f_n(t)$ 与 $f_1(t-\tau)$ 的互相关函数。要使 $R_{21}(\tau)$ 的峰值与自相关函数包络 $R_x(\tau)$ 的峰值相一致，必须使信号 $f_1(t-\tau)$ 与 $f_n(t)$ 独立无关，则 $R_{nx}(\tau) = 0$。然而当信号延迟时间 τ 有限时，实际的 $R_{21}(\tau)$ 与理论上的相关函数不同，要想精确地获得 $R_{21}(\tau)$ 包络的最大值，必须使信号延迟时间 τ 尽量大，并且要 $\tau = \tau_0$ 时（即对应引信的预定启动距离 R_0），$R_{21}(\tau)$ 有最大值。

另外由于弹目之间有相对运动，所以在 $R_{21}(\tau)$ 的高频分量中包含有多普勒频移。为了检测出多普勒信号，一般在相关器中要加一组多普勒滤波器，或者加一个多普勒信号放大器。因多普勒频率反映了弹目之间的速度。

图 5-9 所示为一个相关噪声引信的原理方框图。由噪声源产生的噪声中心频率为 5 MHz、带宽为 1.2 MHz 的高斯形状频谱。噪声与本振为 145 MHz 的信号在混频器中进行混频后，形成一个中心频率为 150 MHz、带宽为 1.2 MHz 的高斯频谱的载波，经过功率放大器后输给发射天线。基准信号是由部分的发射信号与本振信号在混频器中混频，再经过延迟后形成的。由于混频器输出的是下边频，所以延迟线输出的基准信号又恢复到 5 MHz。接收的回波通过高频放大器，混频器及 5 MHz 的放大器输入到相关器。相关器输出经过多普勒放

大器，该放大器中心频率为 300 Hz、带宽为 40 Hz。终端装置相当于执行级，当信号超过一定幅度后可控制点火电路输出启动信号。

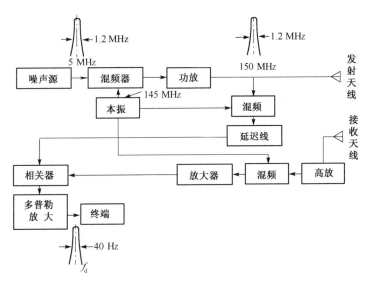

图 5-9　相关噪声引信原理方框图

相关法噪声引信原理很简单，但实现很困难。主要是对相关处理的信号要求高。首先要求发射的随机噪声信号要有足够宽的频谱和足够大的功率；其次是要求接收机的放大器必须是宽带放大，以保证噪声频谱性质不变；还要求相关器的延迟线必须有均匀一致的幅频特性和线性的相频特性。如果上述要求中有一项做不到，则发射信号的自相关函数就难以再现。除此之外，还有一个缺点，即相关函数在 $\tau=0$ 时有最大值，也就是距离为零时相关函数为最大值。那么根据相关原理设计的噪声引信，只要发射天线有少量的信号直接泄漏到接收天线时，就可能遮蔽大时延的信号，导致引信作用不正常。因此该引信的收发天线需要高的隔离度。

5.3　反相关噪声引信的工作原理

反相关噪声引信采用反相关法接收。图 5-10 所示是反相关接收机的方框图。由反相关接收机的输出端形成以反相关函数表示的信号。

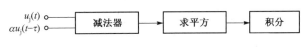

图 5-10　反相关接收机的方框图

$$H(\tau) = \lim_{T \to \infty} \frac{1}{2T} \int_0^T [f(t) - f(t-\tau)]^2 dt$$

$$H(\tau) = 1 - R(\tau)$$

由上式可知，在 $\tau=0$（即距离 $R=0$ 时）时，反相关电路的输出为零，随着 τ 的增大输出随之增加，能直接按照接收机输出信号的相应值确定目标距离。减小了发射机到接收机泄漏的影响，克服了自相关噪声引信的缺点。

下面介绍一种噪声调频反相关引信原理。假定发射信号为一低频噪声调频的调频波，则混频器的输出为基准信号与回波信号的差频信号，其差频

$$\Delta\omega = \omega(t) - \omega(t-\tau)$$

如果发射信号是被一个振幅为高斯分布的低频随机噪声信号 $f(t)$ 调频，当发射机的频偏特性是线性时，则发射信号的频率分布是以载频 ω_0 为中心频率的高斯分布。因此，频差 $\Delta\omega$ 也是以零频率为中心的高斯概率分布。由于混频器不能保持频差的代数符号，所以混频器输出的瞬时频差只能是单向的高斯概率分布，并且在零频时具有最大值。由于 $\Delta\omega$ 有 $N(0,\sigma)$ 分布，则 $|\Delta\omega|$ 有一般的反射正态分布，而且其 k 阶矩为

$$\overline{|\Delta\omega|}^k = \sigma^k 2^{\frac{k}{2}} \frac{\Gamma\left(\frac{k+1}{2}\right)}{\sqrt{\pi}}$$

式中，σ 为标准差，$\sigma = \sqrt{\overline{(\Delta\omega)^2}}$；$\Gamma\left(\frac{k+1}{2}\right)$ 为 Gamma 函数。

当 $k=1$ 时，$\Delta\omega$ 的平均值 $|\overline{\Delta\omega}|$ 与均方值 $\overline{(\Delta\omega)^2}$ 的关系由上式可得

$$|\overline{\Delta\omega}| = \sqrt{(2/\pi)\overline{(\Delta\omega)^2}} \tag{5-13}$$

如果 $f(t)$ 是归一化的，则有

$$f(t) = \omega(t)/\omega(t)_{rms}$$

式中，$\omega(t)$ 为瞬时频偏，$\omega(t)_{rms}$ 为均方差。

由于

$$\lim_{T\to\infty} \frac{1}{T} \int_0^T \omega(t) dt = 0$$

$$\omega^2(t)_{rms} = \lim_{T\to\infty} \frac{1}{T} \int_0^T \omega^2(t) dt$$

所以归一化的反相关函数为

$$\begin{aligned}
H(\tau) &= \lim_{T\to\infty} \frac{1}{2T} \int_0^T [f(t) - f(t-\tau)]^2 dt \\
&= \lim_{T\to\infty} \frac{1}{2T} \int_0^T \left[\frac{\omega(t)}{\omega(t)_{rms}} - \frac{\omega(t-\tau)}{\omega(t)_{rms}}\right]^2 dt \\
&= \frac{1}{2\omega^2(t)_{rms}} \lim_{T\to\infty} \frac{1}{T} \int_0^T [\omega(t) - \omega(t-\tau)]^2 dt \\
&= \frac{1}{2\omega^2(t)_{rms}} \lim_{T\to\infty} \frac{1}{T} \int_0^T (\Delta\omega)^2 dt \\
&= \frac{\overline{\Delta\omega^2}}{2\omega^2(t)_{rms}} \\
&= \frac{\pi |\overline{\Delta\omega}|^2}{4\omega^2(t)_{rms}}
\end{aligned} \tag{5-14}$$

由式（5-5）及式（5-11）可得

$$H(\tau) = 1 - R(\tau) = 1 - \int_0^\infty G(f) \cos(2\pi f\tau) df \tag{5-15}$$

式中，$R(\tau)$ 和 $G(f)$ 分别为低频噪声的归一化相关函数和功率谱密度。由式（5-14）及式（5-15）可得

$$|\overline{\Delta\omega}|^2 = \frac{4}{\pi}\omega^2(t)_{\text{rms}}H(\tau)$$

$$|\overline{\Delta\omega}| = \frac{2}{\sqrt{\pi}}\omega(t)_{\text{rms}}\sqrt{H(\tau)}$$

$$= \frac{2}{\sqrt{\pi}}\omega(t)_{\text{rms}}\sqrt{1-\int_0^\infty G(f)\cos(2\pi f\tau)\mathrm{d}f}$$

令

$$m = \frac{|\overline{\Delta\omega}|}{\omega(t)_{\text{rms}}} = \frac{2}{\sqrt{\pi}}\sqrt{1-\int_0^\infty G(f)\cos(2\pi f\tau)\mathrm{d}f} \tag{5-16}$$

m 称为频差的标准平均值，也可称为归一化的差频平均值。

由上式可见，延迟时间 τ 增加（即弹目间距离 R 增加），相关函数 $R(\tau)$ 下降，反相关函数 $H(\tau)$ 增加，因而差频是随回波延迟时间 τ 的变化而变化的。τ 与距离 R 相对应，所以通过测定 $|\overline{\Delta\omega}|$ 或者 $\overline{|\Delta\omega|^2}$ 就可以直接得出距离。选择适当的低频噪声频谱 $G(f)$，可以使系统的频差标准平均值 m 与距离 R 是单调上升的。在实际系统中，可以设计出测量 $|\overline{\Delta\omega}|$ 或者 $\overline{|\Delta\omega|^2}$ 的装置。

图 5-11 给出了利用 $|\overline{\Delta\omega}|$ 来测距的原理方框图。噪声产生器具有零平均振幅的高斯分布噪声，这种白噪声通过线性频率形成网络，获得具有适当频谱的噪声调制信号。噪声调制信号对发射机进行线性频率调制，使发射机输出噪声调频波。从发射天线辐射的能量被目标反射回来，通过接收天线接收。发射信号和接收信号经过混频器输出差频 $\Delta\omega$ 信号，进入放大与限幅器。限幅器限幅后得出差频的平均值 $\overline{\Delta\omega}$，当鉴频器的输出达到对应于预定的目标距离时，判别电路就输出启动信号，使执行级工作。

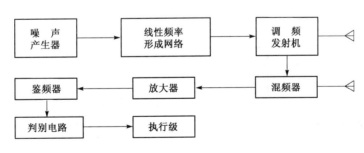

图 5-11 利用 $|\overline{\Delta\omega}|$ 测距的原理方框图

图 5-12 给出了利用 $\overline{|\Delta\omega|^2}$ 来测距的原理方框图。从图中可见，以低频带通及检波器代替图 5-11 中的线性鉴频器，其他部分与图 5-11 相同。混频器输出的信号，经放大与限幅后，用低通滤波器提取一定频带内的低频区域信号，该低频信号的能量可以代表频率的方差值 $\overline{|\Delta\omega|^2}$，经过检波后输出的信号便可以指示距离。

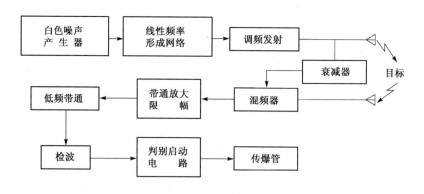

图 5-12　利用 $|\overline{\Delta\omega}|^2$ 测距的原理方框图

5.4　伪随机码调制无线电引信工作原理

该种引信又称为伪随机编码无线电引信。伪随机码调制是随机噪声调制演化而来，它既有近似于噪声调制的性能，又易于控制。伪随机码调制引信采用编码结构，按波形可分为脉冲波和连续波两种。

如果一个序列，它的结构（或形式）是可以预先确定的，并且是可以重复地产生和复制的；但同时又具有某种随机序列的随机特性（即统计特性），我们称这种序列为伪随机序列。例如由 1 和 -1 组成的二进制序列，其自相关函数和噪声的自相关函数很相似，所以这种序列也是伪随机序列。

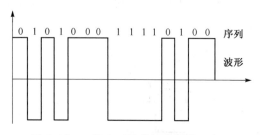

图 5-13　二元序列及其相应的模拟波形

平时由 0 和 1 组成的二元（或二进制）序列可以用波形进行模拟，将 0 元素用一定宽度（持续时间）的单位振幅的正电压来模拟，而 1 元素可用同一宽度和振幅的负电压来模拟，图 5-13 所示为某二元序列及其相应的模拟波形。只要给定一个二元序列后，便可用相应的二元波形来模拟它；反之，给定一个二元波形后，也可以用相应的二元序列来表示它。二元序列和二元波形是同一事物的两种不同表示法。

用上述方法建立起二元序列与其模拟波形（即二元波形）之间的对应关系后，两个二元序列的逐项模 2 相加便等效于它们所对应的二元波形的相乘。也就是说，两个二元序列的模 2 和序列对应于两个相应二元波形的积的波形，如图 5-14 所示。

序列和模拟波形可以用来表示消息，把代表消息的个别序列或波形叫做一个码序，码序中每个符号称为码元，每个码序所包含的码元的数目称为码序的长度，简称码长。把由一组码序所组成的总体（或集合）叫做码。

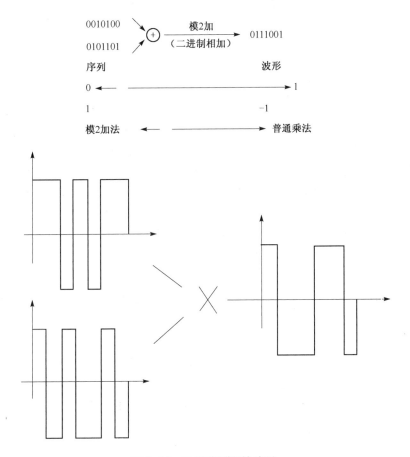

图 5-14 二元波形积的波形

5.4.1 序列和波形的相关函数

对于周期序列的相关函数首先是针对-1 和 1 组成的二元序列进行定义的。例如两个周期（或长度）均为 P 的周期序列 $\{a_n\}$ 与 $\{b_n\}$ 之间的相关函数和相关系数分别定义为

$$R(\tau) = \sum_{n=1}^{P} a_n b_{n-\tau}$$

$$\rho(\tau) = \frac{1}{P} \sum_{n=1}^{P} a_n b_{n-\tau}$$

当 $\{a_n\} = \{b_n\}$（即它们逐项相等）时，R 和 ρ 分别称为序列的自相关函数和自相关系数。

上述求相关函数和相关系数的公式，对于由 0 和 1 组成的二元序列本身是不适用的。必须将 0 和 1 组成的二元序列变成相应的由 1 和-1 组成的二元序列，才能直接使用上述公式。为了使这些公式适用于二元序列，必须将它们作适当的变化。当两个参加相关运算的序列的对应元素如 a_k 与 $b_{k-\tau}$ 是相同或一致时，即 a_k 与 $b_{k-\tau}$ 均为 1 或-1 时，它们的乘积为 1；当两个参加相关运算的序列的相应元素相反或不一致时，它们的乘积为-1。在对应元素积中只可能有这两种不同情况出现，因此上述相关函数和相关系数可以统一地写成

$$R(\tau) = A - D$$
$$\rho(\tau) = \frac{A-D}{A+D} = \frac{A-D}{N} = 1 - \frac{2D}{N} = \frac{2A}{N} - 1$$

式中，A 表示两序列对应元素相同的个数，D 表示两序列对应元素相反的个数，$N=A+D$ 表示求相关的元素总数即 $N=P$。这样，上式所表示的序列相关函数和相关系数公式不仅适用于 1 和 -1 组成的二元序列，同时也适用于由 0 和 1 组成的二元序列本身。由上述推导的公式可知，当直接用 0 和 1 组成的二元序列计算相关函数和相关系数时，可先求出两个序列的模 2 和序列，然后将和序列中 0 的个数减去 1 的个数，所得之差就是相关函数值，再将这个差数除以求相关的元素总数 N 便得到相关系数值。

相关函数和相关系数之间只差一个比例常数，其余各方面的特性都一样，只需研究其中之一。为方便起见，把两者都统一叫做相关函数。

一般应用最广泛的是 M 序列，它是由线性移位寄存器产生的最长线性移位寄存器序列。M 序列也是一个伪随机序列，其长度为

$$n = 2^r - 1$$

式中，r 是大于 1 的正整数，也是实现长度为 n 的 M 序列的线性移位寄存器的级数。由于 M 序列具有较好的随机性，又易产生，故应用广泛。在 M 序列中

$$0 \quad \text{出现的次数} = 2^{r-1} - 1$$
$$1 \quad \text{出现的次数} = 2^{r-1}$$

因而在 M 序列中 1 出现的次数比 0 出现的次数多一次。同时，原 M 序列 A_n 与其位移($\tau \neq 0$)序列 $A_{n-\tau}$ 的模 2 和序列与原 M 序列平移等价，仍然是一个 M 序列。这样，可以根据自相关系数定义得

$$\rho(\tau \neq 0) = \frac{A-D}{P}$$

由上可知 $A = 2^{r-1} - 1$，$D = 2^{r-1}$，P 是 A_n 和 $A_{n-\tau}$ 模 2 和之后的周期，仍与 A_n 周期相同。所以

$$\rho(\tau \neq 0) = \frac{-1}{P}$$

当 $\tau = 0$ 时，显然有 $a_n = a_{n-\tau}$，因而它们的模 2 和序列是一个 0 序列，这时
$$A = P, \quad D = 0$$

因而

$$\rho(\tau = 0) = \frac{A-D}{P} = \frac{P}{P} = 1$$

$$\rho(\tau) = \begin{cases} 1 & \tau = 0 \\ -1/P & \tau \neq 0 \end{cases}$$

由以上结果说明，M 序列的相关系数有两个不同的值，即 M 序列具有双值自相关系数特性。

与 M 序列对应的二元波形称为 M 波形或伪随机波形。在实际运用中，求出 M 波形的自相关函数具有更大的意义。

可以证明 M 波形的自相关函数表示为

$$\rho(\tau) = \begin{cases} 1 - \dfrac{P+1}{Pt_0}|\tau - PKt_0| & 0 \leqslant |\tau - PKt_0| \leqslant t_0 \\ \dfrac{-1}{P} & \end{cases}$$

$$K = 0, 1, 2, \cdots$$

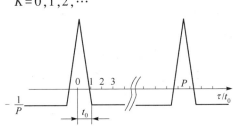

式中，t_0 为码元长度；P 为 M 序列的周期；Pt_0 为 M 波形的周期，其图形如 5-15 所示。由图中可见，M 波形的自相关函数呈现出陡峭的响应尖峰，其底部宽度为 $2t_0$，因此，当码元宽度足够小时，可以获得良好的距离分辨力。

图 5-15 M 波形自相关数

5.4.2 伪随机码调相的等幅连续波引信系统

图 5-16 所示为该引信原理方框图。对于伪随机编码的连续波来说，也是用线性移位寄存器来产生的伪随机码去调相。最广泛采用的相位编码是二进制编码。它由"1"和"0"（或者"+1"和"-1"）序列组成。发射载波被重复频率较高的伪随机码进行相位调制，每个编码都是以伪随机码的频率在幅度上变化，而发射信号的相位则在 0° 和 180° 之间交替变化。伪随机码调相的等幅连续波引信的发射机包括载频振荡器和相位调制器，相位调制器由伪随机码产生器来控制。接收机为一种相关接收的方案：首先将目标的回波信号在接收机中还原为 M 序列，然后与本地 M 序列相关判定。当两者相位相同时，相关器有最大输出，否则，输出很小。相关器输出的本地 M 序列与接收的 M 序列之间的相位差，就代表两者的时间差 $\Delta\tau$，它是回波延迟时间 τ_0 与本地 M 序列延迟时间 τ 之差，即 $\Delta\tau = \tau - \tau_0$。当 $\tau = \tau_0$ 时，$\Delta\tau = 0$，相关器有最大输出。

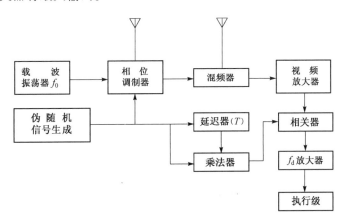

图 5-16 伪随机码调相的等幅连续波引信原理方框图

线性反馈移位寄存器在时钟发生器的作用下，其状态不断转换，从而得到反馈移位寄存器的状态序列，即 M 序列，该序列用来控制相位调制，进行相位编码调制。二进制相位编码调制的发射信号为

$$E_f = A_f \cos[\omega_0 t + \mu(t)\pi]$$

式中，$\mu(t) = 0$ 或 1。接收的回波信号则为

$$E_\mathrm{j}=A_\mathrm{j}\cos[\omega_0(t-\tau_0)+\mu(t-\tau_0)\pi]$$

回波信号经过混频、视放之后滤去高频得到了被多普勒频率调制的信号,送入相关器。相关器另一路输入信号则为由本地码经过延迟和乘法器而得到的参考码。这两路信号经过相关器后输出一个多普勒信号。当 $\tau=\tau_0$ 时,该信号有最大值。将此多普勒信号放大后,去启动执行级。

在实现上述方案时,延迟码可以取自编码产生逻辑,而不需要将码的自身延迟,从而省去了制作延迟线的困难。这时参考码可以用未延迟信号和延迟信号通过模 2 加而得到。

第6章
毫米波近感引信

近年来，在研制毫米波发射机和接收机、毫米波器件和部件等方面都已取得重大进展。目前，在通信、雷达、辐射测量学、遥感、导弹制导、射电天文学和光谱学等系统应用方面，毫米波技术也有相当大的进展。由于毫米波测距精度高，在穿透烟、雾、尘埃和其他有害环境方面优于红外系统和激光系统，因而把毫米波探测技术用于引信是近些年国内外引信工作者所关注的热点技术之一。

毫米波通常是指 30～300 GHz 频率范围，相应波长为 1 cm～1 mm。而美国电气与电子工程师学会（IEEE）在 1976 年所颁布的标准中将 40～300 GHz 作为毫米波的标称频率范围，而把 27～40 GHz 叫做 Ka 波段。流行的术语还有近毫米波和亚毫米波。前者频率范围为 100～1 000 GHz；后者为 150～3 000 GHz。图 6-1 给出了部分无线电频谱图。表 6-1 给出了部分厘米波和毫米波的频段划分。实际上毫米波属于微波范围。微波是指波长从 1 m～1 mm（即频率从 300 MHz～300 GHz）这个范围内的电磁波。为了便于管理和开发，人们进一步将它划分为分米波（波长 1～0.1 m，频率域为 300～3 000 MHz，称为特高频，UHF）、

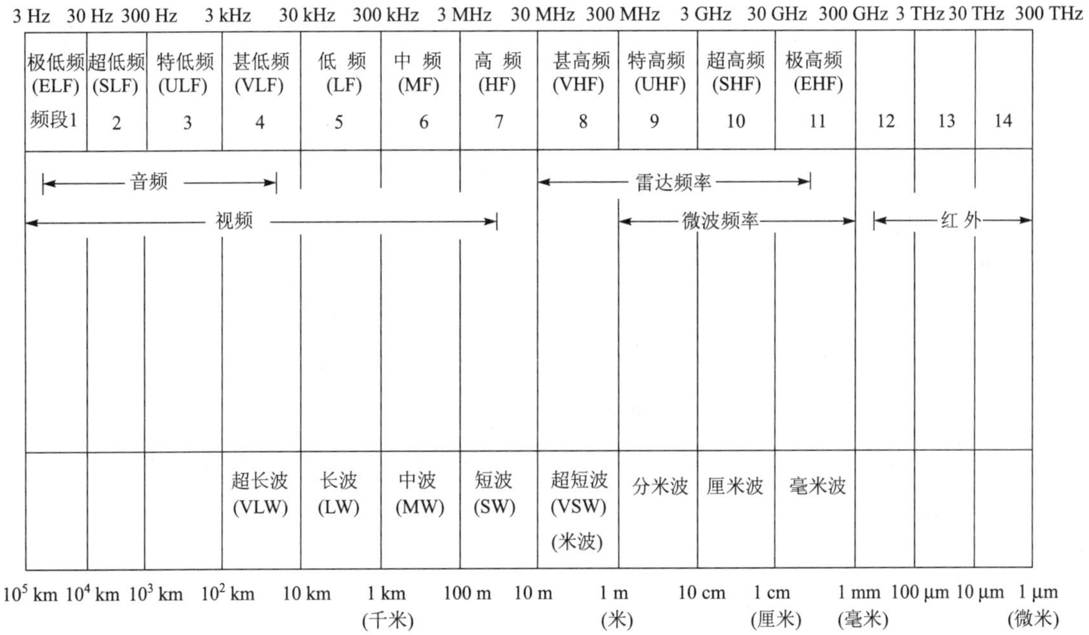

3 Hz	30 Hz	300 Hz	3 kHz	30 kHz	300 kHz	3 MHz	30 MHz	300 MHz	3 GHz	30 GHz	300 GHz	3 THz	30 THz	300 THz
极低频 (ELF)	超低频 (SLF)	特低频 (ULF)	甚低频 (VLF)	低频 (LF)	中频 (MF)	高频 (HF)	甚高频 (VHF)	特高频 (UHF)	超高频 (SHF)	极高频 (EHF)				
频段1	2	3	4	5	6	7	8	9	10	11	12	13	14	
←音频→						←雷达频率→								
←视频→						←微波频率→				←红外→				
		超长波 (VLW)	长波 (LW)	中波 (MW)	短波 (SW)	超短波 (VSW) (米波)	分米波	厘米波	毫米波					
10^5 km	10^4 km	10^3 km	10^2 km	10 km	1 km (千米)	100 m	10 m	1 m (米)	10 cm	1 cm (厘米)	1 mm (毫米)	100 μm	10 μm	1 μm (微米)

图 6-1 无线电频谱表

厘米波（波长 10～1 cm，频率域为 3～30 GHz，称为超高频，SHF）和毫米波（极高频，EHF）。

表 6-1 部分厘米波和毫米波波段的具体划分（IEEE 标准）

微波与雷达用法		美国参谋长联席会议频段名称	国际电信联盟	
英国用法	美国用法		频段名称	米制名称
V 频段 50～75 GHz	W 频段 56～100 GHz	M 频段 60～100 GHz	11 频段 30～300 GHz EHF	毫米波
O 频段 40～50 GHz	V 频段 46～56 GHz	L 频段 40～60 GHz		
Q 频段 27～40 GHz	Q 频段 36～46 GHz	K 频段 20～40 GHz	10 频段 3～30 GHz SHF	厘米波
K 频段 18～27 GHz	Ka 频段 33～36 GHz			

毫米波频段与微波其他频段相比的一个特点：对于给定的可用天线尺寸，其波束宽度较窄，增益较高；反过来说，为了得到指定的增益和窄波束，可采用较小的天线。这一点，在诸如导弹末制导导引头、机载探测器和引信等许多应用中十分重要。

6.1 毫米波近感技术基础

6.1.1 环境对毫米波传播的影响

一、大气对毫米波传播的影响

地球大气中 99% 是氮和氧，它们都是没有固定偶极矩的双原子分子。由于氮和氧的吸收作用，在紫外线和可见光区出现吸收带，而且在毫米波波段内也出现相应的吸收高峰。二氧化碳对紫外线及红外线有强的吸收峰出现，但对毫米波影响不大。

大气中水汽的吸收范围也是十分广泛的。从可见光、红外线直至微波，到处可以发现水汽的吸收峰。大气中水的含量一般随时间、地点变化为 0.1%～3%。

由于氮、氧和水对毫米波的吸收作用，使大气对毫米波有多个吸收峰。因此，只有某些波段穿透大气的能力较强，这些波段称为大气窗口。一般取四个毫米波大气窗口的中心频率及其带宽列入表 6-2。图 6-2 给出了单程大气衰减和频率的关系。从图 6-2 中可知，大气吸收除与频率有关外，还与气压、湿度和温度有关。

在图 6-2 中，实线是在压强 $p = 101.325$ kPa，$T = 20$ ℃，水汽密度 $= 7.5$ g/m³ 的条件下作出的；虚线是在 4 000 m 高空，$T = 0$ ℃，水汽密度 $= 1.0$ g/m³ 条件下作出的。

表 6-2 毫米波大气窗口

窗口频率/GHz	35	94	140	220
相应波长/mm	8.5	3.2	2.1	1.4
带　　宽/GHz	16	23	26	70

在设计毫米波近感装置时，根据使用情况和所探测的目标选择合适的频段。一般来

说，大气传播效应支配着许多有关应用的考虑。这点就是对于在大气层外的卫星通信也同样正确。

大气除对毫米波有吸收作用外，还存在散射和折射对毫米波传播的影响。大气中粒子的散射可分为瑞利散射（比波长小得多的粒子散射，散射强度与波长的四次方成反比）、米氏散射（大小与波长相近的粒子散射）和无选择性散射（尺寸比波长大得多的粒子散射）。在大气窗口内，电磁波的衰减主要是因为散射损失引起的。

二、某些物质对毫米波传播的影响

在平面波传播的路径上放一个介质小球，小球将使一部分电磁波入射能量散射及吸收。

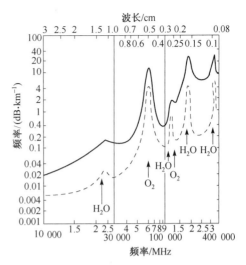

图 6-2　晴朗天气，在水平方向上每 1 000 m 的单程衰减

一般用具有面积量纲的截面积来表示这些效应。可以将散射、吸收和后向散射截面积定义为

$$\text{散射截面积 } \sigma_s = \frac{\text{总散射功率}(4\pi \text{ 球面度内})}{\text{入射功率密度}}$$

$$\text{吸收截面积 } \sigma_a = \frac{\text{总吸收功率}}{\text{入射功率密度}}$$

$$\text{后向散射截面积 } \sigma_\tau = \frac{\text{总的后向散射功率}(\text{沿入射方向})}{\text{入射功率密度}}$$

如果已知微粒的尺寸，根据散射理论就可以确定它对毫米波的反射率和衰减率。当微粒的直径大于 0.16 个波长时，可应用米氏散射理论；而微粒直径小于 0.16 个波长时，可应用瑞利理论。各种大气状态下的微粒大小范围见表 6-3。

表 6-3　各种大气状态下的微粒尺寸

大气状态	微粒尺寸范围/μm	大气状态	微粒尺寸范围/μm
薄雾、雪	0.01～3	微毛雨	3～800
雾	0.01～100	中雨（4 mm/h）	3～1 500
云	1～50	大雨（16 mm/h）	3～3 000

对于毫米波辐射，雾和雨都可以用米氏散射理论来计算；薄雾和云可应用瑞利散射理论来计算；而晴天时，一般应用瑞利散射理论来分析。

1. 雨对毫米波的影响

雨对毫米波传播的影响是由于各个水滴对能量的吸收和散射所致。分析雨对毫米波的吸收和散射，可先测出各种降雨量时水滴颗粒直径的分布，再根据米氏散射或瑞利散射近似计算衰减系数和散射截面积。

图 6-3 给出了 15.5 GHz、35 GHz、70 GHz、94 GHz 衰减系数随降雨量关系的计算曲线。

图 6-4 给出了应用米氏散射理论和瑞利散射理论计算的 15.5 GHz、35 GHz、7 GHz、94 GHz 的后向散射截面积和雨量的关系曲线。图中实线是用米氏散射理论的计算结果，虚线是用瑞利散射理论的计算结果。

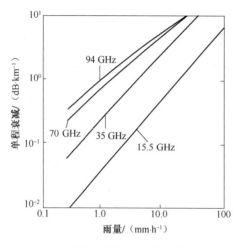

图 6-3　雨对毫米波传播的单程衰减

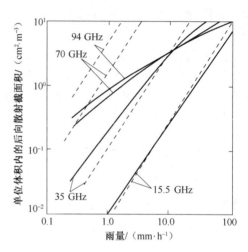

图 6-4　温度 0 ℃降雨量与单位体积内后向散射截面积的关系曲线

表 6-4 列出了几个频率的衰减及后向散射系数值。衰减使雷达及辐射计作用距离减小，而后向散射使回波噪声增大。

从表 6-4 可知，工作于 70 GHz 和 94 GHz 的雷达在大雨时的后向散射截面积比较接近，但它们均比 35 GHz 的后向散射截面积小。在各种降雨量的情况下，94 GHz 总比 70 GHz 的衰减大。

表 6-4　频率的衰减及后向散射系数值

频率/GHz	小雨（1 mm/h）		大雨（16 mm/h）	
	衰减/(dB·km^{-1})	后向散射/(cm^2·m^{-3})	衰减/(dB·km^{-1})	后向散射/(cm^2·m^{-3})
35	0.24	0.21	4.0	4.9
70	0.73	0.72	6.9	4.1
94	0.95	0.89	7.4	3.9

2. 雾对毫米波传播的影响

毫米波在雾中传播的功率损失与悬浮粒子的液体水容量成比例，并且与温度有关。表 6-5 给出了液体水容量为 0.1 g·m^3 的雾的衰减系数。这样的液体水容量相应于辐射雾中光学能见度 120 m，平流雾中光学能见度 300 m。从表 6-5 可见，雾衰减随频率增高而增大。因此，为使在雾中传播性能足够好，应选取最低的频率。

表 6-5 雾的衰减系数

频率/GHz	衰减系数/(dB·km^{-1})	
	0 ℃	40 ℃
35	0.11	0.034
70	0.36	0.138
94	0.47	0.22

毫米波频段雾的后向散射系数比雨的后向散射系数要小两个量级，因此，可以忽略它对雷达系统的影响。

3. 云对毫米波传播的影响

云和雨对毫米波衰减效应的主要差别是由液体水容量和各自吸收元素所占区域造成的。它们的衰减率差不多，但是由于云所占的区域范围比雨小得多，所以云衰减的总量要小得多。最大的云衰减量来自载雨云或积雨云。大于 1 km 的积雨云的典型均方根衰减值在 35 GHz 为 0.4 dB，在 94 GHz 为 2.07 dB。载雨云的液体水容量为 7.5 g·m^3，而积雨云的液体水容量为 15 g·m^3。这样，由于云层厚度一般约为几百米，所以云衰减造成的总的功率损失通常不大。

4. 雪对毫米波传播的影响

有限的衰减计算表明，除毫米波范围内的很短波长外，干燥雪引起的衰减比含有等量水的雨衰减小得多。湿雪的衰减比较显著，特别在融化范围内，蒙有水的雪产生的后向散射比干雪大 5～10 dB。

5. 地面覆盖物对毫米波的影响

除了吸收和后向散射可以使毫米波衰减外，某些类型的覆盖物（如树叶、雪）也使毫米波衰减，甚至这些覆盖物遮盖了目标。树叶和雪对毫米波的衰减见表 6-6。从表中可见，在 35 GHz 以上频段毫米波穿透树叶和雪的能力较差。

表 6-6 树叶和雪对毫米波的衰减

	季节/状态	频率/GHz	单程衰减/(dB·km^{-1})
落叶衰减	夏天	35	8
		95	15
雪的衰减	湿雪	35	200
	干雪	35	50
	湿雪	95	>200
	干雪	95	250

6.1.2 辐射模型及被动式目标识别

一、辐射方程

任何物体在一定温度下都要辐射电磁波。同时，主动式辐射源通过天线向外也辐射电磁波。当这些辐射的电磁波碰到地面或空中其他物体时，将产生反射、散射、吸收、折射等。

一般认为，外来的电磁辐射以平面波前的形式传播到一平坦的表面时，一部分电磁波被反射或散射；另一部分被吸收，剩下部分透入地下或浅表层。根据能量守恒定律，入射功率 P_i 的平衡条件是

$$P_i = P_\rho + P_\alpha + P_\tau \tag{6-1}$$

下标 ρ、α、τ 分别表示反射、吸收和透射。将上式用 P_i 归一化得

$$1 = \rho_r + \alpha + \tau_i \tag{6-2}$$

式中，$\rho_r = P_\rho / P_i$ 为反射率；$\alpha = P_\alpha / P_i$ 为吸收率；$\tau = P_\tau / P_i$ 为透射率。

如果忽略透入地下的功率，可以得到

$$1 = \rho_r + \alpha \tag{6-3}$$

根据基尔霍夫（Kirchhoff）定律，物体的发射率等于吸收率，即 $\alpha = \varepsilon$，则式（6-3）变为

$$1 - \rho_r = \varepsilon \tag{6-4}$$

二、辐射温度模式

辐射计通过观测天线温度的变化而检测目标。因此，计算天线温度是十分重要的。

一个简单的二维模式在计算辐射温度方面是有用的。当接收机接收地面或水面的辐射和目标辐射时，假设此模式已包括了粗糙度、周期结构和电学性质的变化在内的表面函数，则天线附近的辐射温度可表示为

$$t_{Bg}(\theta, \varphi, P_i, \Delta f) = \rho_g(\theta) t_s + \varepsilon_g(\theta) t_g + \varepsilon_{at}(\theta) t_{at} + \rho_g(\theta) t_{at} \varepsilon_{at} \tag{6-5}$$

式中，θ 为入射角；φ 为方位角（认为它的变化不影响测量）；P_i 为极化（i 既表示水平极化也表示垂直极化）；Δf 为接收机的带宽；ρ_g 为地面反射系数；ε_g、ε_{at} 为地面和大气的发射率；t_s、t_g、t_{at} 为天空、地面、大气的真实温度。对简单模式，可认为不随 θ 改变。

本模式没有包括电磁辐射穿过大气时的吸收效应。如果避开水蒸气和氧的吸收区，假设大气层均无湍流，这种模式在对所观测的地面进行研究和计算时还是有效的。

相应地，当接收天线指向天空，接收天空温度及大气温度时，如果忽略大气衰减，与式（6-5）相对应，在一定条件下，可得天线附近的温度为

$$t_{Ba}(\theta, \varphi, P_i, \Delta f) = t_s(\theta) + \varepsilon_{at}(\theta) t_{at} + \rho_{at}(\theta) t_g \varepsilon_g \tag{6-6}$$

式中，$\rho_{at}(\theta)$ 为大气的反射系数；$t_s(\theta)$ 为天空辐射温度。

三、反射率和发射率

以空气与沙漠界面为例分析反射率和发射率与入射角、极化等的变化关系。沙漠的复介电常数为 $\varepsilon = 3.2 + j0$，是实数并且无损耗（理想情况），其真实温度为 275 K。

根据菲涅耳公式，在水平和垂直情况下，空气和沙漠界面上的电压反射系数（R_v、R_h）的幅值与入射角的关系见图 6-5。功率反射系数或反射比为

$$\rho_v = |R_v|^2, \quad \rho_h = |R_h|^2 \tag{6-7}$$

发射率为

$$\varepsilon_v = 1-\rho_v, \quad \varepsilon_h = 1-\rho_h \tag{6-8}$$

式中，下标 h 表示水平极化；v 表示垂直极化。

根据上述关系得到图 6-6 和图 6-7 曲线。

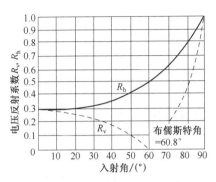

图 6-5 空气与沙漠界面电压反射系数与入射角的关系

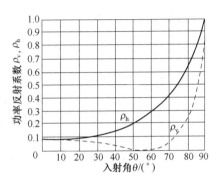

图 6-6 空气与沙漠界面功率反射系数与入射角的关系

从图（6-6）和图（6-7）可得以下几点结论：

（1）当入射角小于 40°时，无论是水平极化还是垂直极化，它们的发射系数和反射率随入射角变化较小。

（2）水平极化时，入射角在 40°～90°范围内，发射率和反射率变化都较快。垂直极化时，入射角在 60°～90°范围内，发射率和反射率变化都较大。

（3）入射角为 90°时，发射率为零，反射率为 1。

（4）垂直极化时，存在对应的所有入射功率都透入第二种介质的入射角。这个角称布儒斯特角。它的大小视不同材料和波长而异。例如对于水，在 10 GHz 时该角近似为 83°。

四、利用辐射差异来识别目标

自然界各种物质的辐射特性都不相同。一般来说，相对介电系数较高或导电率较高的物质发射率较小，而反射系数较大。在相同物理温度下，高导电率材料较低导电率材料的辐射温度低，即较冷。图 6-8 给出几种物质 35 GHz 时的表面辐射温度。

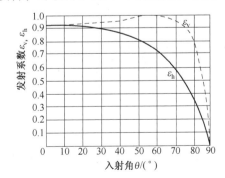

图 6-7 空气与沙漠界面发射率与入射角的关系

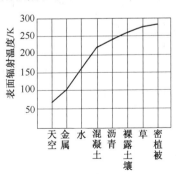

图 6-8 几种物质 35 GHz 时的表面辐射温度

对于理想导电的光滑表面，如汽车、坦克等，其反射率接近1，它与入射角和极化都无关。利用反射率和发射率的这些差异能识别不同的目标。

1. 地面金属目标的识别

为分析方便，假设目标正好充满整个波束，大气衰减忽略不计。当辐射天线扫描到地面时，根据式（6-5）可以计算出天线附近的温度 $t_{Bg}(\theta,\varphi,P_i,\Delta f)$。当天线波束扫描到金属表面时，天线附近的温度为

$$t_{BT}=\rho_T t_s+\rho_T t_{at}\varepsilon_{at}(\theta) \tag{6-9}$$

式中，ρ_T 为金属目标的反射系数。

地面和金属目标的对比度为

$$\Delta t_T=t_{Bg}(\theta,\varphi,P_i,\Delta f)-t_{BT} \tag{6-10}$$

把式（6-5）和式（6-9）代入式（6-10），就可以得到地面和地面上的金属目标的对比度 Δt_T。因此，检测 Δt_T 就能识别地面上的金属目标。

2. 水面金属目标的识别

识别水面上的金属目标与识别地面上的金属目标类似，可以得到水面与水面上金属目标的对比度 Δt_T。

$$\Delta t_T=\rho_w(\theta)t_s+\varepsilon_w(\theta)t_w+\rho_w(\theta)\varepsilon_{at}(\theta)t_{at}-\rho_T t_s-\rho_T t_{at}\varepsilon_{at}(\theta)+\varepsilon_{at}(\theta)t_{at} \tag{6-11}$$

式中，$\rho_w(\theta)$、$\varepsilon_w(\theta)$、t_w 分别表示水的反射系数、发射系数和实际温度。同样可以通过检测 Δt_T 来识别水面上的金属目标。

3. 空中金属目标的识别

当天线波束扫描空中金属目标时，利用式（6-6）和式（6-9）可得到天空和天空中金属目标的对比度。

$$\Delta t_T=t_s(\theta)+\varepsilon_{at}(\theta)t_{at}+\rho_{at}(\theta)t_g\varepsilon_g(\theta)-\rho_T t_g-\rho_T t_{at}\varepsilon_{at}(\theta) \tag{6-12}$$

同样可以通过检测 Δt_T 来识别空中的金属目标。

6.2 毫米波引信原理

毫米波作为一种探测器，可以分为主动式和被动式两大类。本节主要介绍利用被动式全功率辐射计探测目标（毫米波引信探测器）所必需的一些基本知识。

6.2.1 物体的电磁辐射特性

广义地讲，任何一个物体都是一个辐射源，在一定温度下物体要发射电磁波，同时也被别的物体发射的电磁波所照射。因此，对于各种目标，辐射的电磁波来自两部分：一部分是目标自身的热辐射；另一部分是此目标反射其他辐射源的辐射。本节仅介绍物体在毫米波段的辐射特性。

一、黑体辐射

能够在热力学定理允许范围内最大限度地把热能转换成辐射能的理想辐射体，叫黑体。在毫米波段，黑体就是在该频段所有频率上都能吸收落在它上面的全部辐射而无反射的理想物体。此外，它除了是良好的吸收体外，还应该是良好的发射体。

1901年普朗克通过证明指出，假设能量辐射仅以离散能量的量子出现，则一个黑体在温度为 t、频率为 f 时，其亮度 L_{bb} 为

$$L_{bb} = \frac{2hf^3}{c^2} \frac{1}{e^{\frac{hf}{kt}} - 1} \tag{6-13}$$

式中，h 为普朗克常数 $= 6.63 \times 10^{-34}$，J·s；k 为波耳兹曼常数 $= 1.38 \times 10^{-23}$，J/K；c 为光速 3×10^8，m/s；t 为温度，K；f 为频率，Hz。亮度 L_{bb} 的定义是单位频率、单位黑体的发射面积、单位立体角的功率。它只是频率和温度的函数，与方向和位置无关。

在毫米波段以下区域，有 $hf/kt \ll 1$。可以证明，$e^{hf/kt} - 1$ 的级数展开式可简化为

$$e^{hf/kt} - 1 \approx \frac{hf}{kt}$$

则方程（6-13）可简化为

$$L_{bb} = \frac{2f^2 kt}{c^2} = \frac{2kt}{\lambda^2} \tag{6-14}$$

式中，$\lambda = c/f$ 为波长，m。式（6-14）通常称为瑞利-琼斯辐射公式。

二、功率与温度的对应关系

假定在固定温度为 t 的空容器中有一个闭合系统如图6-9所示。在这种情况下，内壁将以同样速率发射和吸收光子。在容器中插入一块有效面积为 A_e、归一化功率增益方向图为 $G(\theta, \varphi)$ 的天线，则带宽为 Δf 的天线收到的总功率为

$$P = \frac{\lambda^2}{4\pi} \int_f^{f+\Delta f} \int_{4\pi} L(\theta, \varphi) G(\theta, \varphi) d\Omega \, df \tag{6-15}$$

式中，功率方向图 $G(\theta, \varphi)$ 是一个最大值为1的量纲为一的量，$L(\theta, \varphi)$ 是黑体亮度，积分是在 4π 立体角内进行的。

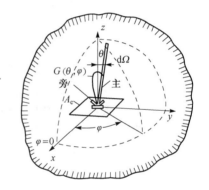

图6-9 天线与球坐标相联系的辐射几何关系

若天线是线极化的，而入射波又是单极化的，天线只对一个极化有响应，则天线将只检测总入射功率的一半。因而式（6-15）中应引入一个因子1/2，从而变成

$$P = \frac{\lambda^2}{8\pi} \int_f^{f+\Delta f} \int_{4\pi} L(\theta, \varphi) G(\theta, \varphi) d\Omega \, df \tag{6-16}$$

下面讨论黑体中的无损耗微波天线所接收的功率，如图6-10所示。

假设天线的辐射电阻 R 与其终端相匹配，用吸波材料把天线有效地封闭起来，天线的封闭电阻将等效为闭合体内的温度 t。将式（6-14）代入式（6-16）得

$$P_{bb} = \frac{\lambda^2}{8\pi} \int_f^{f+\Delta f} \int_{4\pi} \frac{2kt}{\lambda^2} G(\theta, \varphi) d\Omega \, df \tag{6-17}$$

若天线终端检测的功率限于很窄的带宽，$\Delta f \ll f^2$，这是通常的情况，则方程（6-17）可简化为

$$P_{bb} = \frac{kt\Delta f}{4\pi} \int_{4\pi} G(\theta,\varphi) d\Omega \qquad (6-18)$$

根据天线理论有

$$\int_{4\pi} G(\theta,\varphi) d\Omega = 4\pi \qquad (6-19)$$

把式（6-19）代入式（6-18）有

$$P_{bb} = kt\Delta f \qquad (6-20)$$

若用天线终端的有效功率来表示，图 6-11 是对应于图 6-10 中天线的等效描述。1929 年奈奎斯特证明，在温度为 t_R 时电阻 R 产生的噪声功率为

$$P = kt_R \Delta f \qquad (6-21)$$

若天线辐射电阻温度 $t_R = t$，则式（6-21）与式（6-20）的结果相同。从式（6-21）可以看出，功率和温度存在一一对应关系。在分析毫米波雷达时往往用功率的概念；在分析毫米波辐射计时往往用温度的概念。

图 6-10 置于恒定温度 t 的吸收（黑体）闭合罩中的天线

1—闭合罩；2—天线；3—吸收体

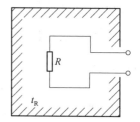

图 6-11 保证恒定温度 t_R 的电阻

三、表观温度

完全吸收并完全发射的绝对黑体实际上是不存在的，它是一种理想的物体。为了与黑体这一术语相对应，实际的物体可称作灰体。由一个灰体辐射的功率，可以用比该灰体实际温度更低的等效黑体所辐射的功率来代替。一般把此等效黑体的温度称作该物体的表观温度 t_{aP}，有时也叫亮度温度。因为 t_{aP} 可以是方向的函数，故记为 $t_{aP}(\theta,\varphi)$。$t_{aP}(\theta,\varphi)$ 与物体实际温度 t 之比定义为该物体的频谱发射率 $\varepsilon(\theta,\varphi)$

$$\varepsilon(\theta,\varphi) = \frac{t_{aP}(\theta,\varphi)}{t} \qquad (6-22)$$

严格地讲，$\varepsilon(\theta,\varphi)$ 是对 $\Delta f = 1\ Hz$ 的单位带宽定义的。但与中心频率相比，带宽很窄，而且在带宽 Δf 上 $t_{aP}(\theta,\varphi)$ 具有平滑的连续频谱响应，则式（6-22）仍将成立。因为毫米波探测装置几乎总能满足这些条件，因此，为简化起见，在以后的讨论中均将频谱发射率简称为发射率。

因为黑体的发射率为 1，故黑体的表观温度就是它的实际温度。在毫米波段，吸收室的高吸收材料可以很好地近似为黑体，在有限的入射角范围内（对法线来讲），可以得到高达 0.99 的发射率。在另一种极端情况下，高导电金属板是良好的反射器，可以把它看做非发

射体，其发射率 $\varepsilon=0$。

例如，一块金属板，其 $\varepsilon=0$，常温 $t=300$ K，它的 $t_{aP}=0$；当 $t=500$ K 时，t_{aP} 还是等于零。一片草地，其 $\varepsilon=0.9$，当 $t=300$ K 时，它的表观温度 $t_{aP}=270$ K，当 $t=400$ K 时，$t_{aP}=360$ K。因此，放在草地上的金属，无论它的实际温度多高，它辐射的表观温度总近似为零，相对于草地它总可以被看做是"冷"的，故被动式探测器能识别金属目标。

6.2.2 天线温度

一、应用天线方向图计算天线温度

设接收机天线功率方向图为 $G(\theta,\varphi)$，根据天线理论，天线的有效接收面积为

$$A_e(\theta,\varphi)=G(\theta,\varphi)\frac{\lambda^2}{4\pi} \tag{6-23}$$

参看图6-9，当带宽 $\Delta f \ll f^2$ 时，根据式（6-17）可得天线从辐射体接收的总功率为（忽略大气损耗及天线旁瓣作用）

$$P_r=\frac{k\Delta f}{4\pi}\int_{4\pi}t(\theta,\varphi)G(\theta,\varphi)\mathrm{d}\Omega \tag{6-24}$$

式中，$t(\theta,\varphi)$ 是天线附近物体的表面温度。

如果用温度为 t_a 的电阻所辐射的能量来代替天线接收的总能量，根据式（6-20）和式（6-24）可得

$$kt_a\Delta f=\frac{k\Delta f}{4\pi}\int_{4\pi}t(\theta,\varphi)G(\theta,\varphi)\mathrm{d}\Omega$$

整理后得天线温度为

$$t_a=\frac{1}{4\pi}\int_{4\pi}t(\theta,\varphi)G(\theta,\varphi)\mathrm{d}\Omega \tag{6-25}$$

如果已知天线的功率方向图 $G(\theta,\varphi)$ 和物体的辐射温度 $t(\theta,\varphi)$ 的数学表达式，代入式（6-25）就可以计算出天线的温度 t_a。

二、应用立体角来计算天线温度

在分析中有时不用天线方向图来计算天线温度，而是在天线照射目标时，用辐射天线孔径相对于辐射物体（目标）所张的立体角 Ω_A 及目标相对于辐射天线所张的立体角 Ω_T 来计算天线温度 t_a。

当物体辐射的微弱毫米波功率经过空间传播到离物体 R 处（$R \gg 20\lambda$），并设大气损耗可以忽略不计，则天线接收的物体所辐射的单极化的单位频率的辐射功率可根据式（6-16）和式（6-23）得

$$P_r=\frac{1}{2}\int_\Omega L_{bb}A_e\mathrm{d}\Omega=\frac{1}{2}L_{bb}A_e\Omega_T \tag{6-26}$$

式中，$\Omega_T=A_T/R^2$；A_T 为目标的面积，m^2；A_e 是天线的有效面积，并且有

$$A_e=\frac{G\lambda^2}{4\pi}=\frac{\lambda^2}{\Omega_A} \tag{6-27}$$

式中，Ω_A 为辐射计天线孔径相对于目标所张的立体角，即 $\Omega_A = 4\pi/G$。

将式（6-14）和式（6-27）代入式（6-26）得

$$P_r = k t_T \frac{\Omega_T}{\Omega_A} \tag{6-28}$$

式中，t_T 为目标的表观温度。

单位频率下，辐射计接收的辐射功率 P 的大小，还可用等效天线温度 t_a 来表示，即

$$P_r = k t_a \tag{6-29}$$

式中，t_a 定义为毫米波辐射计输入端所接匹配电阻的绝对温度。在此温度下由匹配电阻输入给接收机的噪声功率正好等于天线所接收到的辐射功率 P_r。因此，可以用天线温度 t_a 来衡量辐射计接收的辐射功率。根据式（6-28）和式（6-29）可得

$$t_a = t_T \frac{\Omega_T}{\Omega_A} = t_T F_B \tag{6-30}$$

式中，$F_B = \Omega_T/\Omega_A$ 称为辐射计天线的波束填充系数。当辐射计天线波束角较小，且被测目标的面积较大时，很容易做到 $F_B = 1$，即 $\Omega_T = \Omega_A$，此时 $t_a = t_T$。以上说明：在 $\Omega_T = \Omega_A$ 的条件下，辐射计的天线温度 t_a 就等于辐射物体的表观温度 t_T。因此，只要测得天线温度 t_a，就可以知道物体的亮度温度 t_T。

6.2.3 毫米波探测器（全功率辐射计）原理

毫米波全功率辐射计是应用最早也是最简单的一种辐射计。由于受早期元器件水平的限制，这种辐射计灵敏度较低。但对于近距离探测，特别是对于弹载设备等（如引信）一些特殊应用情况，这种辐射计的应用价值较高。

典型的全功率辐射计系统框图如图 6-12 所示。输出电压 U_0 加到终端指示器或控制系统。系统积分时间 τ 由检波后积分器确定，输出电压除了有用信号外还包括系统的内部噪声。

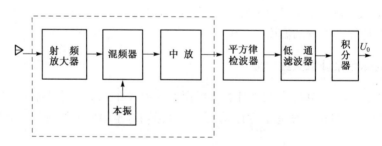

图 6-12 全功率辐射计系统框图

检波器输出电压可由式（6-31）给出

$$U_d = C_d G k B (t_s + t_{rn}) \tag{6-31}$$

式中，C_d 为平方律检波器功率灵敏度常数，V/W；G 为混频、中放总的增益；B 为检波前系统的总带宽；t_s、t_{rn} 分别为检波器输入端的信号温度和噪声温度。

$$t_s = \frac{t_a}{L} + \left(1 - \frac{1}{L}\right) t_0 \tag{6-32}$$

式中，t_a 为天线温度；t_0 是天线及将天线与接收机输入端相连的传输线的环境温度；L 是由天线和传输线引起的欧姆损耗的损耗因子。一般

$$L = \frac{1}{\eta_a} L_{t1} \tag{6-33}$$

式中，η_a 为天线辐射效率；L_{t1} 是天线至辐射输入端的损耗。

$$t_{rn} = (F_{rn} - 1) t_0 \tag{6-34}$$

式中，F_{rn} 为接收机的噪声系数，即

$$F_{rn} = F_1 + \frac{F_2 - 1}{G_1} + \frac{F_3 - 1}{G_1 G_2} + \cdots + \frac{F_i - 1}{G_1 G_2 \cdots G_{i-1}} \tag{6-35}$$

式中，F_i、G_i（$i=1, 2, \cdots, i-1$）分别是第 i 级的噪声系数和增益。

在全功率辐射计中，检波电压由直流分量、噪声分量和增益起伏分量组成。低通滤波器或积分器的功能是通过在积分时间内对 U_d 积分以减少噪声变化。设由噪声起伏所引起的温度均方根起伏为 Δt_n，对一次保持固定温度取样，此值由一般统计平均值公式得

$$\Delta t_n = \frac{t_s + t_{rn}}{\sqrt{n}} \tag{6-36}$$

式中，n 为取样次数。

当检波器后面有积分器时，即

$$n = B\tau \tag{6-37}$$

式中，τ 为检波器后积分时间。

检波前滤波器带宽 B 的有效值可用滤波器的功率-增益谱计算

$$B = \frac{\left[\int_0^\infty G(f) \mathrm{d}f\right]^2}{\int_0^\infty |G(f)|^2 \mathrm{d}f} \tag{6-38}$$

式中，$G(f)$ 为滤波器的功率增益谱。

检波后的低通滤波器的积分时间 τ 可用式（6-39）计算

$$\tau = \frac{G_{LF}(0)}{2 \int_0^\infty G_{LF}(f) \mathrm{d}f} \tag{6-39}$$

式中，$G_{LF}(f)$ 是作为频率函数的低通滤波器增益。理想积分时间 τ 与某些专用积分器的时间常数 τ_c 之间有一定关系。例如，一个简单的 RC 低通滤波器具有等于其时间常数 2 倍的有效积分时间，$\tau = 2\tau_c$。

由增益起伏 ΔG 引起的附加温度变化为

$$\Delta t_G = (t_s + t_{rn}) \frac{\Delta G}{G} \tag{6-40}$$

式中，ΔG 为检波前部分功率增益变化的有效值（均方根值）。

噪声起伏和增益起伏可以认为在统计上是独立的，因而可以组合起来定义辐射计的灵敏度 Δt_{min} 如下

$$\Delta t_{min} = [(\Delta t_n)^2 + (\Delta t_G)^2]^{1/2} \tag{6-41}$$

根据式（6-36）、式（6-37）、式（6-40）和式（6-41）可得全功率辐射计灵敏度为

$$\Delta t_{\min} = (t_s + t_{rn}) \left[\frac{1}{B\tau} + \left(\frac{\Delta G}{G} \right)^2 \right]^{1/2} \tag{6-42}$$

根据以上分析，辐射计的灵敏度（即最小温度分辨率）可定义为：在接收机输出电平中产生一确定直流变化（相当于起伏分量的均方根）所需的最小输入温度变化。也可以把灵敏度看成系统可辨识的噪声温度的最小变化值。

从以上分析可知，影响近距离探测弹载辐射计灵敏度的主要因素是：

（1）辐射计系统噪声特性，主要是接收机的噪声温度 t_{rn}，它受系统器件水平的限制。

（2）检波前系统带宽 B，受高频和中频电路的影响。

为提高灵敏度（即减小 $\Delta t_{\min}$），可增大乘积 $B\tau$。但增加带宽 B 等于以降低频谱灵敏度为代价来改进辐射计测量灵敏度。依据所用的高频和中频器件，当电路的频谱灵敏度 Q 降低时，要获得接近平直的频率响应曲线就变得更困难了。因频谱灵敏度

$$Q = f_0 / B \tag{6-43}$$

式中，f_0 为中心频率；B 为有效带宽。

另外，对一般辐射计而言，τ 的选择受到系统性能的限制。τ 的下限通常由积分器前电路的响应时间所确定。对于旋转式或扫描式辐射计来说，积分时间受扫描速度、目标大小、天线波束影响，必须根据系统及目标特性来决定。

6.2.4 距离方程

被动锥扫辐射计的简化方框图如图 6-13 所示。可以导出这种结构辐射计的距离方程，其中包括适当考虑锥扫调制对信噪比的影响。

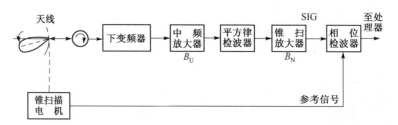

图 6-13 被动锥扫辐射计方框图

可以这样认为：天线末端的总功率是天线接收到的信号功率与折算到天线末端的接收机噪声功率之和。这两种功率源都可以与等效噪声温度联系起来，称总的温度为辐射计工作温度（t_{sy}）。对于超外差接收机来说，有

$$t_{sy} = 2(t_a + t_{rn}) \tag{6-44}$$

式中，t_a 为天线温度；t_{rn} 为接收机噪声温度，$t_{rn} = (F-1)t_0$，F 是系统的噪声系数，t_0 是标准噪声温度，典型值为 290 K；因子 2 是镜像响应造成的。

天线接收的带宽功率的统计特性与接收机噪声的统计特性是一样的，它们在射频带宽内都是白的，即均匀的功率谱。若取 t_{sy} 为折算到天线末端的辐射计的工作温度，则平方律检波器输入端的功率密度为

$$中频功率密度 = \frac{1}{2} k t_{sy} G \tag{6-45}$$

式中，k 为波耳兹曼常数；G 为射频、混频以及中频部分的总增益。当系统处于常值工作温度，平方律检波器产生一个直流和一个交流起伏功率输出。

在全功率辐射计中，信号功率就是输出功率中的交流部分，它是在 $2B_N$ 输出双边带内的噪声变化部分，其中因子 2 是由于镜像的影响。全功率辐射计的信噪比（平方律检波输出的信噪比）为

$$\frac{S}{N} = \left(\frac{2\Delta t_a}{t_{sy}}\right)^2 \cdot \frac{B_{if}}{2B_N} \tag{6-46}$$

式中，$2\Delta t_a = \Delta t_{sy}$ 为系统温度的变化量；B_N 为扫描频率放大器带宽；B_{if} 为中频放大器带宽。

设 K_r 为辐射计工作类型常数，则式（6-46）可以表示为

$$\frac{S}{N} = \left[\frac{2\Delta t_a}{K_r(t_a+t_m)}\right]^2 \cdot \frac{B_{if}}{2B_N} \tag{6-47}$$

根据式（6-47）也可以导出辐射计灵敏度，即使 $S/N=1$，则可求出最小检测的均方根温度 Δt_a 值。由式（6-47）有

$$\Delta t_{min} = \frac{K_r(t_a+t_{rn})}{\sqrt{\dfrac{B_{if}}{2B_N}}} \tag{6-48}$$

方程（6-48）为辐射计灵敏度的一般表达式，K_r 由辐射计类型及信号处理形式确定。全功率辐射计的 K_r 为 $2\sqrt{2}$。

辐射计通过观测天线温度的变化 Δt_a 而检测出目标。因此，可将 Δt_a 与目标的辐射温度反差 Δt_T 联系起来。即

$$\Delta t_a = \eta_a \frac{\Omega_T}{\Omega_A} \Delta t_T \tag{6-49}$$

式中，η_a 为天线的辐射效率；Ω_T 是目标对着的立体角；Ω_A 是天线的等效立体角（包括旁瓣效应）。天线立体角可写为

$$\Omega_A = \frac{\eta_a 4\lambda^2}{\eta_A \pi D^2} = \frac{\Omega_M}{\eta_B} \tag{6-50}$$

式中，η_A 为天线口径效率；η_B 是波束效率；D 是天线口径直径；Ω_M 是主波束立体角。

目标实际投影面积 A_T 对应的立体角可用距离 R 来表示，即

$$\Omega_T = \frac{A_T}{R^2} \tag{6-51}$$

根据式（6-47）、式（6-49）、式（6-50）和式（6-51）并代入接收机的噪声系数，可以给出距离方程如下

$$R = \left[\frac{\eta_A \pi D^2}{4\lambda^2} \cdot \frac{A_T \Delta t_T}{1} \cdot \frac{\sqrt{B_{if}/(2B_N)}}{K_r[t_a+(F_{rn}-1)t_0]} \cdot \frac{1}{\sqrt{S/N}}\right]^{1/2} \tag{6-52}$$

式中，$\left(\dfrac{\eta_A \pi D^2}{4\lambda^2}\right)^{1/2}$ 为天线参数对作用距离的影响；$\left(\dfrac{A_T \Delta t_T}{1}\right)^{1/2}$ 为目标参数对作用距离的影响；$\left(\dfrac{\sqrt{B_{if}/(2B_N)}}{K_r[t_a+(F_{rn}-1)t_0]}\right)^{1/2}$ 为辐射计参数对作用距离的影响；$\left(\dfrac{1}{\sqrt{S/N}}\right)^{1/2}$ 为平方律检波

输出信噪比对作用距离的影响。

根据式（6-50）可得

$$\frac{\eta_a}{\Omega_A} = \frac{\eta_A \pi D^2}{4\lambda^2} \tag{6-53}$$

把式（6-48）和式（6-53）代入式（6-52）可得到距离方程的简单形式

$$R = \left[(\eta_a A_T \Delta t_T) / (\Omega_A \Delta t_{min} \sqrt{S/N}) \right]^{1/2} \tag{6-54}$$

这也是人们常用的一种形式。

从距离方程可以看出以下几点：

(1) 作用距离直接随天线直径和工作频率的增大而增大（不考虑大气衰减）；
(2) 中频放大器的性能以其带宽的 1/4 次方影响作用距离；
(3) 作用距离反比于接收机噪声系数的平方根；
(4) 作用距离相对输出带宽中的信噪比不敏感。

6.3 毫米波调频测距引信

调频引信的基本原理、参数选择及分类均在第 3 章中做了介绍。下面介绍一种毫米波自差式调频测距引信。其原理方框图如图 6-14 所示。

图 6-14 自差式调频测距引信原理方框图

从图 6-14 可见，这种调频测距引信原理较简单。天线可采用介质棒天线。自差收发机是由耿氏二极管组成的毫米波振荡器承担发射、接收和混频的工作。调制器是一锯齿波发生器，调制信号经变容二极管对毫米波振荡器进行调频。因为毫米波引信作用距离是固定的，所以选频放大器只要选择引信作用距离对应的差频频率即可（当然要有一定的带宽）。点火电路在测距信号作用下输出引爆信号。以下简述各部分的原理。

6.3.1 引信射频部分

毫米波调频引信射频部分包括天线、调制器和调频自差收发机三部分。

一、天线

自差式调频毫米波引信的发射和接收使用同一天线。为使引信结构紧凑、成本低、能承受强冲击和高过载，采用介质棒天线是比较理想的方案之一。这里介绍介质棒天线的形状及尺寸选择。图 6-15 所示是介质棒天线。从图示可知，天线和波导之间的匹配由变换器完成。

在 HE_{11} 模型的激励下，介质棒 E 面和 H 面的辐射方向图是相似的。对于线性的锥形介质棒，馈电端的最大直径 d_{max} 和末端的最小直径 d_{min} 由下面两式给出，即

$$d_{\max} = \frac{\lambda_0}{\pi(\varepsilon_r - 1)} \quad (6-55)$$

$$d_{\min} = \frac{\lambda_0}{2.5\pi(\varepsilon_r - 1)} \quad (6-56)$$

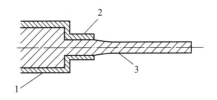

图 6-15 毫米波介质棒天线

1—波导；2—过渡匹配器；3—介质棒

式中，ε_r 为材料的介电系数；λ_0 为工作波长。

图 6-16 所示是天线最大增益和波束宽度与天线长度（L/λ_0）的关系曲线。从图中可见，天线长度增加，天线增益随之增大，波束宽度变窄。

二、调频自差收发机

调频自差收发机的原理图如图 6-17 所示。腔体 G 内的体效应二极管 D_1 加上偏压后产生毫米波振荡。变容二极管 D_2 在调制信号作用下，使毫米波振荡产生频率调制。调频波经天线 A 发射。当电磁波碰到目标后产生反射信号。反射信号由天线接收并传入腔体，在体效应管内与调频振荡信号产生混频，差频信号经变压器 L 输出。为防止功率泄漏，在调制信号输入腔体端和电源输入腔体端均加低通滤波网络。

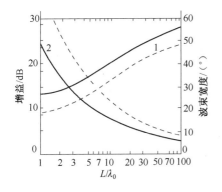

图 6-16 天线增益和波束宽度与天线长度的关系

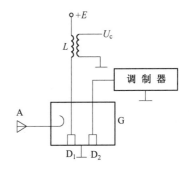

图 6-17 调频自差收发机原理图

6.3.2 信号处理

调频测距引信的信号处理是将自差收发机输出的差频信号进行选频处理。由于差频频率与距离对应，选频实际上就是选择作用距离。由于调频测距引信的作用距离是固定的，因此，选频电路也可以大大简化。选频测距有选频法和脉冲记数法两种，下面分别加以介绍。

一、选频法

选频法就是把差频信号放大整形，再经选频网络处理，当引信达到预定作用距离时，选频网络输出启动信号。

由于变容管调频的非线性，在弹目距离相当大的范围内，选频网络均有输出。因此，引信作用距离散布较大。为克服这一缺点，可采用取样选频法，其方框图如图 6-18 所示。从图中可知，在取样控制电路作用下，在差频频率变化比较均匀的部分选频网络才有输出。这样可以使引信作用距离散布大大减小。

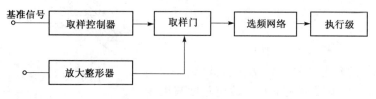

图 6-18　取样选频法方框图

二、脉冲记数法

脉冲记数法原理方框图如图 6-19 所示。差频信号经放大整形输出规则脉冲波，由此脉冲波触发脉冲计数器。当弹丸在预定距离内，计数器有一脉冲信号输出至"与"门电路。如果在此段时间内，基准信号通过延迟电路也有一脉冲输出到"与"门电路，则"与"门电路将有一信号输出，使执行级工作。在此段时间以外（即不在预定距离上）的任何时候，"与"门电路的两路输入信号均不重合，因此"与"门电路无输出信号，引信执行级不工作。

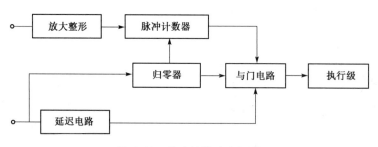

图 6-19　脉冲计数法方框图

6.4　毫米波高频比相引信

在第 3 章中已介绍过调频比相引信，本节要介绍的高频比相引信原理与其基本相同，只是此高频比相引信不是调频体制而是连续波或调幅连续波体制。

下面以工作在 8 mm 波段的对空导弹毫米波比相引信为例，介绍高频和中频系统工作原理。该引信原理方框图如图 6-20 所示。

6.4.1　天线

根据比相原理，收发各自使用单独天线。H 面波束宽大于 35°，E 面波束宽大于 110°。收发天线均采用口径斜切式喇叭天线以满足波束要求。E 面端接法兰，H 面为扇形喇叭天线。切口斜角为 40°。法兰宽为 10 mm，使 E 面方向图展宽了 50% 以上。

为了实现高频比相，接收天线由两个相同的天线单元在 H 面排成阵列形式。收发天线间距为 20 cm。

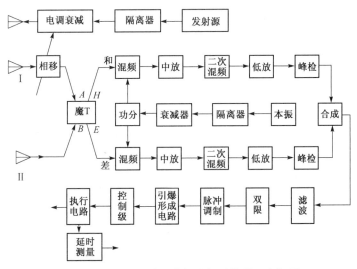

图 6-20　8 mm 波段高频比相引信原理方框图

6.4.2　高频系统

高频系统包括发射和接收两部分。发射机由体效应振荡器、隔离器、电调衰减器组成。它是把信号源产生的高频功率馈送到发射天线。通过转换开关，可选择频率为 35 GHz 的等幅波状态，也可以选择载波频率为 35 GHz 而调制频率为 3.5 kHz 的调幅波状态。

接收部分包括 35 GHz 可变移相器、和差网络、功率分配器、本振源、隔离器、可变衰减器、交叉场混频器等。它是把从目标反射到天线Ⅰ及天线Ⅱ的微弱信号通过魔 T 的作用，处理成和、差两种信号，并分别与本振功率信号混频而产生 30 MHz 的中频输出信号。相移器的作用是改变和、差两路信号的相位，从而得到覆盖为 45°的过零曲线。

当目标回波被天线Ⅰ、Ⅱ接收后，Ⅰ收到的信号经移相器进入魔 T 的主路 A，Ⅱ收到的信号直接送到魔 T 的主路 B。

设发射信号为

$$U_t = U_{tm}\sin(\omega_0 t + \varphi_0) \tag{6-57}$$

式中，φ_0 为发射信号的初相角。

两接收天线接收到的回波信号为

$$U_{r1} = U_r \sin[(\omega_0 + \omega_d)t + \varphi_1] \tag{6-58}$$

$$U_{r2} = U_r \sin[(\omega_0 + \omega_d)t + \varphi_2 + \varphi + \varphi'] \tag{6-59}$$

式中，φ_1、φ_2 为初相角；φ 为可变移相器的相移量；φ' 为回波到达Ⅰ、Ⅱ两天线的相位差，$\varphi' = (2\pi/\lambda)d\cos\alpha$，其中 d 为两接收天线间的距离，α 为弹目连线与弹轴间的夹角；ω_0 为发射信号的角频率；ω_d 为弹目相对运动所产生的多普勒角频率。

由于发射机存在漏功率，接收机的两支路中应有

$$U'_{r1} = U'_r \sin(\omega_0 t + \varphi_3) \tag{6-60}$$

$$U'_{r2} = U'_r \sin(\omega_0 t + \varphi_4) \tag{6-61}$$

经过魔 T 在 H 臂支路得到和信号

$$U_\Sigma = \frac{1}{\sqrt{2}}(U_{r1} + U_{r2} + U'_{r1} + U'_{r2})$$

$$\begin{aligned}
&= \sqrt{2}\,U_r\cos\frac{(\varphi_2+\varphi+\varphi')-\varphi_1}{2}\sin\left[(\omega_0+\omega_d)t+\right.\\
&\left.\frac{(\varphi_2+\varphi+\varphi')+\varphi_1}{2}\right]+\frac{\sqrt{2}}{2}U'_{rr}\sin(\omega_0 t+\varphi_5)
\end{aligned} \quad (6\text{-}62)$$

在 E 臂支路得到差信号

$$\begin{aligned}
U_\Delta &= \frac{1}{\sqrt{2}}(U_{r2}-U_{r1}+U'_{r2}-U'_{r1})\\
&= \sqrt{2}\,U_r\sin\frac{(\varphi_2+\varphi+\varphi')-\varphi_1}{2}\cos\left[(\omega_0+\omega_d)t+\right.\\
&\left.\frac{(\varphi_2+\varphi+\varphi')+\varphi_1}{2}\right]+\frac{\sqrt{2}}{2}U''_{rr}\sin(\omega_0 t+\varphi_6)
\end{aligned} \quad (6\text{-}63)$$

式中，$U'_{rr}=\sqrt{U'^2_{r1}+U'^2_{r2}+2U'_{r1}U'_{r2}\cos(\varphi_4-\varphi_3)}$

$\varphi_5=\arctan\dfrac{U'_{r1}\sin\varphi_3+U'_{r2}\sin\varphi_4}{U'_{r1}\cos\varphi_3+U'_{r2}\cos\varphi_4}$

$U''_{rr}=\sqrt{U'^2_{r1}+U'^2_{r2}-2U'_{r1}U'_{r2}\cos(\varphi_4-\varphi_3)}$

$\varphi_6=\arctan\dfrac{U'_{r2}\sin\varphi_4-U'_{r1}\sin\varphi_3}{U'_{r2}\cos\varphi_4-U'_{r1}\cos\varphi_3}$

从 U_Σ 和 U_Δ 的表达式可以看出，两式中的第一项是与弹目连线和天线阵轴（弹轴线）夹角 α 有关的调幅波，其频率为 $(\omega_0+\omega_d)$，且分别送到混频器 I 和 II 与本振信号进行混频，产生 30 MHz 的中频信号。经中放后进行二次混频，二次混频的本振信号是前面漏信号经一次混频后的中频信号，此信号与比相中频信号之间差一个多普勒频率。因此，二次混频器输出信号的频率等于多普勒频率，其包络仍为慢变化的比相信号，再经过峰值检波就得到比相信号。

混频器是接收系统的关键部件，其性能优劣直接影响整机技术指标。

6.4.3 中频系统

中频系统是用以完成对信号中频和漏功率中频同时低噪声放大的任务，以便使中频信号放大到适当电平进行二次混频。它包括和、差两支路上电路形式完全相同的两个窄带前中放和宽带主中放。前中放采用混合集成电路，中心频率 30 MHz，带宽 7 MHz，噪声系数小于 2.5 dB。主中放由三级反馈型放大器和级间插入两级 PIN 电调衰减器组成，其单元电路采用共射-共集并联电压深负反馈电路，具有增益稳定、输入、输出阻抗低、线性好、便于级联等特点。中放最大增益为 77 dB，最大不饱和电平为 1.2 V。

6.4.4 二次混频系统

该系统包括和、差支路中的两个完全相同的二次混频、低放、峰检、和差信号合成、滤波、双向限幅等电路。二次混频是直接利用接收信号通道中已存在的发射源漏信号作为参考中频，并与信号中频同时送入二次混频器，从而实现在浮动中提取多普勒频率信号。低放电路用来完成对二次混频后得到的幅度由慢变化信号调制的多普勒信号放大。滤波电路用以抑制低频干扰。低放增益为 43 dB。滤波电路是 RC 有源二阶高通滤波器。

峰值检波、合成电路的作用是从和、差两路信号中分别取出慢变化包络,并将所得的两路信号合成,合成信号为一过零相信号。另外,峰值检波器还起延迟作用,以使引信启动区和战斗部杀伤区能配合。

6.5 毫米波目敏引信

前两节介绍的毫米波引信是单独测距或测角的近感引信,它配用于一般破片的弹丸,其作用距离为几米至几十米。随着电子技术的发展和战斗部技术的发展,近几年出现了一种新型的毫米波引信,即毫米波目敏引信。毫米波目敏引信就是能寻找目标的引信。它的任务是探测目标、识别真假目标、识别目标中心、确定起爆位置并起爆弹丸。它配于一种新型的爆炸成型弹丸,其内有一种大锥角(锥角大于120°)药型罩及空心装药,在爆炸时形成高速成型弹丸(初速为2 500~3 000 m/s),在几十米至150 m范围内可击穿坦克顶甲。根据爆炸成型弹丸的要求,目敏引信的作用距离一般为150 m以内。

目前国外应用毫米波目敏引信的弹药有两类:一类是末端敏感弹系统,美国称之为SADARM(Sense and Destroy Armor),又简称为敏感反装甲弹;另一类美国称之为STAFF(Smart Target Activated, Fire and Forget)系统,原意是"灵巧的、目标激活的、打了就不用管的",我们可称它为目标激活弹。在下面的叙述中,我们将以上两类反装甲弹统称为敏感弹。用于敏感弹目敏引信的传感器有以下几种:红外、主动毫米波、被动毫米波、红外-毫米波复合及主被动毫米波复合。本节介绍被动毫米波目敏引信。

为便于介绍,把反装甲毫米波敏感弹分为两种:一种是远射程毫米波敏感弹(相当于SADARM);另一种是直射敏感弹(相当于STAFF)。

6.5.1 远射程毫米波敏感弹(SADARM)

一、总系统参数

美国正在研究的远射程敏感弹的总系统参数如下。
(1)火炮:主要有203 mm和155 mm榴弹炮;
(2)弹药:母弹为203 mm和155 mm口径榴弹;
(3)子弹数目:203 mm母弹携带3枚敏感子弹丸,155 mm母弹携带2枚敏感子弹丸;
(4)射程:203 mm榴弹炮射程25~30 km,155 mm榴弹炮射程24~30 km;
(5)子弹下落速度:约9.1 m/s;
(6)子弹扫描转速:4 r/s;
(7)子弹扫描倾角:与垂线夹角30°;
(8)配用的目敏引信:每颗子弹配用一个被动式毫米波目敏引信;
(9)目敏引信工作频率:35 GHz;
(10)目敏引信天线波束宽度:约4°。

二、工作过程简介

(1)炮位接到目标的方位、距离及运动状态等信息后,解算出发射诸元,按要求使火炮瞄准、装定母弹时间引信,装填适量的发射药,向目标区发射弹丸。

(2) 弹丸到达目标区上空后，时间引信作用，运载母弹抛撒出敏感子弹丸。

(3) 子弹上的抗旋装置打开，减低了每个子弹的转速，以使子弹上的涡流式降落伞打开。在气动力的作用下，子弹平稳降落。子弹轴与垂线夹角 30°，落速约 9.1 m/s，并以约 4 r/s 的转速绕垂线转动。

(4) 随着子弹的转动和下落，目敏引信天线波束对地面进行螺旋式扫描，如图 6-21 所示。

(5) 当目敏引信发现目标时，子弹上的信号处理机确定出目标的中心位置，并计算出最佳起爆时间，引爆子弹丸，爆炸成型弹丸射向目标。

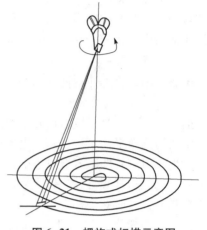

图 6-21 螺旋式扫描示意图

6.5.2 直射敏感弹（STAFF）

一、总系统参数

(1) 发射火炮：155 mm 线膛无后坐力炮；

(2) 战斗部：双向威力"爆炸成型弹丸"战斗部，底端面环形起爆；

(3) 弹重：13.6 kg；

(4) 射程：约 2 km；

(5) 弹对目标的最大飞行高度：30～50 m；

(6) 飞行速度：约 305 m/s；

(7) 炮弹旋转速度：约 100 r/s；

(8) 天线扫描前倾角：约 7°；

(9) "爆炸成型弹丸"飞离母弹时的前倾角：约 7°；

(10) 配用目敏引信：被动式毫米波辐射计，工作频率 35 GHz，双天线。

二、工作过程简介

参看图 6-22，系统工作过程如下。

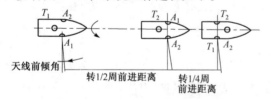

图 6-22 STAFF 系统作用示意图

(1) 在 STAFF 弹身侧面垂直弹轴对称安装着一对天线，与天线轴夹角 90°对称安装着双向威力战斗部。该战斗部可分别由某一端面环形起爆，其对应的另一端药型罩形成"爆炸成型弹丸"，炸药共用。

(2) 采用直瞄射击。发射后弹上电源被激活，引信解脱保险，处于待发状态。弹上续航发动机点火，使弹匀速飞行（约 305 m/s）。弹同时以 100 r/s 的转速转动。

(3) 两个接收天线互呈 180°，弹旋转一周时两个天线相继各探测地面一次。

(4) 由"第一接收天线"探测到目标到"第二接收天线"探测到同一目标弹转过 1/2

周。再转 1/4 周时,与"第一接收天线"相对应的"第一药型罩"正好对着坦克顶部,引信立即引爆弹丸。由探测到目标起到起爆止弹丸共转过 3/4 周,弹丸行进约 2.3 m。

(5) 信号处理机在一定时间间隔内相继收到两次目标信号,有利于鉴别目标而排除干扰。另外也可使起爆时战斗部的威力轴更接近坦克中部。

(6) 起爆后,形成"爆炸成型弹丸"击中坦克顶部。

6.5.3 敏感弹目敏引信原理

敏感弹目敏引信用毫米波辐射计,其原理方框图如图 6-23 所示。下面介绍此引信的工作原理。

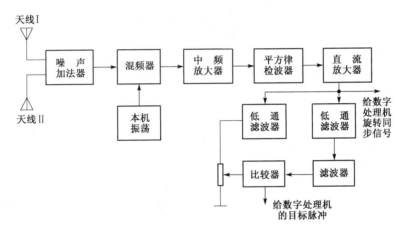

图 6-23 敏感反装甲弹毫米波辐射计原理方框图

一、直射敏感弹误差分析

爆炸成型弹丸对地面的命中点偏到了弹丸飞行弹道的一边,令偏距为 D_F。当天线和战斗部瞄准线的偏距为 $\pi/2$ 弧度时,则

$$D_F = H\tan\theta_0 = H\tan\left(\theta_F - \frac{\pi}{2} + \omega\tau_0\right) \tag{6-64}$$

式中,θ_0 为发火时战斗部瞄准线与垂直线的夹角;θ_F 为检测目标时天线瞄准线与垂线的夹角;ω 为弹丸旋转角速度,rad/s;τ_0 为从检测目标到引爆战斗部的点火延迟时间;H 为引信距目标所在平面高度。

弹丸旋转速度不稳定时,误差 $\Delta\omega$ 必将引起中点偏差 ΔD_F,则

$$\Delta D_F = \tau_0 H\Delta\omega\sec^2\left(\theta_F - \frac{\pi}{2} + \omega\tau_0\right) \tag{6-65}$$

当 $\omega\tau_0 = \pi/2$ 时,代入式 (6-65) 得

$$\Delta D_F = \frac{H\pi}{2} \cdot \frac{\Delta\omega}{\omega}\sec^2\theta_F \tag{6-66}$$

图 6-24 画出了误差方程曲线(高度 25 m)。从图中可以看出,使旋转速度不稳定减小时,敏感弹的脱靶量减小,即精度高。

二、直射敏感弹毫米波目敏辐射计

目敏辐射计原理方框图如图 6-23 所示。图中噪声加法器中的 3 dB 混合电路能够把出现在输入通道的两天线接收功率进行相加。当两个非相干信号相加时，根据热动力学理论，每个信号的功率都损失一半，如果混合输入功率与天线温度 t_{A1} 和 t_{A2} 有关，则相加输出温度是 $(t_{A1}+t_{A2})/2$。这种 3 dB 灵敏度损失是和狄克开关辐射计的灵敏度相对应的，而狄克开关辐射计是以全功率辐射计比较而言的，这种混合相加系统是有其优点的。它不需要射频开关，也不需要加上复杂的狄克系统信号处理装置（开关驱动器、开关速率振荡器和同步检波器），而且整个辐射计系统的尺寸、质量、功耗和成本都大大减小了。

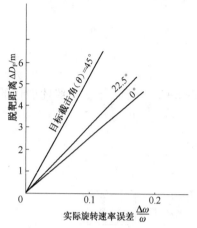

图 6-24 旋转速率误差曲线

弹丸旋转时，只要每个天线先对天空后对地面扫描，且每个天线都旋转 180°，则相加温度将保持不变。如果天线正对目标毁伤概率小的水平扫描时，相加温度将出现瞬变。

下面介绍系统各部件的基本结构和工作原理。

1. 辐射计天线

这种辐射计使用的天线是阵列馈电柱形抛物面反射器天线，由波导阵列和柱形抛物面两部分组成。

开槽矩形波导装在柱形抛物面天线反射器的焦点线以内，反射器延长了波导的全长。沿着波导长度方向，在波导窄边上开一系列矩形槽，另一些槽口则在与波导长度方向垂直的对角线上斜切而成。除开槽段外，波导两端向后弯曲装到反射器上。

为了保证足够的带宽，这里使用了行波阵列，谐振槽口末端馈电阵列则沿波导以非谐振间距开，终止在匹配负载上。有限斜视角（阵列法线和最强辐射方向之间的夹角）是这种阵列所特有的。在这种情况下，斜视角为 7.5°。为满足 5°～10° 斜视角的要求，天线还有 ±2.5° 的机械调节角。整个工作频率范围内斜视角变化不到 ±2.5°。阵列内每个单元的电性能均可由机械尺寸来控制。沿阵列开槽的适当斜度和槽长均由计算机辅助设计和经验设计来保证。

天线主要参数如下：

天线孔径：<2 258 mm^2；

中心频率：35 GHz；

带宽：1 GHz；

极化：沿飞行方向线极化；

E 平面波束宽度：7°；

在中心频率上，E 平面波束指向：7.5°；

频率改变时波束角变化：<2.5°；

H 平面波束宽度：7°；

波束效率：80%；

电压驻波比：最大为1.5。

2. 混频器耿氏振荡器

辐射计的一个关键部件是35 GHz平衡混频器。采用先进的印刷电路技术可使其生产成本最小。使用低成本的梁式引线二极管和薄膜垫还能进一步降低辐射计成本。薄膜垫既提高了本机振荡器的稳定性，其成本又比铁氧体隔离器低得多。

印刷电路混频器把微带、共面线和屏蔽线都组合在一块板上。本机振荡器的信号通过本机振荡器垫进入混频器。这种垫用镀有金属的薄膜板做成。用这种垫除增大了耿氏振荡器的稳定性外，还把本机振荡的激励电平减到9 dB，以达到混频器的最佳性能。印刷的单极电路把所需的本振功率传给微带，以不平衡方式激励共面线二极管。由于二极管中的信号是由屏蔽线射频通道以平衡方式馈入，其平衡方式不能在微带中传播，故得到了固有的射频和本振之间的隔离。把一对梁式引线二极管焊在共面线上，其直流通路经本机振荡旁路线接地，从而使二极管本身加上了偏压。这种混频器本振功耗只有0.8 W，变频损耗为7.8 dB。

3. 中频放大器

中频放大器由几个薄膜电路组成，频带宽度为10~500 MHz，噪声为4 dB。放大器额定增益为65 dB。此增益和带宽结合在一起即可保证隧道二极管检波器的噪声功率近似为-20 dB。

4. 模拟和数字信号处理机

参看图6-23。中频放大器输出信号经检波器检波，检波器输出信号经直流放大器放大。直流放大器输出脉冲信号，弹旋转一周，输出两个正脉冲，测量脉冲数即可测出弹丸的旋转速度。此脉冲可供数字处理机作为旋转同步信号。直流放大器输出的脉冲信号经低通滤波器并取出平均值V_D，将此信号经电位器分压作为电压比较器的门限参考电压。另外，直流放大器输出的信号还有一路输给低通和高通滤波器进行滤波，低通滤波器的有效时间常数为0.1 ms，高通滤波器则用以减少噪声值，以提供一定程度的模拟脉冲宽度的鉴别。天线扫描一次给出一个窄脉冲，代表背景下的目标温度。经滤波的脉冲电压U_s与比较器的门限电压进行比较，当U_s大于比较器门限值时，比较器输出一个目标脉冲。此目标脉冲输给数字信号处理机，经处理后，确定目标中心，触发两个抛射器中的一个，打开双端头爆炸成型战斗部的盖，并在适当时间引爆战斗部。

数字处理机可测量目标脉冲宽度，并确定目标特性是否与装甲车辆特性相符，从而识别目标。数字处理机如要给出起爆信号，必须对目标进行两次连续探测，即一个天线探测一次。它使用时标速率技术导出向目标中心发火的时间，还确定用哪个雷管引爆。这样，使弹丸直接射向装甲目标。

第 7 章
光 引 信

　　光引信是利用光场的变化获取目标信息的一种近感引信。它也是目前现代化武器系统中的一个重要组成部分，主要配用在导弹上。早在第二次世界大战期间，就开始对光引信进行了大量的研制工作，如英国在"二战"初期研制了一种光电式光学引信，这为美国后来发展的光电引信奠定了基础，因此，美国在1942年相当成功地研制出了一种被动式光电引信。在这一时期，还开始研究了红外线光学引信，但由于当时的红外敏感器用在引信上显得很迟钝和不敏感，因此未能继续研究下去。直到第二次世界大战结束后，美国决定重新研制非无线电近感引信，对光学引信做了大量研究工作。在朝鲜战争以后，红外引信很快就装备了部队，用于舰炮高射榴弹 MK90 系列和响尾蛇空-空导弹，至今已几次更新换代，发展为 MK404 高射炮弹红外引信和 DSU-15A/B 空-空导弹红外目标探测装置。

　　在光引信中被利用的光学物理场有可见光、红外光、紫外光和激光。本章主要介绍红外引信和激光引信原理。

7.1 概述

　　本节主要介绍光引信的基本原理及其组成和分类，以期了解光引信的概貌。

　　在光引信中最常用的分类方法有两种：根据光引信借以工作的光场性质来分有可见光引信、红外引信、激光引信；根据光引信借以工作的光场形成的方法来分有被动型光引信及主动型光引信。

　　被动型光引信的工作光场是由目标产生的。在任何目标周围都有一定的光场分布，如凡是具有热源的目标周围都有大量的红外线辐射场。飞机、坦克、军舰、工厂等都是具有热源的目标。目标的热辐射本身就是一个可利用的信息源。只要在引信的接收系统中设置适当的红外敏感器，把携带目标信息的光信号转变为电信号，然后再经过适当的选择和处理，便可用以启动执行级。红外敏感元件及光学系统组成如图 7-1 所示。

　　光敏电阻受光照射后，其阻值发生变化，进而引起电路中电流的变化而产生信号，该信号经放大及处理后推动执行级工作。

　　主动型光引信工作光场是由引信自身产生的，也就是说，在引信中要设置一个产生光场的光源。主动型光引信是利用目标和其周围的介质对光的反射程度具有明显的差异性来控制引信启动的。因此，主动型光引信和被动型光引信所不同之处，就是多了一个形成光场的光源。当引信视场内没有目标时，空间介质对光的反射很微弱，而且强度均匀并恒定，这时放大器输出端没有信号输出。当引信视场内出现目标，而且目标反射的光信号射入到光敏元件上时，这时光的照射强度发生显著变化，于是放大器的输出端就能输出一个足够的电压信号，推动执行级工作。

由上述分析可见，被动型光引信构造简单，对电源能量消耗少，体积小，质量轻。目前用得较广泛的红外引信就多属于被动型的。被动型的光引信也有缺点，即对目标的依赖性大，工作不稳定。不同的目标辐射场的性质可能相差很大，这就会造成引信作用距离的散布。主动型光引信由于自身产生光场，对目标的依赖性小。但其最大缺点是对光源能量要求较大，体积大，质量也大，结构复杂。

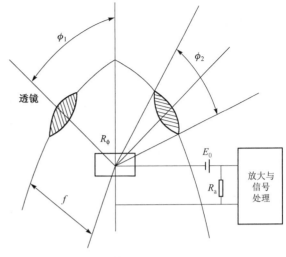

图 7-1 被动型光引信敏感装置示意图
ϕ_1—光引信的张角；ϕ_2—光引信的视角；
f—透镜的焦距；R_a—光敏电阻

激光引信是 20 世纪 70 年代发展起来的一种引信，它一般多是主动型的，其光源为一激光发生器，其发射出的激光束也是一种形式的电磁辐射，其波长范围一般在近红外区。光束通常以重复脉冲的形式发送，遇到目标发生反射，一部分反射激光被引信敏感装置接收，经过放大和信号处理，推动执行级工作。由于激光具有单色性、方向性、相干性以及强光性这些特点，因而使激光引信具有定距精度高的良好的战术技术性能，使用范围可以更广。国外某些导弹、迫弹上已配用了激光引信。

综上所述，目前得到广泛应用的是被动型的红外引信与主动型的激光引信。

光引信与前述的米波多普勒无线电引信相比，具有以下优点：

（1）有尖锐的方向性；

（2）作用距离较远；

（3）具有良好的抗人工干扰能力。

光引信也存在一些缺点：

（1）目前应用最多的被动型红外引信，依赖于目标的辐射特性，而不同目标或同种目标在不同环境条件下的辐射特性有很大差异，这将造成精确定距的困难。

（2）红外引信与激光引信由于其组成均有光学系统，因而体积较大，在一些口径较小的弹药中应用有一定难度。

（3）背景辐射，如太阳、云朵等都可能对引信造成干扰，即光引信的自然干扰大。

现在世界上武器装备中的光引信主要用在空-空、地-空的导弹上。主动激光引信也越来越多地装备在各种弹上。

7.2 目标和背景的辐射特性

被动型红外引信是利用目标的红外辐射来工作的，也就是说，红外引信的工作是建立在对目标和背景辐射的鉴别的基础上的,因此,目标和背景的辐射特性是红外引信设计所必需的原始数据。

我们知道,任何温度高于绝对零度的物体都有红外辐射。很多军事目标如飞机、军舰、坦克以及冶金工厂、火力发电厂等,它们的工作总是伴随着在其周围发射出大量的功率不同的辐射能,即形成一个比其周围背景辐射强得多的辐射场。不同的物体,有不同的辐射特性。通常利用下面三个量来表示物体辐射特性的不同。

(1) 目标在单位时间内向各个方向所发射出的总的辐射通量。

(2) 辐射通量在目标周围空间的分布。

(3) 辐射通量的光谱分布。

下面就根据上述三种特征分析目标和背景的红外辐射特性。

7.2.1 空中目标

一、飞机目标的辐射特性

涡轮喷气发动机飞机是我们主要对付的目标,它有两个热辐射源:尾喷管的热金属和排出的热气流(常称之为尾焰)。对长期工作的发动机,尾喷管金属的温度为 500 ℃~600 ℃,它辐射的红外峰值波长为 3.3~3.75 μm。热气流也有红外辐射,但它辐射的能量与尾喷管金属相比是较小的。因为热气流里含有碳的微粒、二氧化碳和水蒸气等产物,它们会吸收红外线。因此,尽管热气流在喷口处的温度可以高达 500 ℃~700 ℃,但随着距尾喷管距离的增加,其温度急剧下降。热气流的温度分布如图 7-2 所示。

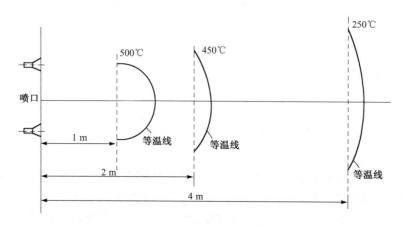

图 7-2 热气流温度分布图

涡轮喷气机的红外辐射特性曲线如图 7-3 所示。喷气机的最大辐射强度是在飞机的后半球,并与飞机的纵轴相重合。其最大辐射强度高达 2 400 W/sr。主要辐射集中在后半球的一定空间(180°±30°)之内。这正是红外引信主要用于尾追攻击的空对空导弹上的原因。

涡轮喷气机的红外辐射光谱分布曲线如图 7-4 所示。从曲线分析可知,辐射能量主要集中在 2~5 μm 波长,其最大值则在 3~4 μm 之间。这个光谱分布曲线是设计红外引信时

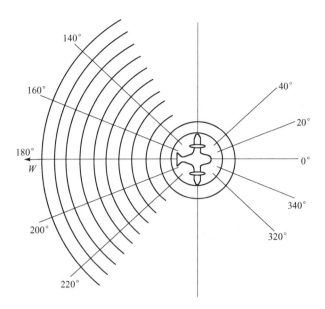

图 7-3 涡轮喷气机的红外辐射特性曲线

选择探测器的依据。

曲线中 2.5 μm 与 4.2 μm 两处下凹的现象，是被热气流中的二氧化碳和水蒸气吸收的缘故。

飞机表面借助于空气动力加热而辐射的部分，其相对于尾喷管和热气流的辐射要小得多，可以不考虑。

二、导弹目标的红外辐射

弹道导弹的红外辐射源主要是导弹表面的热辐射，这是由导弹的高速运动的空气动力加热产

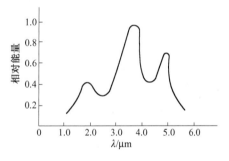

图 7-4 涡轮喷气机的红外辐射光谱分布曲线

生的。由于反导弹大部分是战斗在我方的后方城市和战略目标等地的上空，即处在敌人导弹飞行的被动段上，此时发动机工作而产生的辐射已不存在。空气动力加热实质上是由于飞行中导弹和空气中物质颗粒相遇时，部分动能变为热能，引起导弹外部加热，这种加热特别是在导弹飞行的下降阶段，进入稠密的大气层时，能达到很高的温度。

例如 A-4 型弹道导弹，当其飞行速度在 6 Ma 时头部可高达 860 ℃，其表面温度分布如图 7-5 所示。

又如美国的"宇宙神"式战略空军洲际弹道导弹，当其飞行速度在 10 Ma 时，头部可高达 2 700 ℃。其表面温度分布如图 7-6 所示。

7.2.2 地面目标

在地面目标中，冶金工厂的红外辐射是较强的。一般其总辐射通量在 350～3 500 kW。辐射通量按光谱的分布情况见表 7-1。

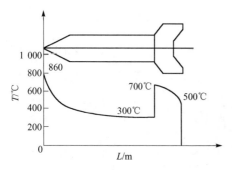

图 7-5　A-4 弹道导弹表面温度分布

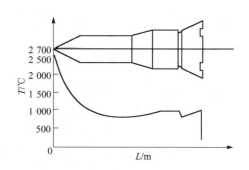

图 7-6　导弹目标表面温度分布曲线

表 7-1　冶金工厂辐射通量按光谱的分布

辐射波长 λ/μm	3～5	5～7	7～10	≥10
相对辐射通量	0.55	0.2	0.12	0.13

由表 7-1 可见，有 55% 的辐射能量发生在波长 3～5 μm 的光谱范围。

又如火力发电厂其总辐射能量在 200～1 000 kW。辐射通量的光谱分布见表 7-2。

表 7-2　火力发电厂辐射通量的光谱分布

辐射波长 λ/μm	3～5	5～7	7～10	≥10
相对辐射通量	0.15	0.14	0.29	0.42

由表 7-2 可见，火力发电厂其大部分辐射能量（42%）发生在波长大于 10 μm 的范围。

7.2.3　水上目标

水上目标主要指军舰，如航空母舰、巡洋舰、驱逐舰、扫雷舰等，都是大功率红外辐射源。其主要辐射源有：烟筒、甲板和舰体。

甲板温度一般在 30 ℃～50 ℃。

烟筒喷口处，温度平均在 250 ℃～300 ℃。

总的辐射通量在 60～80 kW，其光谱分布如图 7-7 所示。

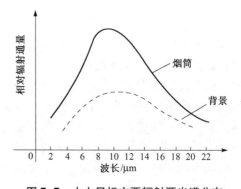

图 7-7　水上目标主要辐射源光谱分布

7.2.4　背景辐射

目标极大可能出现在某种背景之下，从而使探测过程复杂化。特别值得注意的背景有太阳、月亮、天空的云。其中太阳和月亮的直接辐射与天空的散射和反射等均可能干扰引信的正常工作。

可以把太阳看成近于 6 000 K 的黑体，它在地球大气层边缘所造成的辐射照度为 1.31 kW/m^2。经过地球大气层后，由于二氧化碳、水蒸气和臭氧等的吸收和大气粒子对阳光的散射，使太阳辐射的能量消耗了一部分。由于吸收和散射均与波长有关，故经过大气层以后到地表面附近时，其太阳辐射的光谱能量分布发生了变化。其变化情况见表7-3。

表 7-3 太阳辐射的光谱能量分布变化

测量地点	紫外辐射/%	可见光辐射/%	红外辐射/%
大气层边界	5	52	43
地表面附近	1	40	59

表中数据是按不同的测试地点、紫外辐射、可见光和红外辐射所占百分比给出的。在未穿过大气层时，可见光所占比例较大，为52%，红外辐射只占43%。但穿过大气层后到地表面附近时，红外辐射占了59%，这就说明红外辐射对地球大气层的穿透力比可见光和紫外辐射都强。太阳在地面上的最大照度可达 290 000 lx，其直接照射的能量主要集中在 $0.15 \sim 4\ \mu m$ 的波段内。在 $0.5\ \mu m$ 附近能量最集中，而大于 $3\ \mu m$ 部分的辐射照度，也高达 $1.96\ W/m^2$。与之相比较，目标辐射能量集中的大于 $3\ \mu m$ 波长范围的辐射照度仅有 $0.85\ mW/m^2$。两者相比为 2 300∶1。由此可见，太阳直接辐射造成对红外引信干扰是极为严重的。

月亮主要是反射太阳光，辐射最大值约出现在 $0.6\ \mu m$ 附近。全月晴空在地面所造成的辐射照度为 $2.5 \times 10^{-2}\ mW/m^2$，比太阳辐射照度要弱得多，对红外引信没有什么影响。

天空中由于空气分子、水蒸气和二氧化碳等微粒造成的散射有很大能量。云天比较严重，就是在明净天空的中午，天空散射所造成的辐射照度也有太阳在地面辐射照度的20%，故必须注意。它辐射的峰值在 $0.45\ \mu m$ 附近，能量大部分分布在 $1\ \mu m$ 以下，但 $1\ \mu m$ 以上的部分对红外引信还是有干扰作用的。天空散射的特点是在空间的线性尺寸大，产生的辐射梯度比较平缓，抑制其干扰就必须充分利用这个特点。

天空反射主要来自云彩，一般能量分布在 $3\ \mu m$ 以下。其反射随云层高度、种类、厚度而不同。对 $2.5\ \mu m$ 以下，不同云彩反射的测量结果表明：薄云（卷云）36%～40%；积云（层积云450 m）为 56%～81%；厚云（高层云约6 000 m）为 36%～59%。由此可见能量是相当大的。虽然一般云有较大的线性尺寸，但明亮的云层边缘却引起辐射分布的尖锐梯度，等效于一个局部红外辐射源，面积与目标相当。因此对于天空反射，可能引起干扰信号，在设计红外引信时要特别予以注意。

7.3 红外引信的基本原理

红外引信与无线电引信所利用的信号不同，其工作原理与具体结构也不同。但主要区别在敏感装置部分。

7.3.1 敏感装置

红外引信的敏感装置也可称为光敏装置或光学接收器。其任务是定向接收目标的红外辐射，并将红外信号转变为电信号。

光敏装置主要由以下元件组成：滤光器，光学系统，光敏电阻。

一、滤光器

滤光器的任务是完成色谱滤波，以加强抗干扰性，也就是要最大限度地削弱工作上不需要的光谱段辐射能。从前面对目标和背景的辐射特性分析表明，滤波器应在目标辐射的主要能量分布的波段内构成通带。如对喷气式飞机，应在 $3.5\sim 5~\mu m$ 范围构成通带，在 $2~\mu m$ 以下是背景干扰能量集中处，要尽可能地予以衰减。因此，要求滤波器通带的短波段边沿要陡峭，而长波段可以不作更多要求。

滤光器是利用各种不同的光学现象如吸收、干扰、选择性反射、偏振等来进行工作的。从结构上可分为固体的、液体的和气体的三类。在引信中常用的是固体滤光器。固体滤光器分为吸收式和非吸收式两大类。

吸收式滤光器是由于光辐射通过物质时，会引起分子、原子或束缚电子的振动，从而吸收一部分辐射能。这种吸收是以单个吸收带形式出现，故称为选择性吸收。属于这一类的有：动物胶滤光器、有色玻璃滤光器、塑料滤光器等。

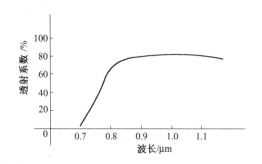

图 7-8 动物胶滤光器光谱透射曲线

动物胶滤光器，它是一层染色的动物胶膜（厚 $0.5\sim 0.1$ mm），为了防止胶膜受潮和受温度的直接影响，将它夹在两块平面玻璃之间胶合起来。它的光谱透射曲线如图 7-8 所示。动物胶滤光器的缺点是光谱特性不稳定，会逐渐发生变化，受温度和湿度的影响；坚固性差。

有色玻璃滤光器，它是在玻璃上用分子染色剂及胶质染色，染色的物质不同，其光谱特性也不同。图 7-9 是含氧化锰的玻璃滤光器的光谱特性曲线。由曲线可见，这种玻璃不能通过可见光，而能通过 $0.9\sim 4.5~\mu m$ 的红外辐射，因此它是近红外的良好滤光器。与动物胶滤光器相比有以下优点：耐热高，光谱特性稳定，不随时间增长而变化。可以大量制造特性相同的滤光器。

塑料滤光器，是由赛璐珞、尼龙和聚乙烯化合物制造的滤光器。呋喃树脂滤光器就属于此类滤光器。其光谱透射曲线如图 7-10 所示。可以制成 $1\sim 3~\mu m$ 范围内透射性良好的滤光器。

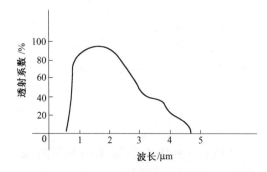

图 7-9 含氧化锰的玻璃滤光器的光谱特性曲线

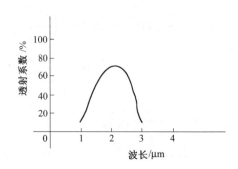

图 7-10 塑料滤光器的光谱透射曲线

无吸收性的滤光器本身不吸收辐射能量，是靠滤光器对辐射能产生漫射或散射的原理而工作的。属于此类的有粉末滤光器、粗糙表面滤光器和异折射率滤光器。

二、光学系统

光学系统的作用是接收辐射通量，把它传送给红外敏感元件上去，并保证敏感元件能获得最大的辐射照度，同时还要保证引信具有方向图所要求的视角。通常目标辐射源总是向四面八方辐射能量的，而引信中的敏感元件感光面小，因此必须利用光学系统，把投射到上面的辐射能变成一定方向传播的光线聚焦到敏感元件的感光面上。光学系统的感光面比敏感元件的感光面大得多，因而使敏感元件感光面的照度大大加强了。

对光学系统的要求：

（1）保证光学系统在弹轴的子午面构成尖锐的定向视角，同时在赤道面上有完整的圆周视角，以取得最大的杀伤效果。

（2）具有足够大的感光面积和良好的会聚特性，以提高引信的灵敏度。

（3）保证有一定的光谱特性以提高抗背景干扰和减少作用距离的散布。

（4）引信工作波段内的光线通过它时，损失要小。

（5）结构紧凑，稳固可靠，工艺性好，便于制造、装配和调整。

光学系统大致可分为三类：

透镜系（折射系）：由于透镜材料的光的折射率和空气的不同，因此，光线在通过它和空气介质的界面时要产生折射，只要适当地赋予界面的几何形状，便可使通过它的光线朝着所需要的方向传播。

反射镜系（反射系）：光线在传播中受到一个或几个反射镜的反射，只要适当地赋予反射镜面的形状，就可使反射的光线朝着所要求的方向传播，投影到敏感元件的感光面上。目前引信多采用抛物面的形状。

混合镜系（折射反射系）：即透射和反射系混合使用。由于引信受体积限制，混合镜系在引信中使用较少。

三、敏感元件

被动式红外引信的关键部件是敏感元件。它是一个把热能转换为电能的红外辐射能转换器。

1. 敏感元件的分类

红外辐射的各种效应都可用来制造红外敏感元件，但真正能做出有实用价值的敏感元件主要是红外辐射的热效应和光电效应。因而红外敏感元件可以分成两大类，即热敏元件和光电元件。

热敏元件是利用物体因红外辐射和照射而变热的所谓热效应。物体变热而温度升高会引起一些物理参数的改变，有些物理参数的改变比较大，就可以用来制造红外敏感元件。因而从物理过程来说，热敏元件一方面需要使敏感元件的温度升高，这一过程是比较慢的，因此热敏元件的响应时间都比较长，大都在毫秒量级以上。另一方面，由于是加热过程中不管是什么波长的红外辐射，功率相同，对物体的加热效果也相同，因此，热敏元件对入射辐射的各种波长基本上都具有相同的响应率，称为无选择性红外敏感元件。由于这类元件存在上述灵敏度低及无选择性的性能，故在引信中没有得到应用。

　　光电元件是利用物体中电子吸收红外辐射而改变运动状态的光电效应。其物理过程是红外辐射的照射直接引起电学性质的改变，这个过程比起加热物体的过程要快得多，因而其响应时间一般要比热敏元件的响应时间短得多，最短的可达纳秒量级。此外，要使物体内部的电子改变运动状态，入射辐射的光子能量必须足够大，也就是它的频率必须大于某一值。换成波长来说，就是能引起光电效应的辐射有一个最长的波长限存在。因而光电元件的光谱响应曲线都是一个长波限。只要光子的能量足够大，相同数目的光子基本上具有相同的效果。因此，这类敏感元件常常被称为光子敏感元件。光电敏感元件可有三种，第一种是金属受辐射照射会引起电子发射，可称为光电子发射效应，基于这一效应制成的光电管已经是可见光波段内常用的一种敏感元件，它所响应的波长最长只能到约 $1.1\ \mu m$；第二种是辐射照射均匀的半导体引起电导率增加的光电导效应；第三种是辐射照射半导体 PN 结产生电动势的光生伏特效应的光电敏感元件，在引信中被广泛应用。

　　光电导型红外敏感元件是利用一种半导体物质在辐射通量照射下，使处在满带上的电子获得能量，破坏了晶格的束缚，而使越过禁带而到达导带的电子增加，使得半导体的导电性升高，这就叫光电导效应。这种半导体物质也叫光敏电阻。如果把一块电阻为 R 的半导体光敏电阻，接在图 7-11 的电路中，R_L 为负载电阻，U 为恒定的电压。当半导体受到辐射时，电导率增加，也就是电阻 R 减低，则通过 R 与 R_L 串联电路的电流就增大。由于 R_L 值是不变的，因而 a、b 两点之间的电压就增大。这个电压增量的大小就反映出入射辐射功率的大小。如果用适当的方法（调制盘 M）把入射辐射功率调制成如图 7-11 所示的正弦变化，只要正弦的频率不太高，探测器的响应跟得上这个变化，a、b 两端之间的电压，除掉直流成分外，就有一个同样频率的正弦变化的电压，这个电压经过放大后可以控制终端工作。已经做成光电导型红外敏感元件的半导体，有硫化铅、砷化铟、锑化铟和碲镉汞等。在红外引信中一般采用硫化铅光敏电阻，它不需特殊的低温装置，在常温下具有足够的灵敏度，最大接收波长介于 $1\sim 3\ \mu m$。

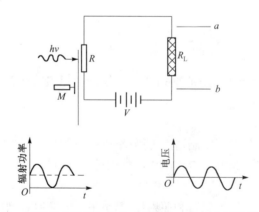

图 7-11　利用光电导型红外敏感元件产生控制电压的原理电路

2. 红外敏感元件的特性参数

　　响应率：输出的电压与输入的红外辐射功率之比。单位为 V/W，通常用 $\mu V/\mu W$。如用 R 代表响应率，U_s 代表输出电压，P 为红外辐射的功率，则

$$R = \frac{U_s}{P}$$

响应波长范围：红外敏感元件的响应率与入射辐射波长有一定关系，可用坐标图把它画出来。又可称为光谱响应曲线或响应光谱。图 7-12 是两种典型的光谱响应曲线。图 7-12 (a) 表明，在测量范围内，响应率与波长无关。图 7-12 (b) 表明两者有一定关系，有一个响应率为最大的"响应峰"存在，波长为 λ_p。在 λ_p 的短波方面，响应率缓慢下降。而在其长波方面，则响应迅速下降到零。把下降到峰值的一半所在的波长 λ_c，叫做"截止波长"或者叫做响应的"长波限"，即红外敏感元件的使用波长最长只能到 λ_c。

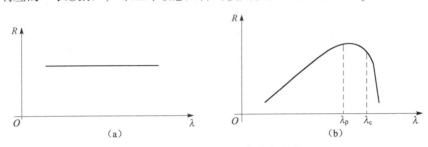

图 7-12　两种典型光谱响应曲线
(a) R 与 λ 无关；(b) R 与 λ 有关

响应时间（或称时间常数，弛豫时间）：当一定功率的辐射突然照射到敏感元件的敏感面上时，敏感元件的输出电压要经过一定的时间才能上升到与这一辐射功率相对应的稳定值。当辐射突然去掉后，输出电压也要经过一定的时间才能下降到辐射照射之前的原有值。一般来讲，上升或下降所需的时间是相等的，这就是敏感元件的"响应时间"。可用响应时间常数来表示敏感元件的响应时间，定义它为在照度突然变化时，敏感元件的输出达到最大值的 63% 所需要的时间。

探测率：当敏感元件敏感元具有单位面积、放大器的带宽为 1 Hz 时，单位功率的辐射所能获得的信号-噪声之比。前面所说的响应率虽是一个方便的参数，但它给不出可探测的最小辐射通量的大小。仅从响应率的定义来看，好像是只要有红外辐射存在，不管它的功率如何小，都可以探测出来。事实并不是这样，任何一个敏感元件，不管它是根据什么原理制成的，都有一定的噪声。当入射辐射的功率降低到它所引起的输出电压远小于噪声电压时，我们就无法判断是否有红外辐射投射在敏感元件上。这样，敏感元件探测辐射的本领就有一个限度了，需要有一个表示这个限度的特性参数。如果投射到敏感元件上面的红外辐射功率所产生的输出电压正好等于敏感元件本身的噪声电压，这个辐射功率就叫做"噪声等效功率"，也就是说，它对敏感元件所发生的效果与噪声相等。噪声等效功率用符号 NEP 代表，它是一个可以测量的量。但当信噪比为 1 时，很难测到信号，所以，一般在高信号电平下测量。设入射辐射的功率为 P，测得的输出电压为 U_s。然后去掉辐射源，测得敏感元件的噪声电压为 U_N，则按比例计算，要使 U_s 等于 U_N 的辐射功率就是

$$\text{NEP} = \frac{P}{U_s/U_N} = \frac{U_N}{R}$$

噪声等效功率基本上能够表达出一个红外敏感元件敏感红外辐射的能力。但它本身还有一些缺点：它的大小既依赖于敏感元件敏感元的面积 A，也依赖于放大器的带宽 Δf。因此，

仅用噪声等效功率数值很难比较两个不同来源的敏感元件的优劣。另外，NEP 的数值是越小越好，这与我们的习惯也不一致。为避免以上缺点，就制定了另一个特性参数——"探测率"，也可称"归一化的探测率"，用 D^* 来代表。经过分析与实验表明，大多数重要的红外敏感元件的 NEP 都与面积 A 的平方根成正比，与带宽 Δf 的平方根成正比，因而 $NEP/\sqrt{A\Delta f}$ 就应当与 A 和 Δf 没有关系了。定义它的倒数为探测率，即

$$D^* = \frac{\sqrt{A\Delta f}}{NEP} = \frac{U_s/U_N}{P}\sqrt{A\Delta f} = \frac{R}{U_N}\sqrt{A\Delta f} \quad (cm \cdot \sqrt{Hz}/W)$$

它的数值越大就表明敏感元件的性能越好。在进行上述测量时，测量条件必须符合一些共同规定：辐射源用黑体辐射，一般规定 500 K 的黑体辐射；要用适当方法把入射辐射的强度改造成按正弦变化的强度，即"正弦调制"；输入的辐射功率与输出的电压都要用均方根值等。因此，在说明一个红外敏感元件的探测率时，必须指明辐射源的性质、调制频率和放大器的带宽。即

$$D^*（辐射源，调制频率，带宽）$$

例如：以 500 K 黑体作辐射源，调制频率为 800 Hz，放大器带宽为 1 Hz，应写成

$$D^*（500\ K，800\ Hz，1\ Hz）$$

探测率反映了敏感元件的灵敏特性。表 7-4 给出了几种典型热敏元件的重要特性。

表 7-4 几种典型热敏元件的重要特性

敏感元件材料	工作温度/K	工作波段/μm	峰值响应波长/μm	初态阻抗/Ω	响应时间/μs	D^*（500 K 黑体，指定频率，1 Hz）/($cm \cdot Hz^{\frac{1}{2}} \cdot W^{-1}$)	D^*（峰值响应，指定频率，1 Hz）/($cm \cdot Hz^{\frac{1}{2}} \cdot W^{-1}$)
硫化铅	室温	0.6~30	2.3~2.7	$(0.5~10) \times 10^6$	50~500	$(1~7) \times 10^8$ (800 ℃)	$(50~100) \times 10^9$ (800 ℃)
硫化铅	195	0.5~3.3	2.6	$(0.5~5) \times 10^6$	800~4×10^4	$(0.7~7) \times 10^9$ (800 ℃)	$(20~70) \times 10^9$ (800 ℃)
硫化铅	77	0.7~3.8	2.9	$(1~10) \times 10^6$	500~3 000	$(3~8) \times 10^9$ (800 ℃)	$(8~20) \times 10^{10}$ (800 ℃)
硒化铅	室温	0.9~4.6	3.8	$(1~10) \times 10^5$	2	$(0.7~2) \times 10^8$ (800 ℃)	$(1~4) \times 10^9$ (800 ℃)
硒化铅	195	0.8~5.1	4.2	$(1~10) \times 10^6$	30	$(2~4) \times 10^9$ (800 ℃)	$(1~4) \times 10^9$ (800 ℃)
硒化铅	77	0.8~6.6	5.1	$(5~10) \times 10^6$	40	$(2~6) \times 10^9$ (800 ℃)	$(1~3) \times 10^{10}$ (800 ℃)
锑化铟	195	0.5~5.5	5.1	20	~1	1×10^9 (800 ℃)	$(0.5~0.9) \times 10^{10}$ (800 ℃)
锑化铟	77	0.7~5.9	5.3	$(2~10) \times 10^6$	1~10	$(3~10) \times 10^9$ (900 ℃)	$(2~6) \times 10^{10}$ (900 ℃)
锗掺金（P 型）	77	1~9	5.4	$(0.1~10) \times 10^6$	~1	$(1~3) \times 10^9$ (800 ℃)	$(0.3~1) \times 10^{10}$ (800 ℃)
锗掺金（N 型）	77	1~5.5	1.5	—	50	$(0.5~2) \times 10^9$ (900 ℃)	1×10^{10} (900 ℃)

表 7-4 可见,敏感元件的灵敏特性与温度有关,温度降低时,探测能力可以大大提高。例如,常用的硫化铅光敏电阻在 −164 ℃下的暗电阻为 110 kΩ,在偏压为 −8 V、调制频率为 800 Hz 时,对于 500 K 的黑体来说,其探测率则为 $D^* = 7.5 \times 10^9 \text{ cm} \cdot \text{Hz}^{\frac{1}{2}} \cdot \text{W}^{-1}$。它的光谱响应的峰值波长则为 3.0 μm,配合滤光片之后,探测系统的响应波段为 2.7~3.6 μm。所以,降温不仅可以提高系统的灵敏度,还可以大大提高系统的抗干扰能力。当然,这就要求在引信中设置专门的制冷装置。

7.3.2 红外引信工作波长的确定

选择红外引信工作波长的问题,看起来似乎很简单,只要选择在目标辐射强度最大的波段内工作就可以了,而其他波长的辐射能量都要求滤波器予以完全吸收。这样的选择只是从引信抗干扰的要求出发,还必须考虑另一方面,即合理选择工作波长,不但能满足抗干扰的要求,还可以减少引信作用距离的散布。

不同目标所辐射的红外光谱差别很大,如果将目标辐射最强处的光谱作为引信的工作波段,这样将使引信的工作波段展得太宽。另外,不同目标的红外辐射强度也有很大不同,例如,涡轮式喷气发动机的辐射强度比活塞式发动机的辐射强度约大 10 倍,由此造成红外引信对不同目标的作用距离可能产生很大的散布。

单位面积上的辐射强度称为辐射照度,可由下式决定

$$E = K \frac{P}{r^2} \quad (\text{W/m}^2) \tag{7-1}$$

式中,K 为红外辐射通过大气的衰减系数;P 为目标在引信接收方向上的辐射强度,W/sr;r 为辐射源到引信接收器的距离,m。

设 E_P 为引信开始动作时引信敏感元件上的辐射照度值,对于不同的辐射强度 P_1 与 P_2,引信作用距离为 r_1 与 r_2,则有下列关系

$$E_P = K_{r_1} \frac{P_1}{r_1^2} = K_{r_2} \frac{P_2}{r_2^2} \tag{7-2}$$

或

$$r_1 = r_2 \sqrt{\frac{K_{r_1} P_1}{K_{r_2} P_2}} \tag{7-3}$$

由于红外引信作用距离一般在几十米之内,可以认为红外辐射通过大气层的衰减系数为

$$K_{r_1} = K_{r_2} = 1$$

此时

$$r_1 = r_2 \sqrt{\frac{P_1}{P_2}} \tag{7-4}$$

如果 P_1 等于 200 W/sr 为活塞式发动机的最大辐射强度,$r_1 = 20$ m 为引信的作用距离,那么当喷气式发动机的最大辐射强度为 $P_2 = 1\,800$ W/sr 时引信的作用距离为

$$r_2 = 20 \times \sqrt{\frac{1\,800}{200}} = 60\,(\text{m})$$

引信作用距离增加了 2 倍。引信作用距离的差异,显然会降低弹药的毁伤效率。

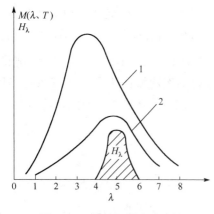

图 7-13 辐射通量光谱特性

如何减少作用距离的散布呢？在设计引信时，应适当选择引信敏感装置通带，来减小作用距离的散布。因为辐射场的强度随着温度增加而加大，同时辐射强度最大处的光谱的波长则随温度的提高而变短。例如，对于螺旋桨装置的飞机，温度为 300 ℃，对应辐射通量最大值的波长（λ_m）范围在 4.5～5.5 μm，其辐射通量的光谱分布如图 7-13 中曲线 2 所示。对喷气式发动机飞机，辐射器的温度达 600 ℃～700 ℃，这时辐射的光谱分布最大值向较短的波长一边移动，λ_m 范围为 3～4 μm，如图 7-13 中曲线 1 所示。如果在设计引信时，通过选择适当的滤光器和光敏电阻的综合光谱特性，如图 7-13 中曲线 H_λ 所示。使其最大值，即引信的工作波长就在辐射体温度较低的目标辐射最强的光谱上，如图中 λ 在 4.5～5.5 μm 的范围内。那么对于温度较低的辐射体，虽然它所辐射的能量少，但它所辐射的能量被引信接收的多，即接收效率高。对于温度较高的辐射体，虽然其辐射的能量多，但由于其辐射最强处的光谱的波长不在引信的工作波段内，而处于引信工作波长范围内只有一小部分能量被引信吸收，即接收效率低。这样，虽然辐射体所辐射的能量差别很大，但实际被引信接收系统接收并能转变成电信号的能量，其差别却大为减少，因而减少了引信作用距离的散布。这样做的同时，也使引信的工作波段变窄，从而使引信的抗干扰性提高。

7.3.3 红外引信接收系统的方向图

前面已讲过接收系统（光敏装置）的作用是定向接收目标的辐射。定向接收的目的有两个，即解决命中问题和抗干扰问题。

一、双支路

所谓双支路，就是一条为待炸支路，一条为爆炸支路。要使引信作用，必须使目标信号按先后顺序传到两个支路中去。双支路主要由引信接收系统的方向图来形成，对于一个单支路接收系统方向图，可用三个角度来表示，如图 7-14 所示。

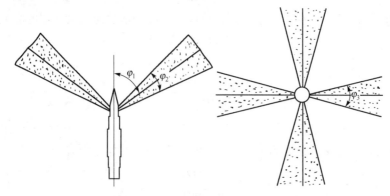

图 7-14 单支路接收系统方向图

在通过弹轴的平面（即子午面）内，由光路角 φ_1 和视场角 φ_2 来表示。光路角又称张角，它是光轴与弹轴之间的夹角。视场角是光学系统接收到光线的角度，它一般等于从光学系统的光瞳中心对光学窗的张角，光学窗即视场光阑，它可以是一个实在的光阑，或者是调制盘、敏感元件等。在导弹横截平面（即赤道平面）内，由视场角 φ_3 来表示，除了视场角 φ_3 外，光敏装置的光束数目也是很重要的。要保证没有死角，也就是说在赤道面内是一个完整的圆形视场。φ_1、φ_2、φ_3 的选择与战斗部特性、目标特性、导弹与目标的交会条件、干扰源的特性等因素有关。

双支路接收系统的方向图如图 7-15 所示。待炸支路的作用是收到目标辐射的信号时，做好起爆的准备。爆炸支路的作用是收到目标辐射的信号时，给出起爆信号。图中 φ_T 为视场空白角，即在通过弹轴的子午面内，多通道光学引信的一个通道的视场角与另一通道的视场角之间相隔的角度。

对于设计正确的引信，在弹目接近过程中，目标的红外辐射一定先进入待炸支路，使系统处于待炸状态，然后进入爆炸支路。双支路系统要正常工作，必须遵循一定的工作顺序，即信号的加入一定是先进入待炸支路，后进入爆炸支路。或者至少要同时把信号加入两个支路。只有具有这样的顺序，才是正确地接近所要攻击的目标。若以相反的顺序加入，则双支路系统不工作，说明这个目标不是我们所要攻击的目标。

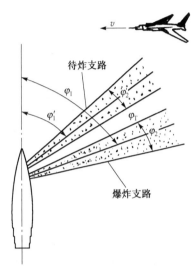

图 7-15 双支路接收系统方向图

二、命中问题

命中问题实际上也就是引信定位的问题，即如何确定引爆时弹与目标相对的方位与距离，以保证最大的杀伤效果。

为了分析问题，设目标与导弹在同一平面内运动，并且是尾追的情况，如图 7-16 所示。

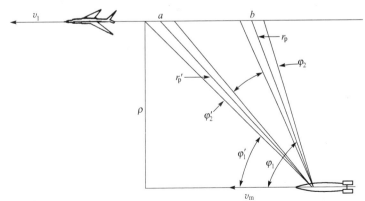

图 7-16 目标与导弹在同平面内尾追的情况

为了保证最大的杀伤效果，爆炸支路的方向图应该与破片飞散密度最大的方向重合，这就是选择爆炸支路光路角 φ_1 的一个条件。

为了保证双支路系统正常工作，导弹应以前进的方向接近目标。因此，待炸支路的视场应该在爆炸支路的视场之前，即要求待炸支路方向图的光路角 φ_1' 应小于 φ_1。

在导弹接近目标时，目标首先进入待炸支路的视场，经过一段时间 t_p 以后，目标再进入爆炸支路的视场。距离 r_p' 和 r_p、延迟时间 t_p 的数值均可利用已知的射击条件：目标速度 v_T，弹速 v_m，脱靶量 ρ 以及 φ_1 和 φ_1'，通过简单的三角关系求得

$$r_p' = \frac{\rho}{\sin \varphi_1'}, r_p = \frac{\rho}{\sin \varphi_1}$$

$$t_p = \frac{\rho}{v_m - v_T} \left(\frac{1}{\tan \varphi_1'} - \frac{1}{\tan \varphi_1} \right) \tag{7-5}$$

由以上关系可看出：$r_p' > r_p$，所以引信的待炸支路灵敏度应该大于爆炸支路的灵敏度。根据可能的接近条件，由引信的作用距离 r_p 可求出 r_p' 的数值。显然 φ_1' 与 φ_1 之间的差越小，则 r_p' 与 r_p 之间的差也越小。延迟时间 t_p 的数值与接近条件有关。由于 t_p 存在，故需在待炸支路中增加一个专门的延迟时间装置，应保证该装置延迟时间大于上式中的 t_p 值。如果 φ_1 与 φ_1' 之差越小，则 t_p 也越小，要求待炸支路的延迟时间也越小。

由以上分析可见，为了保证引信的定位及系统正常的工作，对双支路提出以下几点要求：

（1）视场角 φ_2 与 φ_2' 要小，保证双支路具有窄的方向图。

（2）待炸支路灵敏度应该大于爆炸支路的灵敏度，以保证在距目标较远的距离上，待炸支路仍能工作。

（3）对于喷气式发动机飞机进行尾追击时，目标的主要辐射面是尾喷管和燃气流而不是目标的要害部位，此时应在两支路之后的引信电路中设置延时电路，以保证对目标要害部位的杀伤。

以上要求不是绝对的，其中有的还和引信其他要求有矛盾。如视角小的要求与保证引信所需要的作用距离这一要求有矛盾，视角越小，进入的能量越小，从而作用距离也越小。又如要求待炸支路灵敏度大于爆炸支路灵敏度，以保证所需能量的观点看，φ_2' 应比 φ_2 大。而这又影响了 φ_1 与 φ_1' 在数值上彼此接近。这些互相矛盾的要求，在设计引信时，要根据主要战术技术指标合理解决。

三、抗干扰问题

对被动型红外引信来说，防止自然干扰有着重大的意义。从前面背景辐射的分析可知，太阳与云彩的干扰是主要的。为了抗太阳和云彩的干扰，在角 φ_1 的数值给定后，角 φ_1' 取决于以下两点：

（1）使干扰源不能同时影响两个支路。

（2）在不同时影响两个支路的条件下，使干扰源依次对待炸支路和爆炸支路作用的时间间隔应当大于待炸支路的信号延迟时间 t_p。

下面分别讨论对付太阳与云彩干扰的情况。

1. 太阳干扰

当太阳光同时进入两条支路时，可能引起引信作用。为了避免这个干扰，需要在两个支路的视场中有1°的空白角，即 $\varphi_r \geq 1°$。这是因为太阳离得远，太阳的轮廓构成的张角很小。

导弹的空间位置是不断变化着的，这样将会导致一种结果，即太阳光可能先出现在待炸支路的视场中，经过一段时间后又出现在爆炸支路的视场中，若这一段时间小于待炸支路的延迟时间，则引信会因此干扰而误动作。

导弹的几何轴在空间位置发生变化的原因之一是由于弹道的弯曲，也就是弹道切线方向的连续变化。对于不可控的火箭来说，弹道切线方向的变化很小。由外弹道学可知，切线方向变化的角速度决定于下式

$$\frac{d\theta}{dt} = \frac{g\cos^2\theta}{v}$$

式中，θ 为弹道切线的水平倾角；v 为弹的水平分速。

若 $v = 200$ m/s，$\theta = 0°$，$g = 9.8$ m/s²，则

$$\frac{d\theta}{dt} = \left|\frac{g}{v}\right| = \left|\frac{9.81}{200}\right| \approx \frac{1}{20}(\text{rad/s})$$

这个角速度很小，当 $t = 0.1$ s 时，弹丸轴线才转动 1/200 rad 的角度。弹丸弹道的这种缓慢弯曲不会导致太阳光从待炸支路的视场内迅速转入爆炸支路的视场内。但对于可控制的导弹来说，由于捕捉目标，弹道可能弯曲得很厉害，因而它所造成的太阳光对两支路的连续干扰必须加以考虑。这时弹轴方向变化的角速度，取决于导弹的机动性。应满足下面的关系式

$$\left|\varphi_1' - \varphi_1 - \frac{\varphi_2'}{2} - \frac{\varphi_2}{2}\right| > \left(\frac{d\theta}{dt}\right)_{max} t_p \tag{7-6}$$

式中，$\left(\dfrac{d\theta}{dt}\right)_{max}$ 为导弹机动飞行时最大的变化角速度。

满足上面的关系式，即说明太阳光依次干扰两条支路的时间间隔小于引信中所设计的两条支路的间隔时间，接收系统会正常工作。

弹轴在空间的位置发生变动的原因之二是弹的章动。在章动过程中，太阳光可能依次进入待炸支路和爆炸支路的视场内。如图 7-17 所示。要想消除这种干扰的可能性，必须使视场之间的空白角大于弹的最大可能章动角的 2 倍，用数学式可表示为

$$\varphi_T = \left(\varphi_1 - \frac{\varphi_2}{2}\right) - \left(\varphi_1' + \frac{\varphi_2'}{2}\right) > 2\delta_{max} \tag{7-7}$$

式中，δ_{max} 为弹的最大章动角。

这个条件是不让太阳光在章动过程中进入两个支路，若按这个要求来设计引信，则往往难以实现。例如

$$\varphi_1 = 75°, \varphi_2' = \varphi_2 = 5°, \delta_{max} = 20°$$

按上式则得

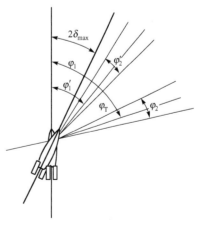

图 7-17 章动角影响分析图

$$\varphi_1' = 30°$$

这时,如果要保证在各种射击条件下,$r_p = 30$ mm,那么 r_p' 和延迟时间就会很大,以致满足不了这个要求。如果将上述条件变成太阳光进入两个支路视场之间的时间间隔应大于待炸支路的延迟时间,只要知道弹在弹道上的章动规律,解决这个问题并不太复杂。如认为章动可以近似表示为一个周期为 T,最大章动角为 δ_{max} 的单摆振动,即

$$\delta = \delta_{max} \sin \frac{2\pi}{T} t$$

则消除太阳光依次进入两条支路的干扰的条件变为

$$\varphi_T = \left(\frac{d\delta}{dt}\right) t_p \tag{7-8}$$

式中,$\dfrac{d\delta}{dt}$ 为章动角速度。

综上所述,要消除太阳的干扰,关键是选择 φ_1' 的问题。对于自动瞄准的"空-空"导弹来讲,选择 φ_1' 的问题较简单,因为导弹接近目标的角度变化很小,追尾攻击,射击条件较简单,导弹的章动较小。但有的导弹机动性大,特别是最近几年发展起来的格斗弹,其几何轴随时间变化的速度可能很大,在这种情况下确定 φ_1' 时,必须知道在与目标相遇后做机动运动时的角速度,即使是概略的也可以。

2. 云彩干扰

有明显分界线的大块云朵对两支路的同时影响会造成对引信的干扰。如果想利用空白角的大小来消除它是不可能的,因为云朵的轮廓构成的张角可能相当大。这种情况下只好利用云朵散射、反射的光谱特性和目标辐射光谱特性的差别,采用滤光器来消除云彩的干扰,实验证明效果良好。

红外引信接收系统的方向图中 φ_1,φ_1',φ_2,φ_2' 的确定,主要从满足命中及抗干扰的要求来进行选择,以上所介绍的只是一般选择的原则。

7.3.4 双支路红外引信分析

对付具有强辐射源的各种喷气式飞机的响尾蛇"空-空"导弹,所配用的引信就是采用双支路原理的被动型红外引信。

当导弹与目标距离在 9 m 以内,接近目标的相对速度为 150~800 m/s 时,红外引信启动,引爆战斗部。

该引信由敏感装置(即光学接收系统)、电子电路部分、安全保险执行机构和热电池组成。下面主要分析光学接收系统及电路部分。

一、光学接收系统

光学接收系统是用来接收目标的红外辐射探测目标的。它共有 8 个红外接收器。其中 4 个长缝接收器(第一路)能接收与导弹纵轴成 45°方向的红外辐射;另外 4 个短缝接收器(第二路)能接收与导弹纵轴成 75°方向的红外辐射。形成了两个相互独立的光学通路。其视场角都是 1°30′,两通道接收器交错排列,环形分布,用螺钉固定于一个八角框架上。接收器上的长、短光缝分别与引信壳体上的长短窗口相对应。在光缝上装有滤光片,底部有一

真空镀铝的抛物面反射镜，硫化铅光敏电阻安装在反射镜的焦点上。由于两个通道抛物面的形状和位置不同，构成两个通道接收角度的差异。在垂直于导弹纵轴的平面内，每一个接收器能接收 90°范围以内的红外辐射，不论导弹从目标哪一边接近，两路光学接收系统都能接收到来自目标的信号。

1. 接收器的光路图

如图 7-18 所示，在 45°（或 75°）方向上，由目标来的红外辐射首先透过外壳上保护胶带，再透过滤光片，滤除杂散干扰，然后射到抛物面反射镜上，经反射聚焦于光敏电阻上。光敏电阻的阻值在红外辐射的照射下发生变化。由于导弹与目标的接近速度为 150～800 m/s，同时光学系统的视场角又只有 1°30′，所以光敏电阻被目标的红外辐射照射只是瞬间，感受到的只是一个脉冲信号。

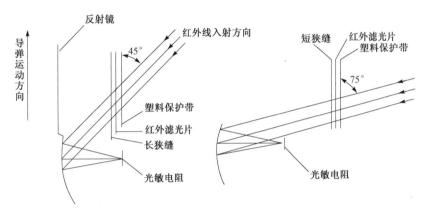

图 7-18　接收器光路图

所用光敏电阻波段范围为 1～3 μm，而在 2 μm 处其接收能力最大。红外滤光片长缝在 2.0～4.5 μm、短缝的在 2.5～3.0 μm 有 30%～60%透射率，这就是将光敏电阻的工作范围限制在 2.0～4.5 μm（长缝）、2.5～3.0 μm（短缝）狭窄的光谱范围内。

2. 两通道信号的关系

导弹以一定的脱靶量，从目标尾部接近目标。这时两路光学接收器将在不同的时间，不同的角度接收到来自目标的辐射信号。为分析方便，设导弹与目标在同一平面内平行接近，如图 7-19 所示。

导弹以相对速度 150～800 m/s 接近目标。到 45°方向时第一通道先接收到目标信号，导弹再飞过一段到 75°方向时，第二通道才接收到目标信号。这就是说，在两路信号间存在一个顺序关系。只要是导弹从目标尾部正常接近，必然先得到第一通道的信号，然后才得到第二通道的信号。

这两路脉冲信号有一定的时间间隔，从图 7-19 中可见，当导弹与目标的距离是最大允许脱靶量 9 m 时，从 45°方向到 75°方向飞过的距离最长。如再设导弹以最小的相对速度 150 m/s 接近目标，则这种情况下，两路脉冲信号的时间间隔便是最长的了。可以算出，两路脉冲信号的时间间隔将小于 44 ms。若是导弹的导引误差减小，或相对速度增大，其时间间隔都将减小。

两路脉冲信号的幅值和导弹与目标间的距离有关。距离近，光学接收器接收到的红外辐

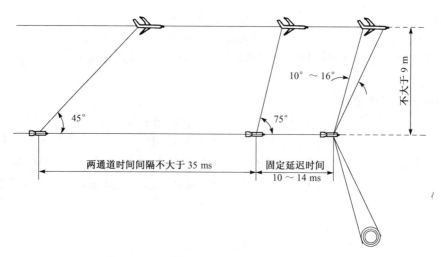

图 7-19 导弹接近目标时两通道信号的关系

射强,脉冲信号的幅值就大。反之,导弹与目标间的距离大,甚至超过允许脱靶量时,脉冲信号的幅值就会逐渐减小。

从以上分析可以看出,导弹与目标在距离 9 m 以内正常相遇时,两路脉冲信号之间存在有一定的顺序关系、一定的时间间隔以及它们都有比较大的幅值。这就是它们之间的规律,可利用这个规律来选择引信的最佳起爆时机。

二、电路

导弹从发射瞬间起,引信便开始工作。光学接收系统不断探测周围空间的红外辐射,会接收到各种各样的信号,如太阳光的散射、云朵对阳光的反射以及空中目标的红外辐射等。引信怎样排除干扰,分辨出有用的信号,又如何利用目标的信号选择最佳起爆时机等,这便是电子电路要解决的问题。

前面已经讲过,两通道的信号存在一定的关系,针对这些特点,电子电路的功用是:把光学接收系统接收到的红外辐射脉冲信号转换为电脉冲信号,并进行放大,对放大信号进行顺序鉴别、时间鉴别和幅值鉴别,排除干扰,形成起爆脉冲;为了击中目标要害,要使起爆脉冲延迟 10～14 ms;起爆脉冲控制执行级工作,起爆战斗部。电路方框图如图 7-20 所示。

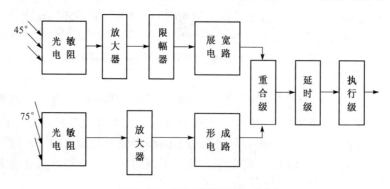

图 7-20 光学接收系统电路方框图

1. 脉冲放大器

在目标红外辐射作用下，光敏电阻的阻值发生变化，将目标信息转换成电信号。由于光敏电阻被红外辐射照射只是一瞬间，所以输出的电信号是一个脉冲信号。该信号通过脉冲放大器进行放大后，输出一个正（或负）脉冲信号。

2. 限幅器、脉冲展宽电路和重合级

放大器在放大目标信号的同时，也放大了各种各样的干扰信号，这部分电路的作用就是对信号进行顺序鉴别、时间鉴别和幅值鉴别，取出真实的目标信号。

三个鉴别是这样进行的：以第一电路脉冲信号为辅助，先加以限幅，使其幅度一定，利用这个一定幅度的脉冲经脉冲展宽电路形成一个一定宽度的波门，去控制重合级。当在这个波门以内时，重合级得到第二路脉冲信号且足够大时，重合级工作，输出一个负脉冲信号至延时级。如果只有一路脉冲，或虽有两路信号，但一、二路的顺序相反，或两路时间间隔太大，或脉冲幅度小，这些都不反映导弹与目标正常相遇的情况，而是背景干扰或导弹已脱靶，这时重合级都不工作。

第二路中形成电路的作用是将第二路放大后输出的脉冲信号进行微分，得到一个尖顶的窄脉冲信号加至重合级。

重合级是一个有双控制极的开关，其特点是当两个控制极上电压均达到一定值时，开关导通，否则开关断开。第一路信号经放大、限幅和展宽后加至重合级第一控制极上，当该信号足够大，在 $t_1 \sim t_2$ 这段时间内达到一定值时，使重合级处于等待导通状态。若 $t_1 \sim t_2$ 这段时间内，加至第二控制极上的第二路放大器输出信号经形成电路后达到一定值时，重合级便可导通。而 $t_1 \sim t_2$ 这段时间是根据导弹与目标正常相遇时，两路信号的时间间隔大小来确定的，该引信为 35 ms。

由上述可见，要使重合级工作，第一路必须先工作，且信号幅度足够大，开启第一控制极，使重合级处于等待状态。在 35 ms 内，第二路信号足够大时，使第二控制极开启，重合级导通，输出一个负脉冲信号。

3. 延时电路

当重合级输出时，目标正在引信前方 75° 方向，虽然目标已进入战斗部杀伤范围以内，但是还没有进入最大杀伤区，还不应立即起爆战斗部。为了使目标的要害部位处于战斗部杀伤破片最密集区，以便给目标最大程度的杀伤，故设置了延时电路。对于指定的目标，固定延时时间为 10~14 ms。

该延时电路是由单稳态多谐振荡器组成，延时后信号输给执行级，作为起爆战斗部的信号。

7.4 激光引信作用原理

激光引信是随着激光技术的发展而出现的一种近感引信。利用激光束探测目标，具有极窄的光束和极小的旁瓣，有很强的抗外界电磁场干扰的能力，并能精确控制起爆点位置。

7.4.1 概述

激光是 20 世纪 60 年代出现的一种新光源。它的出现是人类对电磁波的利用和控制向光频段的扩展，它使得我们有可能把无线电波段上行之有效的一整套电子技术（如振荡、调制、变频、调谐、接收等）推广到光频段，从而不仅在光源的外部，而且也在光源的内部实现对光束特性的控制，这使人类对光的利用和控制进入了一个新阶段。

激光是基于物质受激辐射原理而产生的一种高强度的相干光。波长从 $0.24~\mu m$ 开始，包括了可见光、近红外直到远红外的整个光频波段范围。由于激光具有亮度高、单色性、方向性、相干性好等一系列优异特性，因而在许多技术领域中得到了广泛的应用，也为军事应用提供了新的途径。激光技术被人们公认为是继量子物理学、无线电技术、原子能技术、半导体技术、电子计算机技术之后的又一重大科学技术新成就。

1. 高亮度

目前，由激光器发出的光的亮度，比太阳光的亮度要高几十万甚至几千亿倍以上。激光的总能量是不大的，但激光能把能量在空间和时间上高度地集中起来，因此就有很大的威力。

2. 高定向性

普通光是向四面八方散开的，因此，照射的距离和照明的效果都很有限。即使是定向性比较好的探照灯，它的照射距离也只有几千米。直径 1 m 左右的探照灯光束，不出 5 km 就扩大为直径几十米的大而弱的光斑了。激光器发出激光束的定向性，要比探照灯的定向性高几千倍以上。同样是直径 1 m 左右的激光束，传输到几千米远以后，光束的直径只扩大几厘米。

3. 高单色性

白光是由七种不同颜色的单色光组成的，而通常所说的红光、绿光等也都是由好几种相近颜色的单色光组成的。激光器发射出的激光，单色程度非常高，它的光谱成分是非常单纯的。激光的单色程度比单色性最好的普通光源的单色性程度还要高出几万倍到几十万倍。因此，用激光可以作多种精密测量。激光不仅单色性好，而且它的波长可以由人们控制，既可位于可见光谱区，也可位于不可见光谱区。如果用 λ 表示光波波长，$\Delta\lambda$ 则表示谱线宽度。单色光是指谱线宽度很窄的一段光波，$\Delta\lambda$ 越小，单色性越高。在普通的光源中最好的单色光源是氪灯：$\lambda = 6~057~\text{Å}$[①]（埃），$\Delta\lambda = 0.004~7~\text{Å}$。而氦-氖激光器：$\lambda = 6~328~\text{Å}$，$\Delta\lambda < 10^{-7}~\text{Å}$。

4. 高相干性

相干性是波动现象的普遍属性。在普通光源中，各发光中心相互独立，相互之间基本上没有相位关系（或很少联系），因此很难有恒定的相位差，也就不容易显示出相干现象，或者说相干性很差。一般说，普通光源是非相干光源，而激光是极好的相干光源。激光各发光中心是相互联系的，可以在较长时间内存在恒定的相位差，所以激光的相干性很好。为了量度相干性，引用了时间相干与空间相干的概念。时间相干是指光源中同一辐射源在不同时刻发出的光束之间的相干性。空间相干性是指光源的不同部分发出的光波的相干性。激光的时间相干性目前应用较多，时间相干性与单色性是有密切联系的。光源的单色性好，则时间相干性好。时间相干性用相干长度来度量，所谓相干长度就是指可以观察到干涉现象的最大光程差，用 L 来表示。

[①] $1~\text{Å} = 0.1~\text{nm} = 10^{-10}~\text{m}$。

$$L = \frac{\lambda^2}{\delta\lambda}$$

式中，$\delta\lambda$ 为波长宽度（或谱线宽度）。可见，当光源的单色性好时即 $\delta\lambda$ 小，则时间相干性好，也就是相干长度长。如氖灯的相干长度是几十厘米，多数普通光源每条谱线的相干长度只有零点几毫米。而氦-氖激光器的相干长度理论上达几十千米，其相干性提高几十万倍。如果用这样的激光测量数十米的距离是没有问题的，测量误差小于 1 μm。

7.4.2 激光引信工作原理

激光引信按其工作原理可分为主动式激光引信和半主动式激光引信两类。由于半主动式需增加设备、人员管理及导弹发射后还需跟踪照射目标等方面的原因，所以很少应用，一般多采用主动式激光引信。

主动式激光引信，它本身发射激光，激光光束通常以重复脉冲形式发送，光束到达目标发生反射，有一部分反射激光被引信接收系统所接收变成电信号，经过适当处理，使引信在距目标一定距离上引爆战斗部。

脉冲激光引信的测距原理与脉冲无线电引信是相同的，只要测出激光束从发射瞬间到遇目标后反射光波返回到引信处的时间 τ_0，便可得出目标的距离 R，即

$$R = \frac{c\tau_0}{2}$$

一个典型的激光引信原理图如图 7-21 所示。

该激光引信由激光发射机、接收机、信号处理电路、执行级电路和电源电路等组成。光源采用半导体砷化镓激光器，波长为 0.85～0.93 μm。半导体激光器可以随着注入电流的形态而发出相应的激光束。注入的电流通常是有一定重复频率的脉冲。接收机采用硅光电二极管。利用激光较好的单色性和采用窄带滤波器，使引信探测系统具有良好的光谱选择能力。引信的四个发射

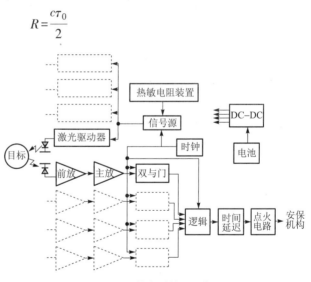

图 7-21 激光引信原理框图

机和接收机围绕导弹纵轴方向均匀分布，呈四个象限。每一个象限在导弹赤道面上提供 90°的覆盖区，四个象限提供 360°的覆盖区，即引信视野。发射机的发射光束在导弹子午面上会聚成 0.5°。接收光学系统视场在导弹子午面上是 4°。发射机和接收机沿弹轴相距一定的间隔安装，引信发射的激光束和接收机的探测视场在导弹任意一个子午面上交叉而包围成一个区域，从而构成了引信一个严格的工作区。这个工作区保证了引信的距离截止特性。大功率驱动器向激光器注入一定重复频率和宽度的脉冲电流，激光器经光学系统发射相应的光脉冲，即引信的发射光束。当引信的工作区域内存在目标时，其接收机探测到从目标反射的激光回波，经光电变换形成相应的电脉冲信号。经放大、双阈值比较后，送至逻辑电路。如逻

辑电路判断确认是真实目标存在，则信号输入到时间延迟电路。延迟时间按引战配合的要求而定，信号经延迟后启动执行电路，全部电路由时钟基准协调工作。为了使引信所发射的激光辐射功率保持一定的稳定性，用一个热敏电阻装置控制驱动器，以调整注入激光器的脉冲电流。引信有独立的供电系统，电源采用热化学电池，可长期储存。在导弹发射瞬间，化学电池被激活，供电时间约数十秒。

7.4.3 激光引信主要技术参数的确定

一、作用距离

能量型的激光引信的作用距离与接收系统和发射系统的性能有关，也与目标特性和背景有关。设目标对激光具有漫反射特性，接收机所接收到的激光功率可按下式计算

$$P_r = 4P_T \frac{A_r A_T}{\pi^2 R^4 \theta} \tau_T \tau_R \rho \tau_u^2 \tag{7-9}$$

式中，P_r 为接收功率；P_T 为激光器的输出功率；A_r 为接收机有效孔径面积；A_T 为目标有效面积；τ_T 为发射光学系统透过率；τ_r 为接收光学系统透过率；ρ 为目标反射率；τ_u 为单向传播路径透过率；R 为作用距离；θ 为发射波束平面角。

如果光束截面完全落到目标上，则

$$A_T = \frac{\pi \theta^2 R^2}{4} \tag{7-10}$$

由于激光引信的作用距离近，大气传输衰减可忽略不计，即

$$\tau_u = 1$$

将 A_T 值代入式（7-9）中则可得到

$$P_r = P_T \frac{A_r}{\pi R^2} \tau_T \tau_r \rho \theta \tag{7-11}$$

一般，激光引信的作用距离采用式（7-11）来计算。

在赤道面探测视场较大，子午面视场较小的脉冲定距引信中，可以用如下公式估算探测距离。由

$$U_A = K_0 R_e P_R R_L$$

和

$$P_R = \frac{\rho P_{ot} T_t T_r A_r L}{\pi R_F^3 \phi_t} \cos \psi$$

则

$$R_F = \left(\frac{\rho P_{ot} T_t T_r A_r L K_0 R_e R_L}{\pi U_A \Phi_t} \cos \psi \right)^{1/3} \tag{7-12}$$

式中，U_A 为设定的放大器输出信号电压，V；K_0 为接收电路电压增益；R_e 为光敏元件响应度，A/W；P_R 为系统接收的目标反射功率，W；R_L 为探测器负载电阻，Ω；ρ 为目标反射系数；P_{ot} 为激光器输出功率，W；T_t 为发射光学系统透过率；T_r 为接收光学系统透过率；A_r 为接收系统有效通光口径，m^2；L 为目标被照射的最小尺寸，m^2；R_F 为探测距离，m；

Φ_t 为单象限发射系统视野方向覆盖角，rad；ψ 为入射光束与目标表面法向的夹角，rad。

提高作用距离最有效、最有潜力的是接收机的设计，它包括探测体制的选择、光敏元件的选用、前置放大器的设计、信号处理电路的设计；如能使其达到最佳状态，不但可以提高信噪比，而且可以在低信噪比的情况下正确地检出有用信号。

二、作用距离精度

作用距离精度是一个十分重要的指标，它直接影响引战配合效率。由于激光的特点，目前，它的作用距离精度优于其他体制的近感引信。

激光引信的定距精度，依据其定距原理而异。激光引信所对付的目标，其反射特性很复杂，既有漫反射特性，也有镜面反射特性，反射系数亦不同。在相同的距离上由于作用姿态的不同，目标反射回波信号幅度可有几个数量级的变化。这些都会对定距精度产生影响。对于脉冲定距而言，脉冲宽度、脉冲前沿宽度等参数对定距精度有较大影响。激光脉冲宽度越小、脉冲前沿宽度越窄，定距精度越好。

三、抗干扰性能、探测概率及虚警概率

作用于激光引信的干扰主要有两类。一类是引信内部产生的干扰，它包括：接收机的固有噪声，发射接收之间的光信号泄漏（发射系统中强电信号的辐射及通过电源地线耦合到接收系统中形成的干扰）；另一类是外部干扰，它包括：直射阳光、亮云反射光、地面海浪反射光、大气散射光、雨、雾、雪及烟等自然干扰，还有人工干扰。

激光引信的可靠作用是：无论有无干扰，都能够判断目标是否存在，并能准确地给出启动信号。通常用探测概率和虚警概率表示。在目标与干扰同时存在的条件下，系统能检测到目标存在的概率称为探测概率。当无目标存在时，系统判断为有目标存在的概率称为虚警概率。一般根据信噪比，同时考虑光学杂波背景和接收机的噪声阈值电平来计算；或者在给定探测概率及虚警概率的情况下，计算满足要求所需的信噪比。探测概率和虚警概率不仅与单个信号的信噪比有关，还与信号处理方式有关。

第 8 章
电容近感引信

随着科学技术的进步，武器的性能不断提高。武器系统对弹药性能提出越来越高的要求。现代战场的强电磁环境和电子对抗水平的提高，要求弹药具有很好的抗电磁干扰的能力；一些特殊弹种对近感引信的特殊要求等，都促使引信工作者不断探索新原理、新技术的引信，以满足武器系统对引信性能的要求。电容近感引信就是在这种情况下发展起来的，并在近二十几年中在国内外得到迅速发展。

反坦克弹对引信的炸高、抗干扰能力的要求是使电容近感引信得以迅速发展的源动力之一。碰炸引信在反坦克弹中应用虽有炸高稳定、可靠性高、抗干扰能力强等许多优点，但在发挥战斗部毁伤效率这一重要指标方面有其不可克服的弱点，比如炸高过低、药型罩变形等。随着坦克装甲的加厚和采用新型防护技术（如反应装甲、帘栅等），大炸高破甲战斗部显示出明显的优点。而碰炸引信很难满足大炸高战斗部对炸高的要求。用近感引信实现破甲弹大炸高当然是一种好方案。但反坦克弹战场环境恶劣，需要引信具有很强的抗干扰能力，并要求引信具有较高的定距精度。

电子对抗的发展使得一些体制的近感引信受到严重威胁。人工有源干扰是目前常用的无线电引信的最大威胁。有关试验表明，配有米波多普勒无线电引信的弹丸在通过人工有源干扰区时，有相当的比例因干扰而早炸，使弹丸失去作战效能。不同射角，不同目标，由于引信炸高的不同，毁伤效果有很大差异。图 8-1 和图 8-2 所示是瑞典博福斯公司 155 mm 火炮 ZELAR 多选择引信炸高与毁伤效果曲线。

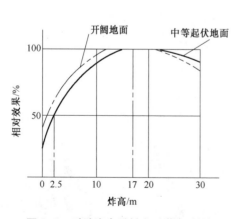

图 8-1　对卧姿步兵射击（落角 40°）

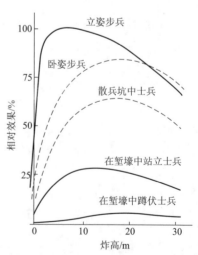

图 8-2　不同炸高时士兵所处状态对效果的影响

从图 8-1 可见，对卧姿步兵，在中等起伏地和开阔地时炸高（15～17 m）效果最佳；若是碰炸（炸高为 0），则效果大为降低。

从图 8-2 可见，士兵所处状态对杀伤效果影响很大。不同状态有不同的最佳炸高。

图 8-3 和图 8-4 所示是荷兰菲利普公司 NINA 无线电引信炸高和效果曲线（该引信可以装定两个炸高：10 m 和 6 m）。

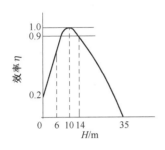

图 8-3 炸高 H 装定成 10 m 时，
单发效率 η 与炸高 H 的关系

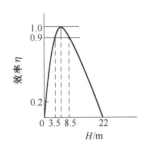

图 8-4 炸高 H 装定成 6 m 时，
单发效率 η 与炸高 H 的关系

从以上四组曲线可以说明这样一个事实：某弹种在确定射击条件下射击时，其毁伤效率与炸高有密切关系。若因干扰使其早炸、瞎火或由近感转为碰炸，则其毁伤效果大大降低，可以下降到几分之一甚至完全失去作战效能。因此，研究人员一直在寻求一种抗人工干扰能力强、炸点控制精确的引信。

国外在近三十年来对电容近感引信给予了高度重视。马可尼空间和防御系统公司从 1962 年就开始研究用于导弹、炮弹和航弹上的电容近感引信。瑞典也积极发展电容近感引信，他们已有配用在航弹上的反跑道侵彻弹电容近感引信。德国也研究了配用在航弹、火箭弹和反坦克破甲弹上的电容近感引信。美国也在积极发展迫弹上的电容近感引信。我国已研制成配用在火箭弹和地炮榴弹上的电容近感引信。

8.1 电容近感引信原理

电容近感引信是利用引信电极间电容的变化工作的引信。当引信接近目标时，引信电极间的电容将发生变化。可以把这种变化（变化量或变化率）检测出来作为目标信号加以利用，控制炸点。可以用双电极电容近感引信为例说明它的原理，如图 8-5 所示。在图 8-5 中，目标可以是地面，也可以是坦克车辆等任何金属或非金属目标。Ⅰ、Ⅱ为两个电极，其中电极 Ⅱ 可以是战斗部（弹丸），电极 Ⅰ 和电极 Ⅱ 互相绝缘。C_{10}、C_{20} 分别是两个电极与目标间的互电容，C_{12} 为两个电极间的互电容。

那么，两个电极间的总电容为

$$C = C_{12} + \frac{C_{10}C_{20}}{C_{10}+C_{20}} \quad (8-1)$$

当弹丸距目标很远时，可以认为 C_{10}、C_{20} 均为零，那么两电极间的总电容 $C = C_{12}$。随着弹与目标的不断接近，C_{10}、C_{20} 逐渐增

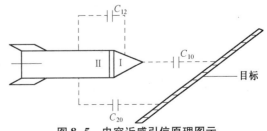

图 8-5 电容近感引信原理图示

加，式（8-1）中的第二项不断变大。如果把第二项用 ΔC 表示，那么式（8-1）变为

$$C = C_{12} + \Delta C \tag{8-2}$$

即随弹目接近 ΔC 变大。因为 ΔC 和弹目距离有关，如果把增量 ΔC 或 ΔC 的增加速率检测出来作为弹目距离信息加以利用，则可实现对目标的定距作用。根据对 ΔC 的检测方法不同，产生了电容近感引信的不同探测方式。这就是下节要介绍的电容近感引信的两种探测器。

8.2 电容近感引信的探测器

目前应用于电容近感引信的探测器有多种，此处仅介绍其中主要的两种，一种是鉴频式（频率变化式）探测器，另一种是电桥式（直接耦合式）探测器。它们的功能是探测目标是否出现。

8.2.1 鉴频式探测器

此种探测器由振荡器、鉴频器和电极构成。电极一般由引信风帽和弹体组成，两电极间的结构电容是振荡回路振荡电容的一部分。典型电路如图 8-6 所示。图中电路可分为两个部分，一部分是振荡器，另一部分是鉴频器。

振荡器采用克拉泼振荡器，其中振荡电容 C_0 是包括两个电极间的结构电容在内的克拉泼电容。

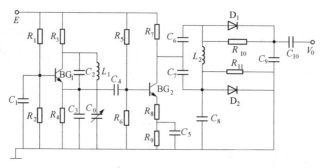

图 8-6 鉴频式探测器电路

设在弹目距离很远时振荡频率为 f_0。当弹目不断接近时，由于极间电容不断增加而使振荡频率不断下降，若在给定的弹目距离上振荡频率为 f，则振荡频率下降 $\Delta f = f_0 - f$。若鉴频系数为 K，则鉴频器输出电压为

$$U = K \cdot \Delta f \tag{8-3}$$

鉴频器输出电压 U 可以作为对目标的定距信号加以利用。

下面结合图 8-6 的电路说明鉴频式电容近感引信探测器的几项重要指标。

一、振荡频率和探测灵敏度

图 8-6 给出的振荡器之振荡频率为

$$f_0 = \frac{1}{2\pi\sqrt{L_1 C_0}} \tag{8-4}$$

当弹目接近时，极间电容要发生变化，因此振荡频率也要发生变化。可以得到

$$\Delta f = -\frac{1}{2}\frac{\Delta C}{C_0}f_0$$

即 $\Delta f \propto \Delta C/C_0$，鉴频电压 $\Delta U \propto \Delta f$，有

$$\Delta U \propto \Delta C/C_0 \tag{8-5}$$

在实际应用中，希望 ΔU 尽可能大些，以便信号处理易于进行。从式（8-5）可见，C_0 固定，ΔC 大，ΔU 大。因此在弹丸尺寸固定的情况下，要合理设计电极尺寸的大小和极间距离。从式（8-5）还可以知道，若 C_0 较小，在相同 ΔC 时，可获得较大的 ΔU。但从式（8-4）知，在 L_1 确定的情况下，C_0 越小，f_0 越大。由于下述两个原因，f_0 不能选择得过大。

（1）电容近感引信既然是利用电容变化工作的，应该尽量减少可能招致的电磁辐射干扰，而 f_0 过高则会使电容近感引信本来具有的抗电磁辐射能力的优点受到影响。

（2）极间电容由电极尺寸、形状和总体结构确定，它是振荡电容的一部分。极间电容不可能太小。一般选电容近感引信的振荡频率在 1～10 MHz 为宜。

可以把式（8-5）写成

$$\Delta U = S_D \frac{\Delta C}{C_0}$$

$$S_D = \frac{\Delta U}{\Delta C/C_0} \tag{8-6}$$

把式（8-6）称为电容近感引信探测灵敏度的定义式，S_D 称为探测灵敏度，具有电压的量纲。其物理意义是电容的单位变化量所引起的检波电压的变化量，它可以表明引信探测目标能力的强弱。

引信电极对探测灵敏度有较大影响。研究结果认为，在电极设计时需遵循下列原则：

（1）增大探测电极（图 8-5 中电极Ⅰ）的结构尺寸，能增大目标信号。

（2）电极形状为圆柱形时能得到最大的目标信号；圆锥形时目标信号最小，其他形状（如圆台形、流线形）的目标信号介于上述两者之间。

（3）探测电极确定后，增大电极与弹体的间距能增大目标信号。

（4）弹的全长固定时，在弹长远比探测电极大的情况下，增加探测电极长度比增大间距能获得更大的目标信号；在电极和弹体大小可任选的情况下，弹体和电极的最佳比例关系是弹体略比电极大，同时它们的间距尽可能小。

（5）探测电极对目标信号大小的影响要比弹体的影响大，大弹体只有配上大电极才能获得大的目标信号。

二、鉴频特性

在鉴频式探测器中，由于鉴频灵敏度直接影响探测灵敏度，所以要求鉴频器要有足够高的鉴频灵敏度。同时还要求鉴频器有足够宽的线性范围，其原因是：由于结构、工艺的不一致，可能导致 C_0 有差异；高、低温时振荡器的频率变化和鉴频器中心频率的偏移可能不一致。如果鉴频器线性范围太窄，有可能使振荡频率处在鉴频曲线非线性区或在鉴频曲线范围之外，这样会造成炸高散布过大，严重的可能致使引信瞎火。

8.2.2 电桥式（直接耦合式）探测器

此种探测器由振荡器、检波器和电极构成。三个电极一般由弹体和两段特制的电极组成。典型电路如图 8-7 所示。

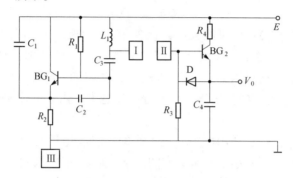

图 8-7 电桥式电容引信探测电路

图 8-7 中方块 Ⅰ、Ⅱ 和 Ⅲ 分别为三个电极。为分析方便，给出三个电极及其互电容的图示，如图 8-8 所示。

图 8-8 中电极 Ⅰ、Ⅱ、Ⅲ 和点 A、B、C 与图 8-7 中相互对应。考虑到极间电容后，图 8-7 所示电路可画成图 8-9 所示的电路。

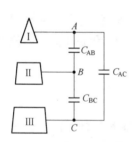

图 8-8 引信电极及极间电容示意图

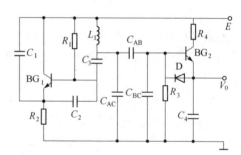

图 8-9 考虑极间电容后的探测电路

振荡器的高频等效电路如图 8-10 所示。

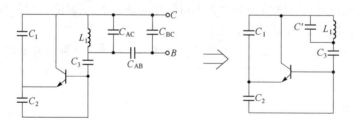

图 8-10 振荡器的等效电路

在图 8-10 中，BC 端为检波器的信号输入端。C' 为极间等效电容。显然振荡器是西勒振荡器，振荡频率 $f = \dfrac{1}{2\pi\sqrt{L_1(C'+C_3)}}$。也可以进一步把 C' 与 L_1 合为一个等效电感 L'，把振荡器看成一个克拉波振荡器。

当弹目接近时，由于目标与各电极都形成互电容，所以极间电容要发生变化，即振荡电路中的电容 C' 或等效电感 L' 发生变化，因而振荡频率和振荡幅度都要发生变化。这种变化（振荡频率、振荡幅度、耦合电容）当然要影响到检波器的输入信号，把弹目接近时振荡电压信号的变化通过检波器检测出来，可以得到目标信号。

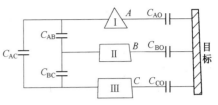

当弹目相距甚远时，三个电极间的电容如图 8-8 所示。当弹目距离接近时，极间电容如图 8-11 所示。

图 8-11 考虑目标影响后的极间电容

那么，三个电极间的电容如图 8-12 所示。

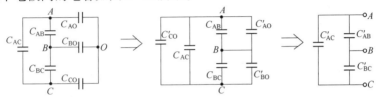

图 8-12 三个电极间的极间电容

从图 8-12 可见，三个电极间的电容构成一个电桥。当弹目接近时，电桥平衡受到破坏，从 BC 端可以得到目标信号。故此种探测方式又称电桥式。

在图 8-12 中

$$C'_{AB} = C_{AB} + \frac{C_{AO}C_{BO}}{C_{AO}+C_{BO}+C_{CO}} = C_{AB} + \Delta C_{AB} \tag{8-7}$$

$$C'_{AC} = C_{AC} + \frac{C_{AO}C_{CO}}{C_{AO}+C_{BO}+C_{CO}} = C_{AC} + \Delta C_{AC} \tag{8-8}$$

$$C'_{BC} = C_{BC} + \frac{C_{BO}C_{CO}}{C_{AO}+C_{BO}+C_{CO}} = C_{BC} + \Delta C_{BC} \tag{8-9}$$

当弹目接近时，C'_{AB}、C'_{AC}、C'_{BC} 都要不断变化。从图 8-9 和图 8-12 可知，当暂不考虑振荡幅度变化时，$C'_{AB}/(C'_{AB}+C'_{BC})$ 是决定输出信号大小的关键。$C'_{AB}/(C'_{AB}+C'_{BC})$ 是弹目接近时输出容抗与支路容抗之比

$$\frac{C'_{AB}}{C'_{AB}+C'_{BC}} = \frac{C_{AB}+\Delta C_{AB}}{C_{AB}+\Delta C_{AB}+C_{BC}+\Delta C_{BC}} \tag{8-10}$$

$$= \frac{C_{AB}}{C_{AB}+C_{BC}+\Delta C_{AB}+\Delta C_{BC}} + \frac{\Delta C_{AB}}{C_{AB}+C_{BC}+\Delta C_{AB}+\Delta C_{BC}}$$

在常用的引信作用距离范围内和攻击角度情况下，按一般情况下电极的结构，有

$$\Delta C_{AB} \gg \Delta C_{BC} \gg \Delta C_{AC}$$

$$C_{AB}+C_{BC}+C_{AC} \approx C_{AB}+C_{BC}$$

而结构电容要比电容变化量大得多，因此，可以用 ΔC_{AB} 代表电容变化量，用 $C_{AB}+C_{BC}$ 代表总电容，那么从式（8-10）可以得到

$$\frac{C'_{AB}}{C'_{AB}+C'_{BC}} = \frac{C_{AB}}{C_{AB}+C_{BC}} + \frac{\Delta C_{AB}}{C_{AB}+C_{BC}} \tag{8-11}$$

即检波电压变化量取决于式（8-11）中的第二项。

如果把振荡频率和振荡幅度的变化都考虑到检波效率中去，则可以得到检波电压的变化量，即

$$\Delta U \propto \eta \frac{\Delta C_{AB}}{C_{AB}+C_{BC}}$$

那么又可以回到式（8-6），即同样可以用式（8-6）来描述三个电极直接耦合式电容近感引信的探测灵敏度。

探测器输出的目标信号如图 8-13 所示。

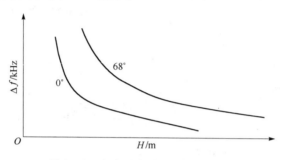

图 8-13 电容近感引信目标特性图示

8.3 电容近感引信的电路分析

电容近感引信近感发火控制系统电路原理框图如图 8-14 所示。

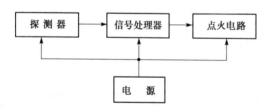

图 8-14 电容近感引信电路原理框图

探测器：探测目标是否出现。在 8.2 节中已做过较详细介绍。

信号处理器：识别目标信号，抑制干扰信号，识别交会条件，在预定弹目距离输出启动信号。

点火电路：在信号处理器输出的启动信号控制下，储能电容放电，引爆电雷管。

电源：整个电路的能源。

8.3.1 模拟电路信号处理器

模拟电路信号处理器典型电路如图 8-15 所示。

下面对图 8-15 电路从左至右顺序给予简单分析。

运算放大器 A_1 构成反相放大器，对探测器的输出信号加以放大。本放大器的特点是设计成零偏置，使负信号被抑制，并且根据弹目相对速度调整其通频带。

BG_1 构成削波限幅器。其作用是把幅度较大的信号变成窄脉冲信号，以便利用窄脉冲抑制电路排除这些干扰信号。其工作原理可用图 8-16 所示的响应波形加以说明。

在图 8-16 所示波形中，A 为目标信号，B 为幅度比较大的干扰信号，这两个信号经过削波限幅电路后，大于 U_W 的部分被抑制掉。假定限幅电平为 6 V，那么目标信号小于 6 V

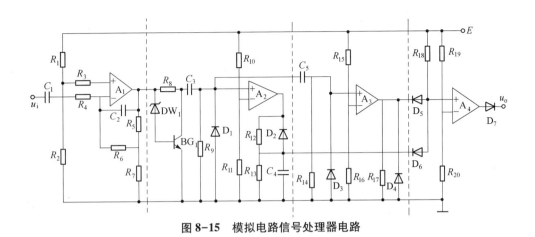

图 8-15 模拟电路信号处理器电路

的部分仍能通过此电路而传递到下一级电路；而干扰大信号则变为幅度小于 6 V 持续时间比较短的两个尖脉冲信号传递到下一级电路中去。如果下一级电路具有这样的功能：从信号电平达到 0.3 V 开始计时，信号幅度不断增加且持续时间大于 T 才能通过。那么目标信号可以通过，而窄脉冲信号被抑制。

A_2 构成微分比较器和窄脉冲抑制电路。本部分电路首先对削波限幅后的信号进行微分。理论上讲，经微分电路后，凡是线性、上凸、下降形式的信号都不可能达到比较器的比较电平，因此

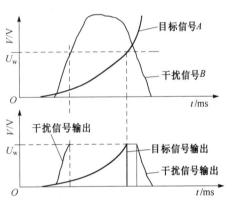

图 8-16 削波限幅电路响应波形

这样的信号将被抑制。当微分信号超过比较电平后，比较器输出近似电源的正信号，并且由 R_{12}、C_4 构成的时间电路开始计时。

A_3 构成第二个微分比较器，对削波限幅信号进行第二次微分。当微分信号超过比较电平时，A_3 输出幅度近似电源的正信号。

A_4 构成"与"电路。当比较器 A_3 和时间电路都达到比较门限时，A_4 输出启动信号。

如果从计时开始到时间 T_1 这一段时间 A_3 输出正信号，那么窄脉冲信号不可能与 A_3 输出正信号的时间重叠，因此 A_4 不会输出启动信号。只有在正常目标信号的条件下，A_3 与时间电路同时存在大于比较电平的正信号输出，A_4 输出启动信号。

此信号处理器的特点是：可以抑制大信号，抑制窄脉冲信号，抑制三角波、正弦波和其他类型的杂散脉冲。即电路具有很强的抗干扰能力，并且可以控制有较精确的炸点。

8.3.2 数字电路信号处理器

数字电子计算机的发展势必影响引信技术。在引信信号处理中可以充分利用单片机的运算、存储等功能来抑制干扰、识别目标、识别交会条件。这将使信号处理电路的功能得到很大改善，为智能信息处理打下良好的基础。

对图 8-13 所示的目标信号，信号处理电路原理方框图如图 8-17 所示。

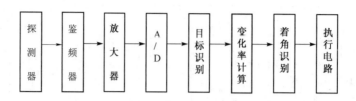

图 8-17　数字信号处理电路方框图

下面简述各部分工作原理。

放大器是把探测器的输出信号放大，它不但使通带以外的信号得到抑制，同时又可使一批产品的放大器输出信号一致，便于控制产品性能的一致性。

A/D 每隔一定时间对放大器输出信号采样一次，即把模拟信号转换成数字信号，以便单片机进行处理。

目标识别部分主要是抑制各种干扰信号，对目标信号进行所需的处理。对图 8-13 所示的目标信号，可以有下述目标信号判别准则：

(1) $U_i > U_{i-1}$；

(2) $U_i - U_{i-1} = \Delta U_i < K$；

(3) $\Delta(\Delta U_i) > 0$。

设定连续 N 点不符合上述准则者为干扰信号，目标信号自然满足上述准则。

交会条件识别：

对近感引信而言，一般情况下，由于交会条件不同会引起引信炸高的散布。从战斗部综合毁伤效果的角度看，同一弹种对相同目标的炸高为固定值（或一个范围），而对付不同目标时有不同的炸高，这样毁伤效果才会达到最佳，这就提出了在一弹多用时近感引信应该有不同的炸高，即炸高分档，而炸高分档的前提是炸高可控，即恒定炸高技术。要实现恒定炸高，首先必须识别交会条件，根据不同的交会条件对信号进行不同的处理。弹目交会条件是指弹目相对速度、交会角、脱靶量等。下面以反坦克弹电容近感引信为例来说明交会条件识别的一种方法。

对于不同的目标，炸高的定义有所不同。比如，对地弹种是以战斗部（弹丸）的爆心到地面的垂直距离作为炸高。而反坦克破甲弹是从装药面算起的沿战斗部轴线到装甲面的距离。

对无线电引信而言，由于地面反射系数不同，即使落速和着角相同，检波电压也会不同。若用信号幅度控制炸点，炸高势必有散布。而电容近感引信的体制特点决定了它对目标的导体性质不敏感，不论是潮湿地面、干燥地面、有雪地面还是金属，其检波电压差异较小。因此，不同目标对电容近感引信检波电压的影响可以忽略。电容近感引信的探测方向图近似圆球形（是个椭球）。因此电容近感引信用于对地弹种时，不论交会条件如何，其炸高基本相同。当电容近感引信用于破甲弹时，由于其具有近似球形的探测方向图，所以，当攻击角度不同时，其炸高将不同。

反坦克弹电容近感引信交会条件的识别主要是设计信号处理电路。而设计出能识别出不同交会条件的信号处理电路的前提是研究电容近感引信用于反坦克弹时的目标特性。业已得到对坦克攻击时不同攻击角度、不同攻击部位、不同攻击速度情况下的目标特性，分析得到的这些目标特性，最强和最弱的检测信号的两种情况是：68°高速攻击和0°低速攻击。其他交会条件的目标信号均介于这两者之间。两种极端攻击情况的目标特性曲线如图8-13所示。按图8-13所示目标特性，提出目标特性分组法识别交会条件而实现炸高一致。

可以把反坦克弹电容近感引信的炸高写成下式

$$H_\alpha = F(U_d, D, F(\phi), \varepsilon_r, S_d, S) \tag{8-12}$$

式中，U_d 为引信启动时的检波电压；D 为表明探测方向的方向性系数；$f(\phi)$ 为表明探测方向的方向性函数；ε_r 为弹目间介质的相对介电系数；S_d 为电容近感引信的探测灵敏度；S 为目标的有效面积。

对于同一发引信，不论交会条件如何，U_d 和 S_d 均不变。引起同一发引信在不同交会条件下炸高散布的是 D、$f(\phi)$、S 和 ε_r。尽管电容近感引信探测方向图近似球形，但由于反坦克弹炸高定义的特点，相当于在不同着角时 D、$f(\phi)$、S 和 ε_r 有相应的变化，即不同着角时对它们应该有相应的修正系数。定义 H_α 是着角为 α 时的炸高，H_0 是着角为 0° 时的炸高。若不加特殊处理，仍按信号幅度控制炸点，同一发引信应该是随着角 α 的不同有不同的炸高。有近似关系式

$$H_\alpha \approx H_0 / \cos\alpha \tag{8-13}$$

根据式（8-13）计算出的一些典型着角炸高分布见表8-1。

表8-1 典型着角炸高分布

$\alpha/(°)$	0	15	30	40	45	55	60	63	68
H_α/H_0	1.00	1.05	1.15	1.31	1.41	1.74	2.00	2.20	2.67

根据上面的分析，可以把0°~68°这些交会情况下的目标特性分成四组。分组原则：每组内各种角度以中心角度为中心，炸高散布小于±15%，各组中心角度炸高相同。分组见表8-2。

表8-2 分组表

	Ⅰ	Ⅱ	Ⅲ	Ⅳ
角度范围/(°)	0~40	40~55	55~63	63~68
H_α/H_0 范围	1.0~1.31	1.31~1.74	1.74~2.20	2.20~2.67
中心角度/(°)	30	48	60	66

为叙述方便并容易了解方法的实质，以识别Ⅰ组和Ⅱ组为例说明处理过程。给出30°和48°两种着角时的目标特性曲线，并在距离轴上平移，使电压为 U 的点重合，如图8-18所示。

设 A_0 点和 B_0 点与目标的距离均为 0.4 m。为使30°和48°两种着角时炸高都是

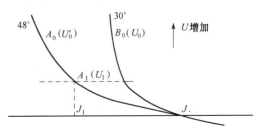

图8-18 距离轴平移后的目标特性曲线

0.4 m，首先要识别本次射击是何种角度，然后根据预选设定的电平给出启动信号，则可实现 0°～55°着角范围内炸高基本是 0.4 m。

在 48°特性曲线上选定一点 A_1，对应的信号电平为 U_1。设弹丸从 J 点运动到 J_1 点所用的时间为 Δt。当目标信号达到 U 时计时器开始计时，即从 J 点开始计时，如果在 $t<\Delta t$ 时间内目标信号电压出现大于 U_1 的情况，那么可以断定本次攻击为 30°攻击；当目标信号电压出现 U_0（B_0 点）时给出启动信号。若在 $t<\Delta t$ 时间内目标信号电压没有出现大于 U_1 的情况，则断定本次攻击为 48°攻击；当目标信号电压出现 U_0'（A_0 点）时给出启动信号。这样就保证了两种着角情况下炸高保持一致。

按上述分析，四组间恰当选取三个阈值，按每组中心角度设计相同的炸高，并恰当设计 Δt 和 U_1 值，可以做到在任何交会条件下的炸高基本一致。

在数字电路信号处理电路中，除硬件设计外，还必须有适用的程序设计。用上述方法识别交会条件并按图 8-17 原理方框图的信号处理流程图如图 8-19 所示。

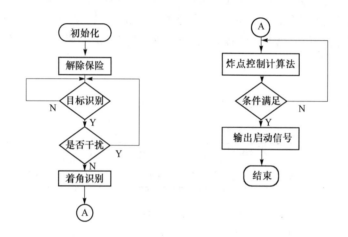

图 8-19　数字信号处理流程图

8.4　电容近感引信的点火电路

在第 2 章里我们已经见到了米波多普勒无线电引信的点火电路。现在各种近感引信的点火电路基本都是这种模式，即用可控硅（或闸流管）控制起爆电容放电，从而引爆电雷管。在电容近感引信里，我们用集成功率开关代替可控硅控制器件，这样会使电路可靠性大大增加。

传统的近感引信点火电路所用的可控硅的触发电平都比较低，一般在 0.5～1.0 V。而在触发端都接有电阻元件。因此，在极个别情况下这个电阻可能招致感应电压，造成误触发。如果用功率开关集成电路（如 TWH8751）代替可控硅器件作点火电路的控制器件，由于这种器件抗干扰能力强，触发可靠，应用灵活，适应性强，因此，这种点火电路比传统的可控硅作控制器件的点火电路性能要好。

8.4.1 TWH8751 的主要性能特点

功率开关集成电路是一种专为逻辑电路输出作接口而设计的直流功率开关器件,可由 TTL、HTL、DTL、CMOS 等数字电路直接驱动。该器件工作可靠,开关速度快,工作频率高,寿命长,噪声低。TWH8751 是一种集放大、比较、选通、整形和功率输出于一体的大规模集成开关功率器件。它主要有以下几个特点:

(1) 噪声低,抗干扰性能好。
(2) 有自我保护,不易损坏。
(3) 控制灵敏度高,控制电平大于 1.5 V 时导通,小于 1.5 V 时功率管截止。
(4) 工作频率高,可达 1.5 MHz。
(5) 开关特性好,边缘陡峭,边缘延迟在毫微秒量级。
(6) 控制功率大,内部开关功率管反向击穿电压为 100 V,加散热器后导通电流可达 3 A,瞬间导通电流可以更大。
(7) 外围电路极为简单。
(8) 具有两个控制端,分别和输出端相差 180°,可以灵活应用,适应于不同控制极性的信号。
(9) 该器件的输出管采用集电极开路引出方式,可根据负载要求选择合适的电源电压。

图 8-20 TWH8751 封装及引线

TWH8751 开关电路采用 TO-220 封装外壳,具有 5 条外引线,如图 8-20 所示。

在图 8-20 中,1~5 引线分别是:输入端 IN,选通控制端 ST,地 GND,输出端 OUT,电源 V_R。

其输入/输出开关特性和选通/输出开关特性如图 8-21 和图 8-22 所示。

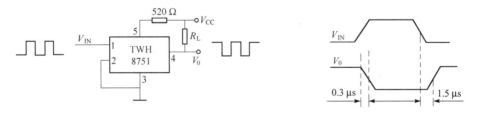

图 8-21 TWH8751 输入/输出开关特性

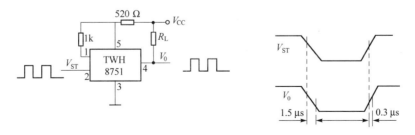

图 8-22 TWH8751 选通/输出开关特性

8.4.2 TWH8751 在电容近感引信中的应用

用 TWH8751 作为控制器件的引信点火电路如图 8-23 所示。

图中 $R_2 = (E-6.8)\ \text{V}/10\ \text{mA}$；$C_1$ 主要起滤波作用，增强抗干扰能力。若 C_1 的延迟作用使炸高损失严重可去掉不用。

TWH8751 有两个控制端，引信电路可以充分利用。ST（2 脚）电平低于 1.5 V 时，IN（1 脚）端才可以作用。若将引信远距离解脱保险信号接入 ST 端，这就充分利用了器件的功能使引信工作更可靠。

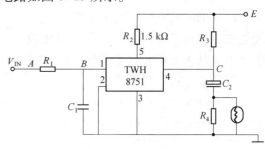

图 8-23 电容近感引信点火电路

8.4.3 点火电路可靠性、安全性分析

这里所说的可靠性主要是指能量可靠性。就是当 TWH8751 导通后，在储能电容放电过程中电雷管能够获得可靠爆炸所需的能量。这个问题是点火电路设计的一个关键问题，需要通过计算和测试给予保证。为此要计算出点火电路中电雷管上所能获得的能量 W_2，还要测出电雷管百分之百可靠爆炸的能量 W_{20}。电雷管起爆测试电路如图 8-24 所示。

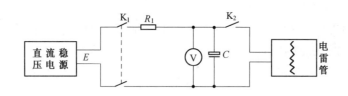

图 8-24 电雷管起爆测试电路图

设电源 $E=20\ \text{V}$、$C=15\ \mu\text{F}$ 时某电雷管百分之百可靠爆炸。电雷管的瞬发度可以通过专用仪器测得，设 5 μs（用 t_0 表示）。在这些数据确定之后，电雷管百分之百起爆的能量可由下式求出

$$W_{20} = \frac{1}{2}CE^2 - \frac{1}{2}CU_1^2$$

$$= \frac{1}{2}CE^2 (1-e^{-2t_0/R_2C}) \tag{8-14}$$

式中，U_1 为经过时间 t_0 后电容 C 上的剩余电压；R_2 为雷管的等效电阻。

为计算 W_2，给出 TWH 8751 导通后储能电容 C 放电的等效电路及 TWH 8751 的输出特性曲线如图 8-25 和图 8-26 所示。

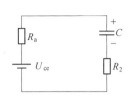 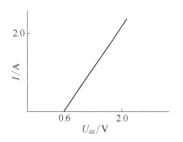

图 8-25　电容放电等效电路　　　　图 8-26　TWH8751 输出特性曲线

在储能电容 C 放电时，电容器上的电压 U_C 与放电电流 I_C 可表示为

$$U_C = (E - U_{ce}) e^{-t/\tau} + U_{ce} \tag{8-15}$$

$$I_C = \frac{E - U_{ce}}{R_S + R_2} e^{-t/\tau} \tag{8-16}$$

式中，U_{ce} 为 TWH8751 导通时的压降；R_S 为其导通时的动态内阻；$\tau = (R_S + R_2)C$。

在某瞬时 t' 附近的 Δt 时间内 R_2 上所获得的能量为

$$\Delta W_2 = I_C^2 R_2 \Delta t = \left(\frac{E - U_{ce}}{R_S + R_2} e^{-t/\tau} \right)^2 R_2 \Delta t$$

那么

$$W_2 = (E - U_{ce})^2 \frac{R_2 C}{2(R_S + R_2)} (1 - e^{-2t_0/\tau}) \tag{8-17}$$

为保证电雷管可靠起爆，应使

$$W_2 = K W_{20} \tag{8-18}$$

式中，K 为可靠性系数，取 $K>1$。

由上面的分析可知，在点火电路中用 TWH8751 作控制器件比传统的可控硅有更多的优点。

8.5　电容近感引信的特点

因为电容近感引信赖以探测目标的是引信极间电容的变化，目标特性具有近似双曲线形式的变化，所以此种引信定距精度好，探测距离近。因而电容近感引信是一种小炸高精确定距引信。

因为电容近感引信是靠引信极间电容的变化传递目标信息的，而不是靠电磁波的发射和接收，故此种引信具有很强的抗电磁干扰的能力。

由于探测电极与目标间电容量是由电极和目标的尺寸、结构、距离和它们之间的介质决定，而电极和目标间的距离往往比隐身技术所用的涂层大得多，因而目标表面的各种涂层对电极与目标间的电容不会产生明显的影响，所以电容近感引信具有很好的抗隐身功能。

综上所述，根据电容近感引信的这些特点，它可以配用在炸高要求不太高的任何弹种，特别适用于强电磁干扰的野战环境下的弹种。

第 9 章
静 电 引 信

近炸引信技术发展的同时，相关对抗技术也迅速发展，在当今高技术条件下的战场中，电子对抗和隐身技术对近炸引信技术提出了新的挑战。近炸引信反对抗、反隐身的其中一种途径就是充分利用目标及其环境的信息。目标运动中产生的静电场就是一种可用信息源。任何移动或使用电源的物体都有可能因不同的起电方式而带上电荷，在其周围形成电场。对于空中目标，其携带电荷及周围电场会形成明显区别于周围环境的特性。据测量，喷气飞机的带电量可达 10^{-3}C，直升机的带电量可达 $10^{-6} \sim 10^{-4}$C，其电位一般为几十千伏，最大可达 500kV。空中目标在飞行中所产生的静电，在其周围空间一定范围内形成可探测的静电场。因此可充分利用静电场对目标进行探测。

静电探测技术是利用目标自身携带静电荷产生的电场对目标进行探测的一种被动式探测体制。静电探测具有很好的反隐身和抗干扰能力，将静电探测技术应用于引信探测器是解决目前近炸引信遇到隐身目标探测和人工干扰问题的一种有效解决途径。静电引信（Electrostatic Fuze）是通过目标与引信间的静电场而获得目标信息的近炸引信。

9.1 静电引信概述

国外将静电探测器分为被动式探测器（Passive Electrostatic Detector）和主动式探测器（Active Electrostatic Detector）；凡利用目标产生的静电场探测目标信息的，称为被动式静电探测器；若静电场由探测器产生，当目标出现时对这一静电场产生扰动而获取目标信息的，称为主动式静电探测器。静电引信作为静电探测器的一种特殊类型，也可分为主动式静电引信和被动式静电引信。

静电引信的研究最早起始于第二次世界大战的德国，在随后的几十年中，美国和苏联都展开了相应的研究。早期的静电引信受限于当时的电子技术发展水平，采用电子管器件导致电路环境适应性较差，而且当时信号处理技术水平较低，主要根据信号幅值的大小进行目标识别和起爆控制，易受到气候和空中带电干扰物（如云、雨等）影响而引起早炸，因而静电引信没有得到充分的重视。20 世纪 80 年代以后，随着微电子技术的发展和高速微处理器的诞生以及现代信号处理理论及方法的出现，为静电引信克服易受干扰的缺点提供了技术支持。尤其是现代战场条件下，武器系统面临日益加剧的电子对抗和隐身威胁，静电引信所具有的隐蔽性好、抗隐身、抗电子干扰等特征，使静电引信再一次成为研究的热点之一。现在，西方各国都在积极开展静电引信的研究。美国以军事研究实验室（U. S. Army Research

Laboratory，ARL）牵头，包括麻省理工学院（MIT）、斯坦福大学（Standford University）以及洛克希德·马丁公司（Lockheed Missile and Space Co.）、德州仪器（Texas Instruments）等公司在内，组成联合研究实验室（Army Research Lab's Federated Laboratory）开展静电引信的研究工作。从美国静电引信研究公开的专利和 AD 报告看，其开展静电引信的研究范围从 20 世纪 60 年代的迫击炮弹、105 mm 反坦克弹、40 mm 对空炮弹配用的被动静电引信和主动静电引信，到 20 世纪 90 年代研究的对空导弹被动静电引信、被动静电-无线电复合引信以及声-静电复合引信。

9.2　静电目标起电机理及其特点

静电引信是通过感知目标自身的静电电荷产生的静电场而工作的，目标电荷量的大小、电荷分布和极性等因数，是静电引信识别目标的基础，因此研究目标电荷的产生、特征及其变化就显得尤为重要。

在大气空间飞行的带电目标，不可避免地要和各种带电因素作用而起电。这里研究的目标是指静电引信所在弹丸要攻击的目标，在空中主要有各种喷气飞机、直升机和导弹等。由于导弹的起电机理和喷气飞机接近，所以不做特别的论述。

9.2.1　目标起电机理

对飞机静电的研究起始于 20 世纪 20 年代，其初衷是为保证飞行安全。飞机在飞行中产生的静电放电，会干扰飞机通信和导航系统并可能使飞机燃油箱起火爆炸酿成灾难。因此人们一直在寻找静电产生的原因和消除飞机静电的方法。大量的研究表明，现有的科学技术还不可能完全消除飞机的静电，飞机所带静电大到足以在数千米的范围内可测。静电的产生是由很多因素共同作用的结果，以下分析主要起电因素。

（1）摩擦起电。这是指飞机以很高的速度在空中飞行时，飞机的金属蒙皮不断遭到云滴、尘埃、冰晶、沙粒等空间粒子的撞击，这些中性粒子与飞机相互作用时积累了某种极性的电荷，在飞机上就留下了等量相反极性的电荷。这种充电不仅发生在飞机的金属蒙皮、座舱盖、天线罩等机身外部，同样也发生在内部燃油系统之中，当燃油注入油箱时，会将泵或过滤器中产生的电荷带入油箱，飞机飞行时油箱中的油在箱内晃动也可使油箱带电。上述各种起电统称摩擦起电。直升机的起电主要是在其旋翼上。直升机的旋翼以很高速度旋转，且面积很大，空间粒子与它撞击而引起静电。尤其是当直升机飞得很低或旋停时，直升机旋翼产生的下冲气流使地面的尘埃飞扬起来，大量的砂粒与旋翼撞击产生静电，摩擦起电是螺旋桨飞机起电的主要原因。

（2）飞机起电的另一原因是飞机引擎燃烧产生等离子气体起电。燃烧产生的电子以比正电荷快得多的弥散速度进入燃烧室的金属缸体中，而正电荷被高温高速的喷气带到大气中。观测表明这是飞机起电的主要作用因素，所以飞机的电荷中心位于飞机后部。

（3）感应起电是飞机起电的另一原因。当飞机接近带电云团建立的电场作用范围时，机身靠近云团的一端感应出与云团带电相反的电荷，而在机身另一端感应出等量异号电荷。在飞机的某些尖端部位和放电器上，感应电荷超出放电阈值时，电荷随放电火花进入大气中，而在飞机上留下过剩的相反电荷。

（4）捕获大气带电粒子的电荷也是飞机起电的可能原因。大气中始终存在着各种带电离子和带电气溶胶粒子，统称为大气体电荷。当飞机飞行时，在空中与这些带电离子碰撞，离子把电荷全部传给飞机。如果飞机迎头面积为 s（m^2），飞行速度为 v（m/s），大气每立方米所含带电粒子的电量为 q，假设飞机表面与这些带电粒子碰撞时，粒子把全部电荷都传给飞机，则飞机的起电电流 I 和电流密度 J 可表示为：

$$I = svq$$
$$J = vq \tag{9-1}$$

以典型情况为例，积云和浓积云的最大电量密度为 $q = 3 \times 10^{-9}$ c/m^3，飞机飞行速度为 $v = 200$ m/s，实测表明电流密度 J 最大可达 10^{-4} A/m^2，其在飞机表面俘获大气内的粒子而带的电荷在飞机的全部起电电流中占的比重约为 1%。

（5）飞机起电的另一种原因是 Lenard 效应及其类似的起电现象。1892 年 Lenard 从瀑布带电现象中发现，当水滴破碎时，生成的较小水滴带负电，较大的带正电。这是因为水滴表面上的偶电层外表面是负电层。破碎时，较小的水滴带走比例较多的外表面。如果水滴的破碎过程是在外电场作用下进行的，则小水滴带电量和极性，都随外场不同而变化，带电量与撞击能和外场强之积有关。其他降水粒子有类似的现象。水滴破碎的起电往往称为水雾起电。当飞机与水滴撞击或直升机的螺旋桨在雨雾中转动时，水雾起电效应使飞机产生很大的起电电流。1967 年在新加坡用直升机做的起电实验，测得在强度不同的雨中，直升机的起电电流可为正负几微安至 ± 500 μA。

（6）飞机飞行中与各种固体颗粒（冰晶、干沙等）或降水粒子撞击时，由各自电势不同而引起电荷转移所形成的接触起电，也是飞机起电的因素之一。沙粒与飞机的铝表面接触时，沙粒带负电，飞机带正电；冰晶与铝表面撞击时，冰晶带正电，飞机带负电；冰晶与座舱盖的有机玻璃接触时，冰晶带负电，有机玻璃带正电。

通过上述起电因素的共同作用，通常喷气飞机带负电，仅在极少数的情况下带正电；直升机一般带正电。飞机在飞行时，存在着这些起电过程，而与此同时，也存在着许多放电过程。例如飞机周围的大气电系使飞机放电，发动机排气的电导和排气粒子使飞机放电，飞机各部位的电晕放电等。

假定飞机的起电电流为常数 I_0，飞机的放电电流正比于飞机电位 V，即相当于存在一个放电电阻 R，放电电流 $I = \dfrac{V}{R}$。做了这样的假设后，即可推导飞机的起电方程。设飞机在 t 时刻带电量为 $Q(t)$，飞机的电容为 C，则飞机电位为 $U = \dfrac{Q}{C}$，放电电流 $I = \dfrac{Q}{RC}$。在 t 时间内，飞机的电荷净增量 dQ 为：

$$dQ = I_0 dt - \frac{Q}{RC} dt \tag{9-2}$$

令在 $t = 0$ 时刻，飞机带电量 $Q(0) = 0$，解出上式方程得：

$$Q = I_0 RC (1 - e^{\frac{-t}{RC}}) \tag{9-3}$$

飞机电位为：

$$U = I_0 R (1 - e^{\frac{-t}{RC}}) \tag{9-4}$$

于是，飞机放电电流为：

$$I = I_0(1 - e^{-\frac{t}{RC}}) \tag{9-5}$$

由式（9-5）可见，飞机受大气充电的同时，也向大气放电，当 $t \to \infty$ 时，放电电流等于充电电流 I_0 达到饱和值，这时飞机的电荷达到平衡。

在平衡条件下，充电电流 I_0 一般为十几或几十微安，有时可达几百微安，且起电电流与天气条件关系很大。如 B-17 飞机起电电流在小雪中为 100 μA，中雪中为 150 μA，大雪中为 400 μA。

9.2.2 目标带电特点

1. 极低频（ELF）变化特性

飞机的对地电容 C 一般视为常量，飞机的电势为 U。飞机的机身间为了避免形成电容而产生静电放电，表面各部间搭接了导体材料，因此飞机可视为一等势体，即机身各点电势均为 U。飞机起飞后，上述各种起电因素的共同作用可用充电电流 I_c 表示。有如下关系式：

$$C \frac{dU}{dt} = I_c \tag{9-6}$$

式中，I_c 为充电电流，它由摩擦充电电流、引擎充电电流、感应充电电流和捕获充电电流共同组成。实际上，飞机为消除静电危害，在机身上均安装有数个放电器，充电的同时也有放电电流 $\sum I_d$；另外，在飞机的尖端处，当飞机电势超过该处的放电阈值 U_j 时，产生电晕放电，其电流为 $\sum I_s$，所以飞机充放电关系式应为：

$$I_c - \sum I_d - \sum I_s = C \frac{dU}{dt} \tag{9-7}$$

当充放电流相等时，即 $I_c = \sum I_d + \sum I_s$ 时，飞机为一瞬时恒等势体。然而，充放电流通常是压强和温度的函数，加上外界其他的变化因素，飞机的电势是缓慢周期变化的。因此，从严格意义上来说，飞机的静电场是一种准静电场。飞机的最大电势，在某一气候条件下是由其机身曲率最大处尖端的电晕放电阈值决定的。当飞机由于充电电流，电势超过阈值时，在该处产生放电，使飞机电势迅速降至最低；然后逐渐充电，至最大值再放电；如此周期变化，变化频率范围约为 DC 至几 kHz。频率的变化，与大气气象条件和飞机形状等因素有关。

对于直升机，带电量比喷气飞机小，充放电频率较低，在某一段时间间隔内其电荷量可视为常量。随着直升机旋翼的转动，飞机对地的电容有 ±3% 的周期变化，其周期与飞机的旋翼数和转速有关。经测定美国 Hind-D 直升机电位变化的基频为 10 Hz 左右。

2. 带电数量巨大，难于去除

飞机飞行中产生的静电是飞行安全的巨大隐患，从 20 世纪初飞机发明以来，人们一直在设法消除飞机静电。但由于电荷产生的固有机理，当今飞机的带电量仍是一个巨大的数目。据测量，喷气飞机的带电量可达 10^{-3} C，直升机的带电量可达 $10^{-6} \sim 10^{-4}$ C，其电位一般为几万伏，最大可达 500 kV。这一数值足可以在上千米的距离内可测。有研究表明，Hind-D 直升机在距地面 1 km 的高度，在地面传感器处的场强为 14 μV/m。

3. 受气象条件影响较大

飞机的电位受气象因素，如温度、气压、降水等影响很大。摩擦充电电流、引擎充电电流和感应充电电流都是温度 θ 和气压 P 的函数，即 $I=f(P,\theta)$。放电阈值 $U_j = k_1 + (k_2+k_3 r)\dfrac{P}{P_0}$，其中 k_1、k_2、k_3 为常数；P_0 为正常情况下大气压强；r 为该处曲率半径；P 为此时刻大气压强。受这些因素的作用，飞机的电位不是一个恒定的量。

在扰动天气条件下，大气电场活动更加剧烈。大气中的各种降水粒子（如冰晶、雨滴、雪等）数量增大，目标飞跃带电云层的机会增多，使得飞机带电变化更剧烈。在降水情况下，飞机起电主要受 Lenard 效应和降水电流决定。降水电流是指降水粒子带有的电荷在飞机上产生的电流。各种类型的降水粒子荷有不同大小和不同极性的电荷，通常，荷正电的降水粒子数大于荷负电的降水粒子数，其综合效果则使平均降水电流密度为正。对各类降水而言，降水电流密度绝对值的变化范围界于 $10^{-16} \sim 10^{-11}$ A/cm^2 数量级间，总的充电电流为 300～500 μA 间。可见降水情况下飞机带电量比晴天大。

9.3 静电探测原理与探测器设计

目标的电荷通过静电场在引信探测器电极上产生感应电荷，静电场起着媒质的作用。探测器所要检测的就是该静电场的物理量，如电位、电量、电场强度、电流或静电能量等，并通过感知这些物理量在弹目交会过程中的变化特征，得到目标信息。静电探测器设计的任务就是确定一种要检测的静电场物理量，亦即研究一种探测原理，并在这一探测原理下得出最大探测能力和最优抗干扰性能的探测电路和探测电极设计方案。

9.3.1 探测原理

静电感应起电理论指出，当带电体附近有一金属导体时，金属导体离物体接近的一端感应出与带电体极性相反的电荷，另一端感应出等量异号的电荷，如图 9-1 所示。

图 9-1 感应起电原理图

这里假定带电体 O 和金属导体 M 悬浮在空中，且 O 带正电荷 Q，导体 M 两端感应的电荷为 $-q$ 和 $+q$。那么，在导体 M 靠近带电体 O 一端的表面附近任一点 P 的法向电场 E_{an}，将由带电体 O 的电场 E_n 和金属导体 M 电场 E_m 的共同叠加形成，即：

$$E_{an} = E_n + E_m \tag{9-8}$$

此外，如果金属导体除感应电荷以外，自身还有净电荷 q_0，则 P 点的合成场强还应包含自身净电荷 q_0 产生的电场分量 E_1，那么此时的合成场强为：

$$E_{an} = E_n + E_m + E_1 \tag{9-9}$$

根据高斯定理，可得出 P 点附近金属导体 M 表面的电荷密度为：

$$\rho = \varepsilon_0 E_{an} \tag{9-10}$$

式中，ε_0 为空气的介电常数。

则金属导体 M 靠近带电体一侧所带的异号电荷总量为：

$$-q = \int_S \rho \mathrm{d}S = \int_S \varepsilon_0 E_{\mathrm{an}} \mathrm{d}S \tag{9-11}$$

其中，S 为金属导体带异号电荷的面积。

与带电体所带电量异号的总电荷量 $-q$ 是在带电体的作用下产生的，其大小和带电体所带电荷量紧密相关，因此可以通过检测电荷量 $-q$ 的大小及变化来获取目标的信息。

在近感引信中，通常将用于产生感应电荷的金属导体定义为探测电极。单一电极的感应电荷是无法检测的，一般采用双电极，如图 9-2 所示。另一极常为弹体，同时作为探测电路参考地。令两电极间的电容为 C，两电极间的电压差为 U，则两电极间的电荷为 $q = CU$。

图 9-2 静电引信探测电极原理图

因此，检测两电极间的电压差即可获得感应电荷的信息，从而得到目标的信息。但是在静电引信的使用场合，两电极间的感应电荷的电压差非常微弱，这对用于信号放大的运算放大器提出了极高的要求。另一种可选的方法是采用电荷放大器检测电极间的感应电荷 q。对电荷放大器而言，通常需要求输入阻抗 $\geq 10^{14}\Omega$ 以上。这些要求，在引信工作的恶劣环境中较难得到保证。

如果在两电极间连接一个取样电阻，当带电体电场变化引起电极的感应电荷发生变化时，电荷从取样电阻流过，通过检测这一微弱电流，可获得目标电场变化的信息。根据式 (9-11)，有：

$$i = \frac{\mathrm{d}(-q)}{\mathrm{d}t} = \varepsilon_0 \int_S \frac{\mathrm{d}E_{\mathrm{an}}}{\mathrm{d}t} \mathrm{d}S \tag{9-12}$$

将式 (9-9) 代入式 (9-12) 中，有：

$$\begin{aligned} i &= \varepsilon_0 \int_S \frac{\mathrm{d}(E_{\mathrm{n}} + E_{\mathrm{m}} + E_1)}{\mathrm{d}t} \mathrm{d}S \\ &= \varepsilon_0 \int_S \frac{\mathrm{d}(E_{\mathrm{n}} + E_{\mathrm{m}})}{\mathrm{d}t} \mathrm{d}S + \varepsilon_0 \int_S \frac{\mathrm{d}E_1}{\mathrm{d}t} \mathrm{d}S \end{aligned} \tag{9-13}$$

对于金属导体感应电荷产生的电场，和目标电荷在该处的电场有如下关系：

$$E_{\mathrm{m}} = K(G, r) E_{\mathrm{n}} \tag{9-14}$$

式中的系数 $K(G, r)$ 是由参数 G 和 r 确定的非线性函数，G 为静电引信弹体和电极的形状、体积决定的几何参数，r 为弹目间距离。当弹目间逐渐接近时，$K(G, r)$ 随之变化。然而，$K(G, r)$ 的值远远小于 1，可得 $E_{\mathrm{m}} \ll E_{\mathrm{n}}$，为了理论分析的方便，忽略 $K(G, r)$ 随时间的非线性变化，即令 $K(G, r)$ 为仅与弹体参数相关的某一常量：

$$K = K(G, r) \tag{9-15}$$

则式 (9-13) 变为：

$$i = \varepsilon_0 (1 + K) \int_S \frac{\mathrm{d}E_{\mathrm{n}}}{\mathrm{d}t} \mathrm{d}S + \varepsilon_0 \int_S \frac{\mathrm{d}E_1}{\mathrm{d}t} \mathrm{d}S \tag{9-16}$$

对于 E_1 项在静电引信中是由弹体自身带电产生的，即弹丸在飞行中因各种因素产生的静电荷。弹丸自身的电荷在弹丸脱离炮口以后很短的时间内即达到平衡，弹体的电荷保持不变；在弹丸和目标交会过程这一短暂时间中，可认为弹体自身的电荷同样保持恒定。这样，在弹目交会过程中弹丸自身带电的电荷的场强为常量，式（9-16）中第二项可视为零，即有关系：

$$i = \varepsilon_0(1+K)\int_S \frac{\mathrm{d}E_\mathrm{n}}{\mathrm{d}t}\mathrm{d}S \tag{9-17}$$

上式即是感应电荷在电极间移动所产生的电流信号表达式。通过检测移动的电荷量，即感应电流的大小来获取目标的信息，将这种探测方式命名为检测电流式静电探测。由于微弱电流检测技术和集成电路芯片工艺技术较成熟，所以检测电流法更适合静电引信使用。式（9-17）即是检测电流式被动静电引信的电场作用公式，从该式可得到如下推论：

① 当 $\frac{\mathrm{d}E_\mathrm{n}}{\mathrm{d}t}$ 为零时，没有信号输出。即这种静电探测器对不带电目标以及弹目间无电场扰动的情况，无信号输出；此外，输出信号的大小取决于电场变化的大小，而不是电场的绝对值大小。所以，静电引信将能有效克服其他体制近感引信面临的各种电磁对抗和光谱对抗等问题。

② 同样的电场分布情况下，弹目接近速度越大，即相同的 ΔE 变化量，Δt 越小，电场的变化量 $\frac{\Delta E}{\Delta t}$ 越大，输出信号也越强。利用这一性质，可以用实验室模拟弹目交会的结果，推导实际弹目交会速度情况下可能的探测距离。

③ 同样的弹目交会速度下，目标电场梯度越大，即 Δt 不变，ΔE 变化越大，$\frac{\Delta E}{\Delta t}$ 越大，输出信号越强。通常，曲率越大的形状体附近，电场梯度越大。利用这一性质，可获得目标形状的一些信息，并以之作为目标识别和抗干扰的部分依据。

④ 在电极形状确定的情况下，探测电极面积 S 越大，产生电荷的积分区域越大，输出信号越强。

⑤ 电极各点感应的电场强度随电极的位置而变化。利用这一性质，可采用多电极环布引信的四周，以排除带电云层等空间均匀分布电场的干扰。

⑥ 由于弹体自身带电产生的电荷在弹目交会过程中的变化量很小，自身荷电产生的检测电流近似为零，即这种检测方式不受弹体累积电荷的影响。

式（9-17）从静电场的角度得出了检测信号与目标电场的关系，为从目标电场分析信号的目标特性提供了途径。为了给静电引信探测器的设计提供依据，根据图 9-2 中目标、环境和引信三者关系，从电路的角度建立如图 9-3 的探测系统电路模型。从图中可以看到，目标和探测电极间等效电容为 C_1；探测电极与参考地之间的等效电容为 C_2，两电极间的等效电阻为 R；目标和参考地电极间的等效电容为 C_3。图 9-4 为其等效电路图。

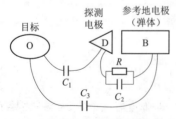

图 9-3 探测系统电路模型图

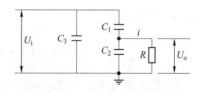

图 9-4 探测系统等效电路图

电路中，C_2 的电容包括两电极形成的电容、导线电容和元器件连线及引脚电容。由于电极电容远大于后两者，为分析的方便忽略后两者的影响而仅认为 C_2 是电极电容。同样，总电阻 R 也只考虑占主要作用的连于两电极间的电流检测电阻。

目标、引信探测电极、引信参考地之间分别存在电势差，将目标和引信参考地之间的电势差记为 U_i，将目标和引信探测电极间的电势差记为 U_1，引信探测电极与参考地之间的电势差记为 U_2。当弹目间有相对运动时，目标、探测电极和参考地之间的电势差发生变化，从而导致探测电极的电荷发生变化，由于电容存在容抗，其作用可等效为有电流从目标流向探测电极，即充电电流从 C_1 流过，令电流为 i_1。同样，可令流过电容 C_2 的电流为 i_2，流过电阻 R 的电流为 i，电阻 R 两端的电压为 U_o。根据频域分析理论和电路分析方法，有如下关系：

$$U_o = \frac{R//\frac{1}{j\omega C_2}}{\frac{1}{j\omega C_1}+R//\frac{1}{j\omega C_2}} U_i \qquad (9-18)$$

$$= \frac{j\omega RC_1}{1+j\omega R(C_1+C_2)} U_i$$

可得到探测电路输出与目标和参考地间电位差的传递函数为：

$$H(j\omega) = \frac{j\omega RC_1}{1+j\omega R(C_1+C_2)} \qquad (9-19)$$

探测系统的模型可简化为如图 9-5 所示。

系统的输入为 U_i，弹目接近过程中，目标到弹体参考地电位的变化代表了这一过程中的目标电场变化规律。探测系统的输出为探测电路电流检测电阻两端的电压输出。系统传递函数就是从目标到电路输出端所有作用环节的总和。

图 9-5 探测系统简化模型图

式（9-19）中，C_1 是由弹目间位置、距离和弹目间介质特性所共同决定的；C_2 为引信探测电极和弹体之间的电容，表征了引信电极间的关系；R 为电流检测电阻，为探测电路的重要参数。可见，探测公式完全包含了目标、环境和引信的相互关系，为分析目标特性及其与环境关系和设计探测系统提供了基本途径。

从式（9-19）可以得到探测系统传递函数的相频响应为：

$$\theta = 90°-\arctan[\omega R(C_1+C_2)] \qquad (9-20)$$

被动式静电引信的目标信号的频率一般较低，电容和电阻的变化引起的相位变化相当微弱，所以可以忽略不计。

从式（9-19）可以得到探测系统传递函数的幅频响应为：

$$|H(j\omega)| = \frac{|\omega RC_1|}{\sqrt{1+[\omega R(C_1+C_2)]^2}} \qquad (9-21)$$

根据此式，可推导得到如下结论：

① 增大 C_1，探测系统传递函数增益增加。

将式（9-21）中 C_1 变换到分母中，可得到

$$|H(\mathrm{j}\omega)| = \frac{|\omega R|}{\sqrt{\left(\frac{1}{C_1}\right)^2 + \left[\omega R\left(1+\frac{C_2}{C_1}\right)\right]^2}} \qquad (9-22)$$

在其他条件不便的情况下，增大 C_1，$|H(\mathrm{j}\omega)|$ 增大，即同样输入下探测系统有更大的输出响应。

由于探测电极与飞机间的形状和结构复杂，弹目间的交会情况也千变万化，很难用具体的表达式描述弹目交会过程中电容的变化。但是根据电动力学理论可知，电容的大小与电极间的面积 S_1 成正比，与电极间介质的介电常数也成正比，与距离成反比，因此可定性地描述为：

$$C_1 \propto k_1 \frac{\varepsilon_0 S_1}{d_1} \qquad (9-23)$$

k_1 为和电极、飞机形状结构及其相互位置有关的因数。

根据式（9-23）可知，探测电极与目标间的等效电极面积 S_1 越大，电容 C_1 就越大，因此探测系统增益越大；与环境温度、湿度及气压等因素有关的环境介质介电常数 ε_0 也和探测系统增益成正比。这和场强模型的探测公式反映的这一规律一致。

② 减小 C_2，探测系统传递函数增益增大。

从式（9-22）可以直接看出，当探测电极和弹体间的电容 C_2 减小时，系统增益 $|H(\mathrm{j}\omega)|$ 增大。C_2 的值由非规则形状的电极和弹体决定，同样不能用表达式来描述。采用经验公式有

$$C_2 \propto k_2 \frac{\varepsilon_2 S_2}{d_2} \qquad (9-24)$$

k_2 为与电极和弹体相互关系有关的因数。

增大探测电极和弹体间的距离 d_2 可减小 C_2，增大探测系统增益。同时，两电极间的介电常数 ε_2 要尽量小，因此电极表面的绝缘介质介电常数应选择参数较小的物质。

③ 电流检测电阻 R 增大，探测系统传递函数增益增大。

将式（9-21）中分子分母同除以电阻 R，有如下式：

$$|H(\mathrm{j}\omega)| = \frac{|\omega C_1|}{\sqrt{\left(\frac{1}{R}\right)^2 + [\omega(C_1+C_2)]^2}} \qquad (9-25)$$

当电阻 R 增大时，系统增益 $|H(\mathrm{j}\omega)|$ 增加。但是当 R 的值过大时，探测系统的弛豫时间常量 $\tau = RC$ 与弹目交会的有效作用时间时相比处于同一数量级或更大时，电阻 R 上流过的电流反映不出弹目交会时电极感应电荷的变化。通常保证时间常量 τ 在 μs 数量级，让探测系统的响应和目标交会具有实时的对应关系。

以上即为电流检测式被动静电引信探测原理及电路模型，根据上述分析可设计出高增益的探测电路及探测电极。

9.3.2 探测电路设计

根据静电探测原理和空中目标电荷特性，进行静电引信探测器总体设计。静电引信探测

器分为探测电极、微弱电流检测电路、低通滤波电路和信号处理电路 4 个主要部分，其总体结构如图 9-6 所示。探测电极感应目标电场变化，产生感应电荷，形成感应电流。微弱电流检测电路是整个系统的核心，是决定探测系统探测性能高低的重要因素。低通滤波器滤除系统和环境中的各种高频干扰，提高系统信噪比。信号处理电路进行目标识别和起爆控制。

图 9-6 静电引信探测电路系统框图

一、微弱电流检测电路

在静电引信使用中，探测电极面积不可能做得很大，弹目间的距离可能较远，因此需要检测电路具有较高的探测灵敏度。这就对电路的微弱电流检测性能提出了较高要求。虚地单运放电路是弱电流检测中最合适的电路之一，可以检测到微安甚至若干皮安（picoamp）级的电流，该电路的等效电路模型如图 9-7 所示。

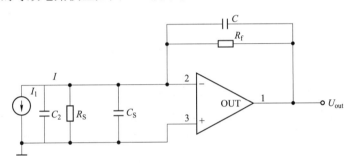

图 9-7 微弱电流检测电路原理图

图中，R_S 是运放输入端与地间总的有效电阻，包括信号源电阻和运放差分输入电阻；C_S 为运放输入端对地的总寄生电容。C_S 包括电极到电路的输入引线间电容，电路板走线间电容和器件管脚间电容。并联在反馈电阻 R_f 两端为一小电容 C，其作用是防止电路自激振荡。对应图 9-3，在图 9-7 中电流检测电路接在探测电极 D 和弹体 B 上，以电流源和电容 C_2 的模型代表探测电极和弹体间电容的等效作用，其中 C_2 接地一端表示弹体，另一端表示探测电极。对图 9-4 中的总电阻 R 为连接在弹体两电极间，即电容 C_2 两端的电阻总和，包括电阻 R_S、R_f 和运算放大器输出端到地的电阻。由于 R_S 远大于 R_f，而运放输出端到地的电阻又远小于 R_f，所以总电阻 R 主要由反馈电阻 R_f 决定。

从图 9-7 可得到电流检测电路的输出为：

$$U_{out} = \frac{-A_{VOL} Z_1 Z_2}{(A_{VOL}+1) Z_1 + Z_2} I \tag{9-26}$$

其中，$Z_1 = \dfrac{j\omega R_S C_S}{1+j\omega R_S C_S}$，$Z_2 = \dfrac{j\omega R_f C}{1+j\omega R_f C}$。将它们代入式（9-26）中，有电流检测电路的传递函数 $H_1(j\omega)$：

$$H_{\mathrm{I}}(\mathrm{j}\omega) = \frac{U_{\mathrm{out}}}{I} = \frac{-A_{\mathrm{VOL}}}{(1+A_{\mathrm{VOL}})\left(1+\dfrac{1}{\mathrm{j}\omega R_{\mathrm{f}}C}\right) + \left(1+\dfrac{1}{\mathrm{j}\omega R_{\mathrm{S}}C_{\mathrm{S}}}\right)} \tag{9-27}$$

其中，A_{VOL} 为运算放大器的开环增益。这就是检测电路的输入输出关系，可以看到检测电压的大小和反馈电阻 R_{f} 的大小成正相关，增大 R_{f} 的阻值可以增大电路对微弱电流检测的能力。但是，R_{f} 的增大也同时增大了噪声、偏置电压和漂移，因此 R_{f} 的选择应折中考虑。同时从式 (9-27) 可以看到，增大运算放大器的开环增益、增大运算放大器输入端与地间总的有效电阻 R_{S}，电流检测电路传递函数增益增加。

输出偏置电压为：

$$U_{\mathrm{OO}} = U_{\mathrm{IO}} + I_{\mathrm{B}}R \tag{9-28}$$

式中，U_{IO} 为运放输入偏置电压，I_{B} 为运放输入失调电流。可见，反馈电阻 R 增大偏置电压随同增大。

检测电路可检测的最小电流由输入偏置电流、偏置电压和漂移共同决定。为了增强探测性能，减小上述不利因素的影响，工程实践中遵循如下设计准则可有效地提高检测电路的性能：

（1）减小电路零点漂移的设计方法。

采用 FET 结型场效应运算放大器，这种运算放大器具有较小的输入失调电流，一般为若干皮安；

尽量使 $R_{\mathrm{S}} \gg R$，否则输入偏置电压将会被放大；

为进一步减小输入失调电流的影响，可在运算放大器反向输入端和地间接一与 R 等大小的电阻，同时并接一去耦电容在这一电阻上，以减小该电阻所引入的噪声及阻止电路可能产生的振荡；

为减小温度变化所引起的失调电流漂移，应尽量采用低电压芯片和运放输出负载驱动不要太大（输出负载电阻 $\geq$ 10 kΩ）。

（2）减小增益误差的设计准则。

增益的大小是由反馈电阻 R 决定的，通常 R 都设计得较高。高阻值的电阻易受温度和湿度的影响而变化，导致增益的不稳定性。因此应选择金属膜电阻等受外界环境较小的电阻作为反馈电阻。

应保证 $A_{\mathrm{V}}R_{\mathrm{S}} \gg R$，否则检测电路的精度和线性度较难保证。

（3）减小频响误差的设计准则。

寄生电容 C_{S} 的不确定性，导致信号不同频率分量时滞的不一致性。为避免这个问题，可在反馈电阻 R 上并联一小电容。

（4）减小噪声的设计准则。

电路噪声主要来源于三个噪声源：反馈电阻 R、运放输入电压噪声和运放输入电流噪声。后两者噪声通过运放的反馈电阻而放大，电路增益增大的同时噪声也同时增大，这也是反馈电阻不能设置得任意大的原因。对弱电流放大器这样的高增益放大器，当反馈电阻 $R >$ 1 MΩ 时，反馈电阻的噪声是主要的噪声源，为此这同样提出了对温度稳定性电阻的要求。

（5）减小干扰的设计准则。

高增益的弱电流放大器属于高灵敏、高阻抗的电路，极易受到外界自然干扰信号的影响,为此应使用金属壳将电路封装。此外,机械震动也可能给电路带来干扰。

二、滤波器设计

由于微弱电流检测电路增益设置较高,电路中的噪声随之放大,尤其是实验室环境中 50 Hz 的交流噪声严重地影响着电路的正常工作,在静电引信实际工作中,目标特性频率也在几十 kHz 以下,因此需要在静电引信探测电路中加入低通滤波器,以滤除不必要的高频噪声和干扰信号。

根据静电引信目标特性的研究,检测信号的波形特征在信号识别中起着很大的作用,低通滤波器的引入不能引起原信号波形的畸变。为此,应选择通带内具有较好幅频响应平坦性和相频响应具有常量组延迟的低通滤波器。在几种模拟滤波器结构中,bessel 低通滤波器正是符合这些条件的滤波器。但是,bessel 低通滤波器的过渡带衰减较慢,同样的滤波器阻带波动下需要更多的阶数。在设计中,采用了四阶 bessel 低通滤波器,该滤波器对 50 Hz 信号衰减为 -38 dB。该滤波器的电路原理图如图 9-8 所示。

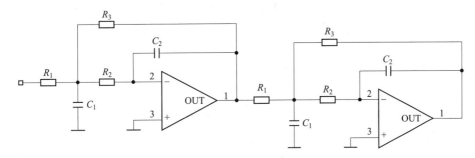

图 9-8 bessel 低通滤波器电路原理图

可得出该低通滤波器的传递函数为:

$$H(s) = \frac{\frac{1}{R_1 R_2 C_1 C_2}}{s^2 + s\left(\frac{1}{R_3 C_1} + \frac{1}{R_1 C_1} + \frac{1}{R_2 C_2}\right) + \frac{1}{R_1 C_1 R_2 C_2}\left(\frac{R_1}{R_3}\right)} \tag{9-29}$$

9.3.3 电流检测式静电探测器探测方程

在进行探测器设计后,可以结合探测器探测原理和弹目交会过程,对探测器的输出响应进行分析。式(9-17)指出了弹目交会过程中探测电极表面附近的目标电场变化规律与探测器输出信号的关系,将该式中的积分离散化,即表达为:

$$i = \varepsilon_0 (1 + K) \sum_N \frac{\mathrm{d} E_{nj}}{\mathrm{d} t} \mathrm{d} S \tag{9-30}$$

可将探测电极电荷感应区分为 N 个小区域,对每个小区域乘以该小区域的目标电场变化量,最后相加得到合成的目标信号。由于在小区域划分方法确定以后,$\mathrm{d}S$ 和 N 随之确定,响应信号的特征主要由目标电场的变化量 $\dfrac{\mathrm{d} E_{nj}}{\mathrm{d} t}$ 确定。

建立如图 9-9 所示的静电探测器与目标的交互坐标系，其中，式中目标 T 带电量为 Q，v 为交会速度，x 为目标与探测电极的水平距离，y 为带电目标与探测电极的垂直距离（脱靶量），θ 为电极表面与目标轨迹的夹角，当电极表面平行敷设在弹体表面时，该角度为交会角。

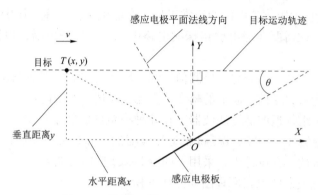

图 9-9 静电探测器与目标交会示意图

根据图 9-9 所示位置关系，由式（9-30）可得在一次弹目交会过程中，电极上某一点的电场变化规律表达式，即：

$$\frac{dE_n}{dt} = \frac{Qv}{4\pi\varepsilon_0} \frac{\sin\theta(y^2-2x^2)-3xy\cos\theta}{(x^2+y^2)^{\frac{5}{2}}} \quad (9\text{-}31)$$

由上式可得在一次交会过程中电极上某点的感应信号波形如图 9-10 所示。

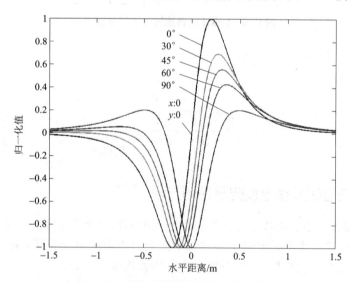

图 9-10 静电探测器输出信号典型曲线

对于探测电极某点的电场变化特征，根据式（9-31）有：

$$\frac{dE_{nj}}{dt} = \frac{Qv}{4\pi\varepsilon_0} \frac{\sin\theta(y_j^2-2x_j^2)-3x_jy_j\cos\theta}{(x_j^2+y_j^2)^{\frac{5}{2}}} \quad (9\text{-}32)$$

其中 x_j 为该点距离目标的水平距离，y_j 为该点距离目标的垂直距离（或脱靶量）。如果以电极上某一点 (x, y) 为原点，则 (x_j, y_j) 可表示为：

$$\begin{cases} x_j = x + d_j \\ y_j = y + u_j \end{cases} \quad (9-33)$$

其中 d_j 和 u_j 分别为点 (x_j, y_j) 距离点 (x, y) 的水平距离和垂直距离。那么，(x_j, y_j) 点的电场变化曲线在点 (x, y) 电场变化曲线的基础上水平移动 d_j 和垂直移动 u_j 即可获得。探测电极总的电场变化信号是电极上所有点电场变化信号叠加的结果，即如图9-10所示的某一点波形，随该点离原点 (x, y) 的距离不同，曲线在 x 和 y 轴上移动某一距离，将所有点的波形叠加即为最终的合成信号波形。由于探测电极的尺寸一般为若干厘米，即 d_j 和 u_j 的值较小，多个类似图9-10的波形移动以后叠加的结果和单个点的响应在波形上差别很小。因此在分析中可用探测电极上某个点的电场变化特征来描述探测电极整体的电场变化。如果以 (x_j, y_j) 点的电场变化量代替该点附近小区域内的电场变化量，则该小区域产生的电流信号输出等于 $\dfrac{dE_{nj}}{dt} dS$，即乘以该小区域的面积。由于乘法只是影响电场变化信号 $\dfrac{dE_{nj}}{dt}$ 的幅值，电流信号输出仍有如图9-10所示的波形变化特征，所以探测器的目标信号可用弹目交会过程中某点的电场变化特征来描述。探测方程为：

$$\frac{dE_n}{dt} = \frac{Qv}{4\pi\varepsilon_0} \frac{\sin\theta (y^2 - 2x^2) - 3xy\cos\theta}{(x^2 + y^2)^{\frac{5}{2}}}$$

9.4 静电引信测向技术

现代战争对于引信的要求不仅仅是发现并且准确判断目标，而且要求引信能够提供更多的交会信息。新一代的防空导弹武器，为了提高射程要尽可能减小质量，战斗部的大小也受到约束，在这种情况下为了不降低毁伤效果而采用定向战斗部，这就要求引信准确地提供目标的方位和脱靶量等交会参数，提前给出精确的战斗部起爆时机，提高战斗部的效率，使战斗部达到最好的毁伤效果。通过合理进行静电引信电极布设和算法设计，静电引信可以实现较高精度的测向。

9.4.1 二维静电场矢量探测理论与方法

首先介绍二维静电场矢量探测理论与方法。如图9-11所示，假设在二维平面区域 M 中存在一个匀强静电场 E。在该静电场中建立如图的坐标系 XOY，然后在该静电场中布设两对电极板：A 极板和 B 极板的板面垂直于 X 轴，之间距离为 a，对称于 Y 轴，C 极板和 D 极板的板面垂直于 Y 轴，之间距离为 b，对称于 X 轴。为论述方便，定义极板间距为处于同一坐标轴上一对极板间的距离。

由于电场的作用，在 A、B 极板之间和 C、D 极板之间会产生电势差。设在 A、B 极板间产生的电势差为 U_{AB}，在

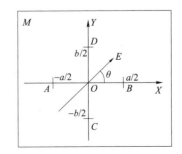

图9-11 求解二维匀强电场场强方向原理图

C、D 极板间产生的电势差为 U_{CD}。

$$U_{AB} = \boldsymbol{E} \cdot \boldsymbol{L}_{AB} \tag{9-34}$$

$$U_{CD} = \boldsymbol{E} \cdot \boldsymbol{L}_{CD} \tag{9-35}$$

其中 $\boldsymbol{L}_{AB}$、$\boldsymbol{L}_{CD}$ 是沿 AB、CD 的有向线段矢量。

由式（9-34）和式（9-35）可得：

$$U_{AB} = \boldsymbol{E} \cdot \boldsymbol{L}_{AB} = E\boldsymbol{e}_R \cdot \boldsymbol{L}_{AB} \tag{9-36}$$

$$U_{CD} = \boldsymbol{E} \cdot \boldsymbol{L}_{CD} = E\boldsymbol{e}_R \cdot \boldsymbol{L}_{CD} \tag{9-37}$$

式中，$\boldsymbol{e}_R$ 是沿电场强度方向的单位矢量。

根据图所示的几何关系，式（9-36）和式（9-37）可以用标量式描述为：

$$U_{AB} = Ea\cos\theta \tag{9-38}$$

$$U_{CD} = Eb\sin\theta \tag{9-39}$$

如果测得 U_{AB} 和 U_{CD}，并且取 $a=b$，则可求出区域 M 内的静电场强度。

$$\theta = \arctan\left(\frac{U_{CD}}{U_{AB}}\right) \tag{9-40}$$

$$E = \frac{\sqrt{U_{AB}^2 + U_{CD}^2}}{a} \tag{9-41}$$

把这种求解静电场场强大小和方向的方法称为静电场矢量探测法。

由此可得出定义：静电场矢量探测方法是指基于静电场的矢量特性，利用正交放置的静电探测极板测量得到的电位差来求解静电场场强大小和方位的方法。此法主要用于对空弹药引信对空中静电目标的探测。

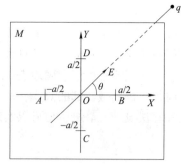

图 9-12　求解二维空间点电荷方位原理图

另外，把用来进行静电场矢量探测的四个电极构成的探测系统称为静电场矢量探测器。为便于后续讨论，把图中探测电极 A、B 电极连线定义为静电矢量探测器的方位轴；探测器判定场强方向以此线为基准位置。在此基础上讨论二维空间点电荷的方位探测原理。

如图 9-12 所示，如果在二维空间有一个携带电量为 q 的点电荷，在距离此电荷足够远处的区域 M 中，布设与图中位置相同的四个探测电极，并建立相同的直角坐标系 XOY。设坐标原点到点电荷的距离为 R，由静电场理论知电场强度满足：

$$\boldsymbol{E} = \frac{-q}{4\pi\varepsilon R^2}\boldsymbol{e}_R \tag{9-42}$$

此处 $\boldsymbol{e}_R$ 是沿电场强度方向的单位矢量，电场强度的矢量方向如图 9-12 所示。

当区域 M 足够小、且坐标原点到点电荷的距离足够大时，可以认为区域 M 中的静电场近似为匀强场。根据上一节关于匀强电场的求解方法，将可以判断点电荷相对于坐标原点的方位角。

根据式（9-38）～式（9-39）可得：

$$U_{AB} = \boldsymbol{E} \cdot \boldsymbol{L}_{AB} = \frac{-q}{4\pi\varepsilon R^2}\boldsymbol{e}_R \cdot \boldsymbol{L}_{AB} = \frac{-q}{4\pi\varepsilon R^2}a\cos\theta \tag{9-43}$$

$$U_{CD} = \boldsymbol{E} \cdot \boldsymbol{L}_{CD} = \frac{-q}{4\pi\varepsilon R^2}\boldsymbol{e}_R \cdot \boldsymbol{L}_{CD} = \frac{-q}{4\pi\varepsilon R^2}a\sin\theta \tag{9-44}$$

因此可以计算出此时点电荷的方位:

$$\theta = \arctan\left(\frac{U_{CD}}{U_{AB}}\right) \tag{9-45}$$

如果测得 U_{AB} 和 U_{CD},则可以通过求取 θ 确定静电场的方向。

当然,由于三角函数存在周期性,通过式(9-45)并不能在 0°~360°范围内唯一确定 θ。在图 9-12 所示坐标系中,不同极性电荷形成静电场引起的电位差 U_{AB} 和 U_{CD} 的符号也不同,据此可以判断点电荷所在坐标象限,如表 9-1 所示。

表 9-1 极板电势差符号与点电荷位置关系表

电荷所在坐标象限	正电荷		负电荷	
	U_{AB}	U_{CD}	U_{AB}	U_{CD}
第一象限	<0	<0	>0	>0
第二象限	>0	<0	<0	>0
第三象限	>0	>0	<0	<0
第四象限	<0	>0	>0	<0

即可在 0°~360°范围内唯一确定 θ 值,求解场强的方向。

9.4.2 三维静电场矢量探测理论与方法

鉴于在二维空间中利用匀强电场近似点电荷形成的电场从而对其进行方位求解的有效性,可同样利用匀强电场来近似三维空间点电荷形成的电场,从而开展三维静电场矢量探测。

三维空间点电荷方位计算方法如下:

如图 9-13 所示,在 $OXYZ$ 空间有一点电荷,其携带电量为 q,距离坐标原点 R。在原点附近足够小的范围 M 内,可以认为由该点电荷形成的静电场 E 为匀强场,其方向如图:与 Z 轴正向的夹角为 β,在 XOY 平面的投影与 X 轴正向的夹角为 θ。在区域 M 内如图设置三对电极板:A、B 位于 X 轴,对称于坐标原点;C、D 位于 Y 轴,对称于坐标原点;E、F 位于 Z 轴,对称于坐标原点。这三对极板的连线互相正交,每对极板间距为 a。

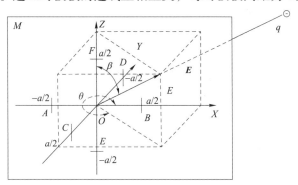

图 9-13 求解三维空间点电荷方位原理图

由于静电场的作用，此电场在极板对 AB、CD 和 EF 上产生的电势差 U_{AB}、U_{CD} 和 U_{EF} 为

$$U_{AB} = \boldsymbol{E} \cdot \boldsymbol{L}_{AB} = \frac{-q}{4\pi\varepsilon R^2}\boldsymbol{e}_R \cdot \boldsymbol{L}_{AB} \tag{9-46}$$

$$U_{CD} = \boldsymbol{E} \cdot \boldsymbol{L}_{CD} = \frac{-q}{4\pi\varepsilon R^2}\boldsymbol{e}_R \cdot \boldsymbol{L}_{CD} \tag{9-47}$$

$$U_{EF} = \boldsymbol{E} \cdot \boldsymbol{L}_{EF} = \frac{-q}{4\pi\varepsilon R^2}\boldsymbol{e}_R \cdot \boldsymbol{L}_{EF} \tag{9-48}$$

由图 9-13 所示的几何关系易知：

$$U_{AB} = \frac{-q}{4\pi\varepsilon R^2} a \cdot \sin\beta \cdot \cos\theta \tag{9-49}$$

$$U_{CD} = \frac{-q}{4\pi\varepsilon R^2} \cdot a \cdot \sin\beta \cdot \sin\theta \tag{9-50}$$

$$U_{EF} = \frac{-q}{4\pi\varepsilon R^2} a \cdot \cos\beta \tag{9-51}$$

如果测得 U_{AB}、U_{CD} 和 U_{EF}，则可求出区域 M 内的静电场强度的大小 E 和方向（θ，β）。

$$\theta = \arctan\left(\frac{U_{CD}}{U_{AB}}\right) \tag{9-52}$$

$$\beta = \arctan\frac{\sqrt{U_{AB}^2 + U_{CD}^2}}{U_{EF}} \tag{9-53}$$

$$E = \frac{\sqrt{U_{AB}^2 + U_{EF}^2 + U_{CD}^2}}{a} \tag{9-54}$$

这样，可以利用正交放置的三对探测极板测定静电场的方向和大小，实现对静电场矢量的探测。与在二维空间中讨论时的一样，把由三对探测极板构成的探测器也称为静电矢量探测器，其方向基准轴有两个：定义 AB 极板连线为探测器的方位轴，即角度 θ 的基准轴；定义 EF 极板连线为探测器的俯仰轴，即角度 β 的基准轴。

根据任务需求，利用上述原理，可以实现静电引信对目标方位的识别。

9.5 静电引信抗干扰技术

静电引信利用空中目标自身及其周围静电场探测目标，因此针对无线电体制的各种有源干扰对静电探测器不起作用，静电探测体制具有极大的抗人工有源干扰优势。对于静电探测而言，最主要的干扰来自自然界的干扰。由于带有的一定量电荷的物体与静电引信存在相对运动时，也会在静电引信上产生感应电场。本节主要分析自然界的雨、雪、冰雹等大气带电粒子干扰、云雾干扰和闪电干扰。

9.5.1 大气带电粒子的影响

大气带电粒子是指各种带电微粒，包括大气中的各种带电离子、降水颗粒如雨、雪、冰

晶、冰雹等。由于带电离子这样的微粒带电量和体积及其微小，所以单个的微粒不能对静电引信有任何影响，其合成的效果可等效为传导电流的影响。因此，这里研究的带电粒子是指带电量在 $10^{-15} \sim 10^{-11}$ C 数量级之间，半径在 10^{-4} m 以上的粒子，这样的单个粒子有可能在静电引信的输出端产生信号。

当引信在空中飞行过程中，大气带电粒子可能以两种方式干扰引信：一种是直接撞击引信探测电极表面；另一种是和引信近距离交会，即开始时逐渐接近引信，达到最近以后逐渐远离。

对直接撞击电极表面的情况，带电粒子的作用过程分两个阶段：

① 当带电粒子距离电极表面较近时，带电粒子的电场将在电极表面产生电场扰动并引起电极表面电荷的重新分布而产生响应电流流动，在引信输出端产生信号。对单个带电粒子，其产生电场为：

$$E = \frac{Q}{4\pi\varepsilon_0 r^2} \tag{9-55}$$

式中，ε_0 为空气介电常数，Q 为电荷带电量。那么，电场随时间的变化为：

$$\frac{dE}{dt} = \frac{-Q}{2\pi\varepsilon_0 r^3} \frac{dr}{dt} \tag{9-56}$$

$$= \frac{Qv}{2\pi\varepsilon_0 r^3}$$

式中，v 为粒子和引信的相对接近速度。

② 当电荷撞击在电极表面瞬间响应电流达到最大时，引信的探测电极和电路可视为一 RC 并联电路，如图 9-14 所示。

图中 C 代表探测电极的电容，R 为用于检测电流的电阻。带电粒子电荷作用在电极上以后相当于给该 RC 施加上一初始状态电荷 Q_0，则 RC 电路的零输入响应公式为：

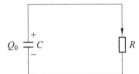

图 9-14 带电粒子放电模型图

$$i = \frac{Q_0}{RC} e^{-\frac{1}{RC}t} \tag{9-57}$$

如果忽略带电粒子在接近引信电极过程中电荷的变化，应有：

$$Q_0 = Q \tag{9-58}$$

那么，将两阶段的作用过程合成在一起，并令带电粒子接触引信电极的瞬间为时间原点，接触之前的时间为负，且假定典型情况下的 $Q = 1 \times 10^{-11}$ C，$v = 500$ m，则一次典型的带电粒子作用应有如图 9-15 所示的波形图。在带电粒子撞击电极以前，即时间原点以前的时刻，响应按式（9-56）的规律变化；时间原点以后，响应按式（9-57）的规律变化。响应的合成波形便形成一尖脉冲，对这样的信号可采用大脉冲抑制技术抗干扰。图 9-16 为其响应的频谱图。

此外，当带电粒子不直接撞击电极而在电极一定距离处掠过时，该作用过程与有一定脱靶量的真实目标交会情况相似。但该种交会情况下带电粒子的带电量远远小于真实目标，且带电粒子的作用是持续的，这是识别真实目标和带电粒子的特征。

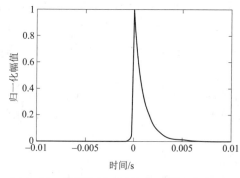

图 9-15 带电粒子对引信的干扰信号波形图

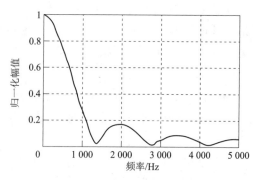

图 9-16 干扰信号频谱图

9.5.2 带电云雾和云的影响

云雾粒子很小，带电量也很小，且云雾中正负电荷的数量接近相等，所以云雾的电荷和电场对引信的干扰可忽略。云可分为层状云和积状云，从宏观看，层状云电过程变化较缓慢，积状云中大气电过程很强，其变化也很剧烈，但当引信在云中工作时，由于云的尺度较大，所以云的电场强度变化在引信上的输出信号时间尺度也较大。从微观看，云是由各种液态和固态带电粒子组成，如上小节所述，对带电粒子的检测可通过信号时间尺度和幅度强度识别，可知引信是否在云中工作，并且云中的电信号和静电引信的目标信号可以较好地区分。

引信和云作用的另一种情况是引信没有进入云内，而是距离云团掠过。这种交会情况复杂一些。如前所述，不论层状云或积状云，其内部的电荷分布在几个位置不定的电荷聚集区，其大小和极性也随气候等因素的变化而随机变化；此外，云团的形状分布也千变万化。当引信和云在不同的时间和地点、以不同的姿态交会时，得到的信号将是各不相同的。因此，较难建立模型来描述云的电场。但是，云体巨大的尺寸和带电量这一特征是空中其他带电物所不具备的。在引信飞掠云团过程中，引信首先逐渐接近云团，信号逐渐增强；当引信和云团达到最近距离时，信号达到最大；然后引信和云团逐渐远离，信号逐渐减弱。由于云团的电荷量和尺寸较大，在同样的接近速度下，从引信检测到信号开始到达到最大值所经历的时间将远大于其他的目标。这样，对应这一特征的信号变化规律可用于云团识别。

9.5.3 闪电的影响

闪电是持续时间短、能量强的电荷放电过程。闪电的辐射能量分布较宽，其频谱特性如图 9-17 所示。闪电对引信的作用主要是其静电场分量，闪电的静电场分量能量较低，由于静电场分量随距离的三次方衰减，较远处闪电的作用可忽略，而闪电的高频分量在静电引信电路中会被滤掉，因此，闪电对静电引信干扰较小。

从上面静电引信的 3 种主要干扰来源及其影响分析看，静电引信的探测信号经过信号处理后有很强的抗自然干扰能力，再加上静电引信本来就有抗人工有源干扰能力，因此静电引信具有很强的抗干扰能力。

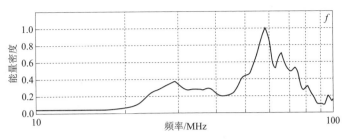

图 9-17 闪电频谱分布

9.6 静电与其他体制复合探测技术

静电探测器具有很好的隐身和抗干扰特性、同时具备对于目标的精确定向能力，与其他体制探测器复合作为引信，可大幅度提高战斗部的杀伤能力。

20 世纪 90 年代，美国通用电器公司（General Electric Company）研制了对空导弹静电-无线电复合引信，目的是为了提高对空目标近感引信的抗自然干扰与人工干扰机干扰的能力。如图 9-18 所示，其采用两种复合方式：一种是调频无线电探测器与被动静电探测器同时工作，通过两者相"与"的方式实现对空目标炸点精确控制；另一种是被动静电探测器首先工作，当弹丸进入目标电场的作用范围时，静电探测器判断是目标时，启动调频无线电探测器工作，从而大大提高引信的抗人工干扰性能。

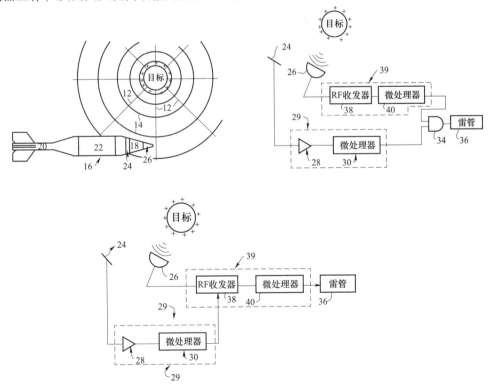

图 9-18 通用电器公司的静电调频复合探测器工作原理

静电测向探测器可与具有定距功能的无线电探测器、激光探测器等组成复合引信，如图 9-19 所示，一种典型的应用方式是采用主动式测距、被动式静电探测器测向，在全弹道过程中实现两种探测体制复合抑制干扰，根据导弹总体设计要求，对测距、测向两路信号采用适当的逻辑运算实施起爆控制。当测距引信给出起爆信号时，静电探测器给出攻击目标的方位，实施定向引战配合。

图 9-19　静电与其他探测体制复合引信总体设计示意图

为了更好地实现两种不同机制的复合，最大限度地发挥各自优势，要考虑复合探测器的电磁兼容性问题、结构兼容性问题和信号处理算法的优化问题。因此需要合理设计静电探测器的电极，使两种探测器在满足弹体共形的前提下实现电磁兼容。需要设计优化两种探测信号的综合处理算法，使得静电探测器能够提前给出脱靶方位，测距探测器能够提供有效目标距离，并保证复合引信的抗干扰能力，从而最大效率地毁伤目标。

第 10 章
其他探测体制的引信

本章主要介绍磁、声以及复合探测体制的近感引信，同时也介绍了电子时间引信。电子时间引信虽不属近感引信范畴，但由于许多近感引信都有电子定时装置，并且电子时间与近感引信的信息处理的理论基础都是电子学，因此，把电子时间引信也作为一节在本章予以介绍。

10.1 磁引信

10.1.1 概述

磁引信又称磁感应引信。它是利用目标的铁磁特性，在弹目接近时使引信周围的磁场发生变化从而检测目标的引信。磁引信通常又分为主动式磁引信和被动式磁引信两种类型。主动式磁引信利用目标对引信本身产生的磁场的扰动探测目标。被动式磁引信自身不向外辐射电磁场，而是靠它的磁敏感装置敏感外界磁场的变化发现目标。

铁磁效应的实质是铁磁体具有改变周围一定范围内磁场特性的能力。属于这样的铁磁体有铁、钴、镍等。铁磁体对其周围磁场产生影响的大小取决于铁磁体的质量、形状及其铁磁性。

许多物体，如舰船、桥梁、坦克等，它们或用大量钢铁材料制成，或内部含有电机、通信设备等。总之，它们都含有大量铁磁材料。这些铁磁材料在地球磁场或其他人造磁场的长期作用下被磁化。这些被磁化了的物体使其所处位置附近的地球磁场发生畸变。磁引信可以探测这些畸变而达到探测目标的目的。因此，磁引信可以探测具有铁磁性的目标，在合适的弹目相对位置（或距离）输出起爆信号引爆战斗部/弹丸。

如果目标与弹的相对速度不大，允许用具有一定机械惯性的元件作为敏感元件。因为敏感元件虽具有一定的机械惯性，但跟得上外界磁场的变化。例如水雷用磁引信就采用磁针来控制电路。磁针根据外磁场的大小、方向旋转和取向，其电路的工作状态受外磁场控制。这种磁性水雷由于制造简单，布设方便，隐蔽性好，爆炸威力大，在第二次世界大战时得到广泛运用。现代水雷往往采用复合探测体制的引信。

10.1.2 主动式磁引信

一、探测原理

当线圈中通以正弦交流电时，线圈的周围空间就会产生正弦交变磁场 H_1，置于此磁场中的金属导体将产生电涡流,并产生交变磁场 H_2, H_2 的方向与 H_1 的方向相反。由于磁场 H_2 的反作用将使线圈总的磁通量减少,或者说在线圈中会感应出涡流磁场所产生的感应电动势,把变化的感应电动势作为目标信号利用,即是主动磁引信的探测原理。

研究金属目标对探测器的影响,本质上就是研究金属表面涡流的分布情况,也就是研究金属目标表面的磁场分布,最终反映到探测线圈阻抗的变化。为此,建立图 10-1 所示的直角坐标系,以 $2a \times 2b$ 的矩形金属板作为探测对象。在图 10-1 中, X-Y 平面与金属板共面,且坐标原点位于矩形板的几何中心,设探测线圈的圈数为 N 匝,面积为 S,激磁交变电流为 I,探测线圈平面与金属板平面平行,探测线圈圆心坐标为 $(0,0,c)$。金属表面的磁场 H 是坐标和时间的函数。由于工作频率较低,一般在 $10^2 \sim 10^5$ Hz,电路的尺寸远小于工作波长,每一时刻电磁场的分布和同一时刻电流的分布的变化属于准静态电磁场。

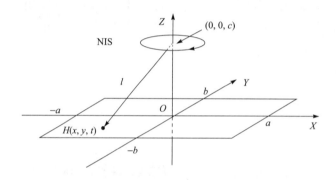

图 10-1 矩形截面金属目标感生磁场图

若 $I = I_{\max}\cos(\omega_0 t + \phi_0)$ 为激励电流,考虑到媒质是均匀和各向同性的,并注意到初始条件和边界条件后,可以得到相应于 H 的某一项 H_{mn} 的电流密度为

$$J_{mn} = D_{mn}\exp(1-p_{mn}t)\left[-\vec{i}\frac{n\pi}{2b}\cos\left(\frac{m\pi}{2a}x\right)\sin\left(\frac{n\pi}{2b}y\right) + \vec{j}\frac{m\pi}{2a}\sin\left(\frac{n\pi}{2a}x\right)\cos\left(\frac{n\pi}{2b}y\right)\right] \quad (10-1)$$

式中, $D_{mn} = \dfrac{16H_0}{\pi^2 mn}\sin\dfrac{m\pi}{2}\sin\dfrac{n\pi}{2}$, m 和 n 均为奇数。进而得到涡流损耗的功率 P_w 为

$$P_w \propto \sum_{m=1}^{\infty}\sum_{n=1}^{\infty}J_{mn}^2 \propto H_0^2 \propto \frac{1}{l^6} \quad (10-2)$$

式中, H_0 是探测线圈对目标产生的交变磁场, l 为探测线圈与目标的距离。

二、一种反坦克导弹用主动式磁引信

用于反坦克导弹的一种主动式磁引信作用原理如图 10-2 所示。其炸高按弹丸要求确定,其较合适的炸高为 0.5~1.5 m。引信中有发射机和接收机。发射机产生辐射电磁场,接收机一方面接收发射机直接辐射来的电磁场,产生直耦感应电动势;另一方面又接收来自目标的涡流磁场,产生信号电动势。引信中的信号处理电路从接收机中拾取有用信号作为引信的工作信号。

如图 10-2 所示,引信放置于导弹的头部。发射机的辐射线圈 2 向周围空间辐射电磁场。

在导弹飞行过程中，辐射线圈随弹一起运动，该辐射场主要沿轴向作用，即磁场主要沿导弹纵向分布，一部分磁场沿导弹的横向分布（即垂直于弹轴方向）。接收线圈 3 放置在导弹的前端，与辐射线圈相隔一定的距离。当线圈 3 的轴线与弹轴平行时，主要探测轴向目标；当其轴线垂直于弹轴时，主要探测侧向目标。在图 10-2 中，线圈轴线与弹轴交角小于 90°，便于探测侧前方的目标。

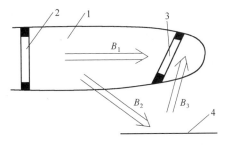

图 10-2 主动式磁引信作用原理图
1—引信体；2—辐射线圈；3—接收线圈；4—目标

辐射线圈 2 产生的电磁场之一部分 B_1 直接被接收线圈 3 接收而产生直耦感应电动势；另一部分 B_2 向空间辐射，遇目标时在目标外壳表层中产生涡电流 i_V。这种涡流产生相应的涡流磁场 B_3，并在接收线圈 3 中感应出信号电动势。若能比较这两种电势，就可以鉴别是否探测到目标。下面介绍如何实现这种鉴别。

此种引信作用原理方框图如图 10-3 所示。

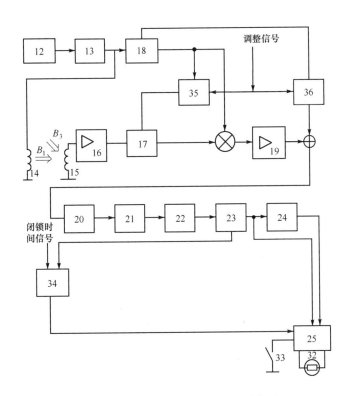

图 10-3 主动式磁引信作用原理方框图
12—振荡器；13—导引电路；14—发射线圈；15—接收线圈；16，19—放大器；17—相位调整电路；18—振幅调整电路；
20—带通滤波器；21—检波器；22—高通滤波器；23—电平检波器；24—延时电路；25—与门；
32—电雷管；33—开关；34—闭锁装置；35—相位误差修正装置；36—比较器

可以把图 10-3 所示方框图分为四个部分：发射机、接收机、目标识别和点火电路。下面简述其工作过程。

振荡器 12、导引电路 13 和发射线圈 14 构成发射机部分。振荡器产生频率为 f_0 的正弦振荡，经导引电路向辐射线圈输送一个电流 i_f。辐射线圈向空间辐射频率为 f_0 的电磁场，磁场的一部分 B_1 被接收线圈（或称探测线圈）直接接收。

相位调整电路 17、振幅调整电路 18、相位误差修正装置 35、放大器 19、比较器 36、带通滤波器 20、检波器 21、高通滤波器 22、电平检波器 23、延时电路 24 构成目标识别部分（或称信号处理器）。在没遇到目标时，相位调整电路和振幅调整电路输出幅度相等相位相反的两路信号，因此放大器 19 没有输出。若此时放大器 19 有残余电压输出，经比较器和滤波器也可以抑制掉。当弹目接近时，由于涡流磁场 B_3 的作用，使得放大器 19 有信号输出。比较器 36 和电平检波器 23 控制目标识别处理的时间和启动电平，滤波器用以排除干扰。

点火电路由与门闸流管、起爆电容、电雷管和碰炸开关组成。其工作过程不再详述。

闭锁装置 34 是为了保证引信在弹道上不误动作而设置的。闭锁时间由最小攻击距离确定。

发射线圈和接收线圈间的距离直接影响引信的作用距离。一般情况下，两线圈间的距离小，引信的作用距离也小。但间距也不能过大，间距太大会使磁场的 B_1 部分被导弹内部的金属物反射，在接收线圈中产生干扰信号，并使到达接收线圈的 B_1 减弱。因为 B_1 太弱或太强都不利于识别目标。若 B_1 太强，可在两线圈间采用金属件以适当减弱 B_1。用此种引信的弹的壳体一定采用非金属材料，环形线圈要装在壳体内。

10.1.3 被动式磁引信

一、探测原理

被动式磁引信自身不向外辐射电磁场，而是靠它的磁敏感装置敏感外界磁场的变化发现目标，可以利用磁膜传感器、磁通门传感器或磁涡流传感器等探测目标。

二、一种航弹用被动式磁引信

该引信配用于低阻航弹，由载机外挂投弹。此航弹主要被用来封锁交通，攻击机动车辆和有生力量。这种被动式磁引信具有以下几个特点。

（1）当目标进入引信作用区后，直到弹目距离最小时引信才引爆炸弹。若目标进入引信作用区后前进的过程中还没有达到最近点而改变方向离开炸弹，引信就在它刚开始离开时引爆炸弹。

（2）对所攻击的目标的速度有选择。目标接近速度在 1～90 km/h 以外时引信不会启动。因此，在战场上的弹片或其他炮弹飞过时，引信不会受到干扰而误动作。

（3）引信平时以小电流工作，仅 0.6 mA，因此可以维持工作 4～5 个月。当电源电压降到一定值（工作四五个月时间后）时自炸。

（4）此引信灵敏度较高。对车辆作用距离 25 m 左右，对人员（哪怕是仅带一支钢笔）在 1 m 范围内可以起作用。

1. 引信的组成

引信电路可用图 10-4 所示方框图表示。

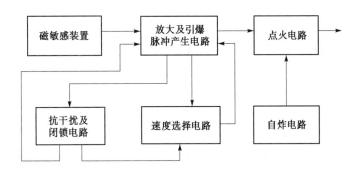

图 10-4　引信电路组成方框图

磁敏感装置：利用铁磁物体可以造成物体附近地球磁场畸变的特性来探测铁磁目标，并把目标靠近的信息转换成电压信号。

放大及引爆脉冲产生电路：把微弱的目标信号电压放大并在目标靠近到最有利杀伤位置时，输出一个启动脉冲触发点火电路。

速度选择电路：当铁磁目标以 1～90 km/h 的速度接近时，速度选择电路输出一个控制方波，控制引爆脉冲产生电路送出引爆脉冲。当目标速度小于 1 km/h 或大于 90 km/h 时，它控制引爆脉冲产生电路不送出引爆脉冲。

抗干扰及闭锁电路：该电路有三个作用。第一，从弹刚离开载机到入地的这段时间（两三分钟）内，该电路输出一个闭锁方波，使引爆脉冲产生电路闭锁，因而在这段时间内不会产生引爆脉冲，实现了远距离解除保险。这一方面可以保证载机的安全，并且在弹下落过程中避免由于地面或地面上铁磁运动物体而使引信作用。同时也给炸弹落地后引信电路一段工作稳定所需要的时间。第二，当速度较高的铁磁体飞过时，该电路产生 1 min 闭锁方波，使引爆脉冲产生电路闭锁。从而避免其他弹丸爆炸时飞过来的弹片使引信误动作。第三，当出现其他内外干扰时，该电路也输出 1 min 闭锁方波给引爆脉冲产生电路闭锁。

自炸电路：由于工作时间过长或其他原因致使电源电压下降到一定程度时引信电路不能正常工作，此时该电路输出一个启爆脉冲给点火电路引爆电雷管。

2. 作用原理

（1）磁敏感装置。磁敏感装置包括磁敏感头、磁鉴频器和检波器，其方框图如图 10-5 所示。

图 10-5　磁敏感部分方框图

磁敏感装置的核心是磁膜，它是由特殊磁性材料做成的面积 3.6 cm^2、厚 10^{-5} cm 的磁性薄片。该磁膜具有很好的导磁特性。磁场强度 H 有很小的变化，可使导磁率 μ 值有很大的变化，远远大于普通的磁性材料。该磁膜置于矩形空心线圈之内。线圈有两个绕组：一个

为高频回路线圈 L_2，另一个为静磁平衡线圈 L_0。磁膜外装有四个永久磁针，提供一个固定磁场。L_0 中通以直流电流产生固定磁场。这两个固定磁场使得 L_2 内磁膜的磁场强度为 H_0，磁膜刚好在 H_0 附近变化率 $d\mu/dH$ 最大。恰当选择 H_0 相当于选择磁敏感装置的灵敏度。当有铁磁物体进入磁敏感装置周围空间时，通过磁膜的磁力线减少，磁膜处磁场强度减小，磁膜导磁率 μ 相应减小。由于 L_2 的电感量与 μ 值成正比，所以 L_2 的电感量也减小。这样就把目标靠近的信息转换成了高频线圈电感量的变化。

为了把 L_2 的电感量变化转变为电压的变化，设计了磁敏感鉴频器，如图 10-6 所示。

电感 L_2 与电容 C_2 构成并联谐振回路，其谐振频率 f_2 略高于晶体振荡器的振荡频率 f_0。如果 L_2C_2 回路 Q 值足够高，那么其谐振阻抗会很大，且具有很好的选频特性。设 f_0 时回路阻抗为 Z_2。此并联回路与电容 C_1 串联后接于晶体振荡器的输出端。当没有目标出现时，并联回路和 C_1 将对晶体振荡器之输出按阻抗大小分配，如图示谐振回路输出为 u_2。当目标出现使 L_2 变小时，则并联谐振回路谐振频率将升高，若谐振曲线形状不变，则 Z_2 将显著变小，而晶体振荡器输出电压不变，则 u_2 势必变小。这样就把电感量的变化变成了电压的变化。

由以上分析可见，目标由远到近，u_2 将连续变小；当弹目距离最近时，u_2 最小；当目标由最近点开始远离时，u_2 又不断增加。其波形如图 10-7 所示。

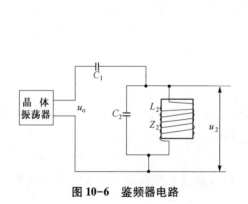

图 10-6　鉴频器电路　　　　图 10-7　鉴频器输出电压与弹目距离的关系

可以用检波器把 u_2 幅度的变化检测出来，该信号即为磁敏感装置输出的目标信号，它反映了弹目的距离信息。检波波形如图 10-7 所示。

（2）放大及信号处理电路。该电路包括引爆脉冲形成电路、速度选择电路和抗干扰电路。其作用是识别目标，抑制干扰，保证在最佳位置给出启动信号。电路方框图如图 10-8 所示。

① 引爆脉冲形成电路：电路由图 10-8 中上面第一行方框及第二行左边两个方框构成。图中各点电压波形如图 10-9 所示。

由磁敏感装置输出的目标信号电压 u_a 幅度较小，经放大器放大后通过闸门电路再送给

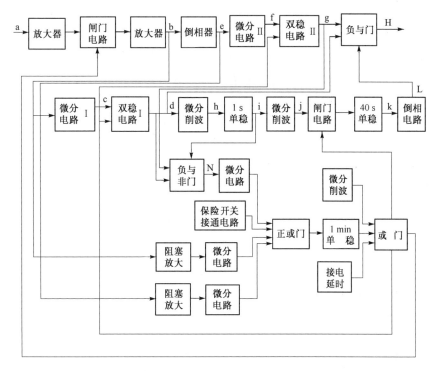

图 10-8 放大及信号处理电路方框图

后级放大器。闸门电路相当于一个开关，是抗干扰和闭锁电路的一部分电路。在正常情况下，不出现抗干扰电路闭锁方波，闸门导通，信号电压通过。当炸弹刚由载机投下的一段时间内以及遇到快速铁磁体飞过等干扰时，由抗干扰电路送来一个 1 min 的闭锁方波，闸门电路不导通，信号通不过，从而也就不可能产生引爆脉冲。

通过闸门电路的信号经放大后其形状（u_b）与输出信号（u_a）相同。此信号分成两路，一路送给微分器，经微分的信号（u_c）去触发双稳态触发器。若双稳态电路的翻转电平为 u' 和 u''，那么当 u_c 低于 u' 或高于 u'' 时电路工作状态发生转换，如图 10-9 所示那样，它对应着目标不断接近引信，到最近点后又开始远离的情况。另一路经倒相、微分后变成极性与 u_c 相反的电压 u_f，u_f 加到与上述双稳完全相同的一个双稳态触发器上。当 u_f 由正变负并低于 u' 时，电路翻转，输出由高电位变成低电位。

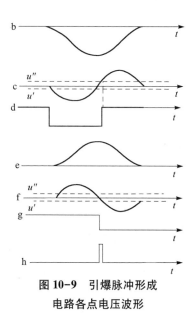

图 10-9 引爆脉冲形成电路各点电压波形

若电路设计使得 $|u''|>|u'|$，那么，双稳电路 II 翻转时双稳电路 I 尚未发生翻转。所以从 $u_f=u'$ 到 $u_c=u''$ 的 Δt 时间内 u_d 和 u_g 同时处于低电平并加到负与门上。如果此时速度选择电路的输出也是低电位，则负与门就输出一个启爆脉冲 u_H。

由以上分析不难看出此种炸弹为什么仅在弹目相距最近时起爆，或目标在接近过程突然离开时会起爆。

② 速度选择电路：在分析引爆脉冲形成电路中已知，其最后一级负与门有两个输入端，即引爆脉冲形成有两个必备条件：其一是目标与引信距离最近，另一个就是速度选择电路也同时有负脉冲输出。所以速度选择电路是在所规定的速度范围内 1～90 km/h 输出负脉冲的电路，在其他速度时它不产生负脉冲，故不可能产生引爆脉冲。图 10-8 中第二行右六个方框构成速度选择电路。弹目接近速度 1～90 km/h 体现在电路中是 1～40 s 范围内到达最近点才会产生引爆脉冲。速度选择电路各点波形如图 10-10 所示。

引爆脉冲产生电路的双稳态触发器 I 的输出方波 u_d 经微分削波后得到一负脉冲 u_h，这个负脉冲就出现在目标进入引信工作区的时刻 t_A。用此负脉冲 u_h 去触发 1 s 单稳电路，单稳电路产生 1 s 宽的方波，此方波经微分削波得到正脉冲 u_j。此正脉冲 u_j 比负脉冲 u_h 晚出现 1 s。因此，正脉冲通过闸门电路去触发 40 s 单稳态电路而产生 40 s 方波，u_k 经倒相而变成 40 s 负方波 u_L，这个负方波就是前面所讲的负与门的两个输入之一。因此，目标进入引信作用区直到最近点所用时间少于 1 s 或多于 40 s 都不可能产生引爆脉冲。

③ 抗干扰电路：抗干扰电路的作用是在引信刚接通电源或发现其他干扰时输出一个 1 min 闭锁方波，从而关闭两个闸门电路，使目标信号和 40 s 负方波信号不能生成，因而引爆脉冲不可能生成，保证了引信在接电和其他干扰作用下不会误动作。其电路是图 10-8 中的余下部分。

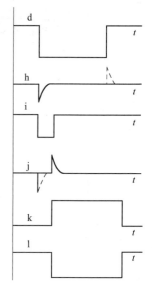

图 10-10　速度选择电路各点波形

接通电源时，接电延时电路产生一个宽度约为 1 min 的方波，通过或门送到速度选择电路和引爆脉冲产生电路中的两个闸门电路，使引爆脉冲不能形成。该方波还加至双稳态电路 I 和 II，在闭锁方波消失时，使双稳态电路处于正常工作状态，因此又称其为双稳态电路的恢复脉冲。另一种情况是在保险开关接通时，送来一个接通信号正脉冲，通过正或门去触发 1 min 单稳电路，产生 1 min 正方波，通过或门送出 1 min 闭锁方波，使引信不会由于保险开关接通时产生的瞬态过渡过程所出现的干扰而误动作。为避免接近时间小于 1 s 但多次重复作用引起引信误动作，采用了一个受双稳电路 I、II 和 1 s 单稳电路输出信号 u_d、u_g 和 u_i 控制的负与非门电路。当这三个信号都处于低电平时，说明 t_D 出现时间小于 1 s，负与非门输出一正脉冲 u_N，u_N 经过微分电路和正或门以后触发 1 min 单稳电路，使其产生 1 min 闭锁正方波。阻塞放大器是用来防止 u_b 和 u_e 过大的这类干扰，当发生磁爆时就有这种现象。阻塞放大器实质是两个工作在饱和状态下的放大器。当 u_b、u_e 很大，由于这两个信号相位相反，所以电压会很低，使放大器处于截止状态。这时，其输出电压较高，经微分后得到一正脉冲，通过正或门触发 1 min 单稳电路，再通过或门送出闭锁方波。这就保证了引信在强干扰信号作用下不会误动作。

（3）自炸电路：如果炸弹投下 4～5 个月的时间内没有出现目标，自炸电路将自动引爆炸弹。自炸电路如图 10-11 所示。

图中 D 是 7 V 稳压管，电源正常电压是 9 V。正常状态时 BG_1 由 R_2 提供基极偏流，使 BG_1 处于饱和导通状态，BG_2 处于截止状态，BG_2 射极无输出。当电源长期工作电压降到 7 V

时，稳压管 D 截止，故 BG_1 变为截止，所以 BG_2 导通，BG_2 射极将出现高电位，通过或门推动点火电路工作。

该自炸电路还有防拆卸作用。当拆卸使电路电源断开时，BG_1 会截止，由于有大电容 C_0 的存在，BG_2 可处于导通状态，其射极有高电位输出，使点火电路工作。

以上简述了该引信主要部分的工作过程。配用该引信的航弹在越战中美国用来封锁交通曾起到很大作用。

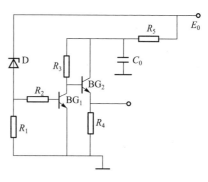

图 10-11　自炸电路电路图

10.2　电子时间引信

10.2.1　概述

电子时间引信是时间引信的一种计时采用电子器件。弹丸发射时开始计时，当达到预先装定的时间后引爆弹丸。电子时间引信是为适应武器系统发展的需要，特别是为适应对时间引信定时精度、作用时间及通用化、系列化、标准化等要求而发展起来的一种新型时间引信。其在各种口径的地炮、高炮、航弹等弹种上均有使用。

火炮射程的大幅度增加，各种新型的反坦克武器和大面积毁伤弹药战斗部的发展，火炮、火控系统精度的不断提高，对时间引信的精度提出了更高的要求。航弹用的机械式钟表时间引信或化学长延时引信的时间都是在挂弹前在地面上装定的，而在作战时战场上的情况是瞬息万变的。当我机到达目标上空时，飞行员本应根据当时已经变化了的作战情况采取新的轰炸方案才能取得最佳作战效果。可惜的是，我们的飞行员不能随机变更引信的装定时间。电子时间引信就是在这样的背景下发展起来的。电子时间引信是 20 世纪 70 年代发展起来的新型引信，它一出现就显示出强大的生命力，并逐渐向遥控装定电子时间引信方向发展。该引信成为火控系统的重要组成部分，从而大大提高获得有利战机的主动权。

美国从 20 世纪 60 年代开始研制电子时间引信，于 1978 年定型了美国第一个地炮通用电子时间引信 $M587E_2$/M724 及其装定器 $M36E_1$，于 1980 年装备了部队。

电子时间引信比机械钟表时间引信精度高、作用时间长、便于实现通用化、系列化和标准化。

目前钟表时间引信所能达到的精度指标已接近极限，要想提高受到多方面的限制，较难实现。而对电子时间引信来说，即使采用一般的技术，也很容易达到较高精度。钟表引信的极限偏差随飞行时间的增长而越来越大，可达数秒。而电子时间引信的极限偏差值仅为零点几秒，且不随飞行时间增长而加大。钟表引信对弹道参数敏感，而电子时间引信则不然。

若增长钟表引信的作用时间，不但部件设计困难很大，而且时间散布也变大。而电子时间引信要实现增长作用时间不但容易办到，而且也不影响定时精度。

由于钟表时间引信对弹道参数敏感，所以它妨碍通用化和标准化。

电子时间引信工艺比钟表时间引信工艺简单。生产一种钟表引信需要上千道工序，而生产电子时间引信仅要几十道工序就可以了。

电子时间引信可以100%进行无损检查，容易和射击指挥仪联用。

由于电子时间引信有诸多优点，近些年来得到很快的发展。

一个电子时间引信系统包括装定器和引信两部分。

10.2.2 电子时间引信原理

通用机芯电路的主要技术指标一般是：最大作用时间范围，如1～199.9 s；环境温度，如-40 ℃～+50 ℃；最大作用时间的相对散布，如小于±0.1%；装定时间间隔，如0.1 s。

机芯电路原理方框图如图10-12所示。其工作过程是：由雷达或指挥仪给出弹丸飞行时间，即引信的装定时间。在弹上膛前由装定器把时间量输给引信机芯存储计数器，装定速度比机芯计时速度高500倍以上，一般仅需零点几秒即可装定完毕。在装定完成后到弹丸发射出炮口的一定距离内弹上电源不能正常供电，靠储能元件供电。弹丸一离开炮口便开始计时，其方式是振荡器经分频后输入计数器作减法，直到计数器减到零，输出点火脉冲。

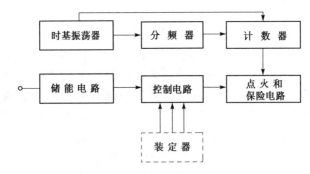

图10-12　电子时间引信机芯电路原理方框图

为加快装定速度，需对要装定的时间进行压缩。如欲装定t s，压缩系数K选512，那么装定速度是机芯实际计时速度的512倍。若振荡器产生周期为Δt的信号，那么要装定的脉冲个数N为

$$N = \frac{t}{K} \cdot \frac{1}{\Delta t} \tag{10-3}$$

那么，在弹丸出炮口时开始从存储计数器作N次减法，计数器为零时，输出点火脉冲。

弹丸一出炮口，振荡器产生的信号经分频器加给计数器，分频器的作用是使每个脉冲的周期加长，以满足N个脉冲持续时间正好是t_0，此时计数脉冲的周期为

$$\Delta t' = K \cdot \Delta t \tag{10-4}$$

K实质是分频比。则

$$t = N \cdot \Delta t' = N \cdot K \cdot \Delta t$$

就是所要装定的时间。

对引信装定时间有多种方法，如发射前用装定器装定、感应装定、遥控装定等。下面仅

介绍发射前用装定器装定。

10.2.3 装定器

如前所述,电子时间引信主要含两部分,引信部分和与之配套的装定器。引信是弹上部分,随弹丸一起消耗。而装定器每门炮配一个,属地面部分。所谓装定器,是把炮瞄雷达和指挥仪计算出的弹丸飞行时间写入引信内存储器的设备。

一般对装定器的要求主要有:

(1) 在准备装定阶段,装定器能不断地接收并暂存指挥仪送来的每个时间数据,并在收到新的数据时冲掉以前的数据。

(2) 当收到装定命令时,装定器马上输出装定脉冲给引信。根据引信电路的要求,装定脉冲个数不同,8 个装定脉冲的波形如图 10-13 所示。其中脉冲 A、B、D、E、F、G、H 等 7 个脉冲的宽度为 $10\sim100~\mu s$,无严格要求,但要求 8 个脉冲的上升沿和下降沿足够陡(小于 $1~\mu s$)。除脉冲 E 与 F 之外,对其他脉冲间的间隔也无严格要求。

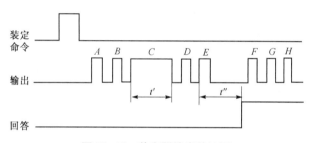

图 10-13 装定器输出的波形

(3) 脉冲 C 的宽度 t' 即为所要装定时间的 $1/K$。

(4) 在脉冲 E 输给引信后,经过一段时间引信会发回一个回答脉冲。装定器能迅速比较两个时间 t' 与 t''。$t''=t'+\Delta t$ 则绿灯亮,表示装定正确,否则红灯亮。

(5) 从装定开始到校验完毕一般小于 0.5 s。

装定器的组成方框图如图 10-14 所示。各部分电路功能如下。

主控计数器和主控电路组成主控单元:主控计数器是十进制计数器,每执行完一条程序计数器加 1。根据主控计数器的状态,主控电路控制其他各部分电路按一定程序工作。

同步计数器和同步控制电路组成同步控制单元:同步计数器计算位同步脉冲的个数。同步控制电路根据同步脉冲的个数控制有关电路按一定程序工作。

时钟脉冲和输出脉冲产生单元:时钟脉冲产生器是一个晶体振荡器,产生频率稳定的正弦波,经过整形得到矩形脉冲。振荡频率、分频比和装定间隔三者兼顾,选择合适的数值。输出脉冲产生器从时钟脉冲中选出 7 个输出。

寄存器及其控制电路:寄存器把指挥仪送来的数据寄存起来。寄存器控制电路控制寄存器存数或封锁。

主计数器:是把"数"转换为"时间"的转换部件。把指挥仪送来的数转换成宽度为 $t'=N\cdot\Delta t'$ 的方波(N 为指挥仪送来的数,$\Delta t'$ 为装定间隔)。

计数控制及补充计数单元:计数控制电路控制主计数器和补充计数器计数。当主计数器

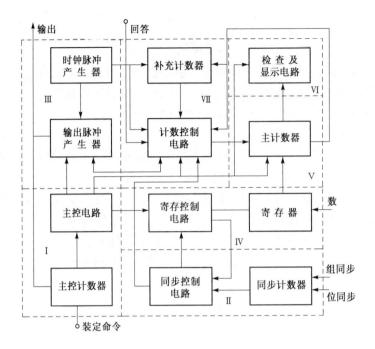

图 10-14 装定器原理框图

计满但引信无回答信号时,补充计数器开始计数,计 4 次 $\Delta t'$ 后使主、补计数器均停止计数。所以补充计数器的作用是引信没有回答脉冲时不影响装定器正常工作。

检查及显示电路:检查引信装定的时间是否正确并用红绿灯显示检查的结果。

10.3 声引信

声引信是利用声场探测目标的近感引信。

现代战场上的飞机、坦克、舰艇等在运动状态时都会发出巨大的噪声,因此可以利用声探测器探测这些目标。这些发声目标都是声源,声源的扰动会在弹性媒质中引起声波。声波是弹性媒质中传播的压力、应力、质点位移、质点速度等的变化或几种变化的综合。一般说来,声引信就是利用声探测器把声场中上述物理量转变为电信号,并进而确定目标方位、引爆炸药。

利用声场探测目标有很多优点。武装直升机是现代战争中的一支重要攻击力量,它在战斗中使用的主要特点是采取超低空飞行,利用地形、地物隐蔽飞行。它的这种飞行特点给某些传统的探测技术带来极大的困难。综合各方面资料报道,可认为武装直升机在攻击目标的飞行中,其高度在 10~50 m。这种飞行高度使各类防空雷达处于无能为力的境地——在雷达盲区则看不见。各波段的电磁波在遇到地形、地物等背景严重干扰时,很难分辨出目标,而利用声探测技术则有明显的优势。在水中作战环境下的声引信已经发展多年且相当成熟,因为在水中电磁波的剧烈衰减,各波段电磁波、激光、红外等探测技术的难度更大。

利用声场探测目标与利用其他物理场探测目标一样,必须解决准确识别目标和干扰的问题。如果目标是武装直升机，那么战场上的各种爆炸、火炮发射、各种运动中的车辆所产生的噪声及其他环境噪声是可想而知的。如果目标是潜艇，同样会存在水中爆炸、扫雷具产生的噪声以及工业噪声、生物噪声、降雨噪声、地震噪声等一系列噪声。这些噪声对目标噪声造成一种干扰，因此，声探测器必须能区分目标噪声和干扰噪声。

声引信也分为主动式和被动式两类。所谓被动式是指探测器仅靠接收声源的声信号来探测目标；而主动式探测器本身向空间辐射声波，利用目标产生的回波或声场变化来探测目标，与目标是否发出噪声无关。

此处介绍的是一种用于攻击小型水面舰船、水陆两用战车及小型潜艇的水雷声引信。此种水雷布设深度为 2.5～100 m，威力半径为 25 m，采用声磁复合引信，电源用锂电池，存储期 5 年以上。其简化原理方框图如图 10-15 所示。

声引信在该水雷中作为值更引信，工作原理如图 10-16 所示。

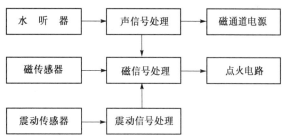

图 10-15 某水雷引信原理方框图

图 10-16 声信号通道方框图

水听器直径 26.5 mm，高 2.5 mm，接收 10～5 000 Hz 频率范围的声信号；经过带宽为 80～610 Hz 的宽带放大器放大；送到有源检波器检波，有源检波器的增益值可通过旋转开关调节，从而改变声信号处理电路的阈值；检波后的信号送到有源高通滤波器中，除去因海浪运动特别是潮汐产生的漫变化噪声；当滤波器的输出超过触发器的阈值电平，触发器输出一高电平信号，表明声信号有效，该高电平信号同时启动磁通道电源及磁信号处理电路，这样可以减少磁通道大量的功耗。

本引信设置的震动信号通道主要用来阻止当雷体受到震动时的误动作。当雷体受到地震震动、冲击滚动、突然移动和滑动时，磁通道有可能动作。因此，设立震动传感器，一旦发生上述情况，立即封闭引信系统。其原理方框图如图 10-17 所示。

图 10-17 震动信号通道方框图

震动传感器利用惯性感应原理工作。其中有一个线圈，其上方连有一个弹簧，当有震动时，弹簧带动线圈运动，产生感应电流，经放大、无源检波及 RC 滤波后，当其幅值超过预定门限后，触发器产生一逻辑信号，封闭磁通道信号处理电路。该震动传感器的频率范围为 25～60 Hz。

10.4 复合引信

10.4.1 概述

引信工作者采用各种技术途径以提高引信的近感正常作用率和抗干扰能力及作用的可靠性,用复合体制的探测器是一种较为行之有效的方法。所谓复合引信系指采用两种或两种以上探测原理探测目标的引信。两种探测原理可以是利用同一种物理场,也可以是利用不同种物理场。利用同一种物理场的探测器可以采用电磁波的两个不同频率、不同方向图探测目标,也可以是不同频率的主、被动复合探测器;采用两种物理场的可用激光、红外、磁、毫米波、微波、声、电容等各种物理场的复合探测器探测目标。

根据使用目的不同,复合引信可以是串联式的或并联式的。在比较昂贵的制导弹药中,由于制导精度足够高,引信对目标的可靠作用成为关注的焦点。因此,在这种情况下可以采用并联式,即两个探测器采取并联配置的方式,只要有一个探测器有目标信号,引信即可作用。而对那些目标背景情况复杂,即干扰严重的弹药,往往采用串联方式,即两个探测器采用串联配置,仅当两个探测器同时都有目标信号时,引信才作用。

近感与触感的复合早在近感引信应用的初期已经开始应用。两种不同原理、不同探测体制的近感引信的复合则是从 20 世纪 70 年代开始的。在 70 年代美国就有利用不同频率、不同方向图的无线电探测器的复合引信。这种复合引信的一个探测器的方向图为球形,另一个探测器的方向图为横 8 字形,仅当目标出现在两个天线方向图重合部分引信才动作。到 20 世纪 80 年代,美国已有两个微波探测器和磁探测器复合的反坦克弹引信。上节介绍过的声磁水雷引信也是一种复合引信。复合引信在水中兵器、各类导弹及干扰比较严重的场合得到广泛的应用。

在复合引信中,希望能做到"功能互补、电路融合、结构兼容"。

复合技术的采用,使引信对目标识别和炸点控制利用的信息比单一探测体制要大幅度增加。目标信息量的增加,实际上是意味着两个探测器在功能上是互补的,而不是冗余的。所谓功能互补,即是两个探测器均可独立地获得目标信息,并且这些信息量是互相独立的,所谓冗余,是指复合后信息量没有增加或增加很少。

由于采用了两种不同体制的探测器,一般情况下,电路变得复杂了。为了使电路尽量简化,少用元器件,因此需要多功能电路,即用一套电路完成多种功能,这对提高引信的可靠性是十分有益的。

结构兼容是复合引信的重要技术问题之一。它不仅包含在指定的空间位置恰当安排两种体制的探测器,同时要解决好物理场的兼容性,使两种体制的探测器互不干扰。

10.4.2 伪随机码 $0/\pi$ 调相脉冲多普勒复合调制引信

一、特点

这种引信有以下特点:
(1) 可同时获得距离和速度信息。

（2）采用窄脉冲取样、距离门选通和伪随机码相关检测，调制信号的复包络模糊函数近似为"图钉"型，距离分辨力好。在码元宽度之外至脉冲周期结束，其自相关函数的电平为零，具有"绝对"截止的距离特性，这有别于连续波伪随机码调相引信。所以，该种引信具有良好的距离截止特性和抗干扰能力。

（3）在码周期时间对应的距离内有不模糊的距离测量。

二、复合调制引信发火控制系统的组成及工作原理

伪随机码 $0/\pi$ 调相脉冲多普勒复合调制引信发火控制系统基本组成框图如图 10-18 所示。它由时序电路、发射电路、接收电路、信号处理电路、执行级电路和电源等组成。

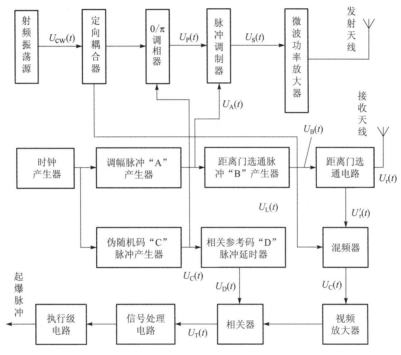

图 10-18　复合调制引信发火控制系统组成框图

时序电路由时钟产生器、调幅脉冲"A"产生器、距离门选通脉冲"B"产生器、伪随机码调相"C"脉冲产生器、相关参考码"D"脉冲延时器组成。主要功能是在时钟脉冲作用下，产生时序严格的各序列脉冲。

发射部分由射频振荡源、定向耦合器、$0/\pi$ 调相器、脉冲调制器、微波功率放大器、馈线和发射天线组成。其功能是向预定空间发射一定功率的、经伪随机码 $0/\pi$ 调相、由周期脉冲取样的射频脉冲信号。载波相位变化依伪随机码 0/1 取值而定。

接收部分由接收天线、馈线、距离门选通电路、混频器、视频放大器组成。接收由距离选通的射频信号，经零中频混频器，输出被多普勒频率调制的伪随机码双极性视频脉冲序列，并经视频放大处理。

信号处理电路由伪随机码相关器及有关电路组成。主要完成伪码相关解调（由双极性视频脉冲变为单极性视频脉冲）、多普勒信号检波等时域、频域处理，以获取目标特征信

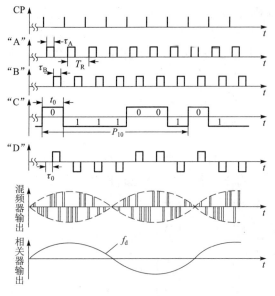

图 10-19 复合调制引信工作波形图

息,并在弹目交会适当的位置上输出启动信号。

参照图 10-19 所示的复合调制引信工作波形,以七位编码为例,复合调制引信工作过程简述如下。

射频源振荡器输出稳定的正弦电压 $U_{CW}(t)$,经定向耦合器输到 $0/\pi$ 调相器上。调相器在伪随机码 "C" 脉冲的作用下,对射频信号的相位进行 $0°$ 或 $180°$ 二相调制。调制后的信号在脉冲调制器经 "A" 脉冲取样后,送微波功率放大器放大,由发射天线向预定空间辐射。

由目标反射的部分回波信号 $U_r(t)$ 被接收天线接收,经传输线输送到距离门选通电路,在距离门 "B" 脉冲内的回波信号送到混频器与参考本振信号进行混频。距离门 "B" 脉冲外的回波信号将被抑制。混频器的参考本振信号是从射频源取得的少量连续波信号。混频器输出的零中频双极性视频伪码信号幅度被多普勒频率调制。该信号经视频放大处理后,送至伪码相关器,并与来自相关本地码延时器的 "D" 脉冲信号进行相关处理。

如果被距离门选通的目标回波信号与相关本地码 "D" 脉冲完全一致时,相关器输出的多普勒信号幅值最大;如果回波信号的延时与相关本地码 "D" 脉冲延时稍有差别时,相关器输出信号振幅下降,并且输出中包含有多普勒频率和编码信号的频率成分;如果目标回波信号延时与相关本地码 "D" 脉冲延时差别大于一个码元宽度而又小于下一个码元到来之时,因在距离门之外,相关器的输出为零。当目标回波信号延时与相关本地码 "D" 脉冲延时差为调制脉冲重复周期的整倍数时,因其极性差异而不相关。此时,相关器输出主要是编码信号频率成分,滤波器输出的多普勒频率信号的幅值很小,将下降至完全相关时的 $1/P$(其中 P 为伪随机序列的周期,当 P 足够大时,$1/P$ 近似为零)。相关器输出的多普勒信号,经时域、频域处理,获取目标特征信息和弹目交会信息,从而完成目标检测,并按预定起爆条件,形成引信启动信号,触发执行级电路输出起爆信号。

复合调制引信对回波信号进行距离选通和与本地码相关检测两次处理。因此,可以有效抑制引信作用距离之外的背景杂波和有源干扰信号,从而有较强的抗干扰性能。

三、复合调制引信发火控制系统信号分析

参阅图 10-19,复合调制引信各点信号波形数学表达式如下(忽略各信号的初始相位)。
射频振荡源输出信号为

$$U_{cw}(t) = A_{cw} \cos \omega_0 t \tag{10-5}$$

调相器输出信号为

$$U_{Hcw}(t) = A_H \cos [\omega_0 t + c_n(t) \pi] \tag{10-6}$$

脉冲调制器输出信号为

$$U_P(t) = R_{ect_A}\left[\frac{t}{\tau_A}\right] A_p \cos[\omega_0 t + c_n(t)\pi] \tag{10-7}$$

其中

$$R_{ect_A}\left[\frac{t}{\tau_A}\right] = \begin{cases} 1 & nT_R \leq t \leq nT_R + \tau_A \\ 0 & 其他 \end{cases} \quad (n=0,1,2,\cdots) \tag{10-8}$$

发射信号为

$$U_s(t) = R_{ect_A}\left[\frac{t}{\tau_A}\right] A_s \cos[\omega_0 t + c_n(t)\pi] \tag{10-9}$$

以上各式中，A 为对应各点信号的幅值；ω_0 为载波角频率；$c_n(t)$ 取值为 0 或 1，与伪随机码序列中的 0、1 状态相对应；T_R 为调制脉冲周期；τ_A 为调制脉冲宽度。

接收天线接收到的目标回波信号为

$$\begin{aligned} U_r(t) &= R_{ect_A}\left[\frac{t-\tau_R}{\tau_A}\right] A_r \cos[\omega_0(t-\tau_R) + c_n(t-\tau_R)\pi] \\ &= R_{ect_A}\left[\frac{t-\tau_R}{\tau_A}\right] A_r \cos[\omega_0 t + \omega_d t + c_n(t-\tau_R)\pi] \end{aligned} \tag{10-10}$$

$$\tau_R = \frac{2R(t)}{c}$$

式中，$R(t)$ 为弹目间瞬时距离；$c_n(t-\tau_R)$ 取值为 0 或 1；ω_d 为多普勒角频率；τ_R 为弹目间距离的时延。

经距离门脉冲 B 选通的目标回波信号为

$$U_r(t) = A_r R_{ect_B}\left[\frac{t-t_B}{\tau_B}\right] R_{ect_A}\left[\frac{t-\tau_R}{\tau_A}\right] \cos[\omega_0 t + \omega_d t + c_n(t-\tau_R)\pi] \tag{10-11}$$

$$R_{ect_B}\left[\frac{t-t_B}{\tau_B}\right] = \begin{cases} 1 & nT_R + t_B \leq t \leq nT_R + t_B + \tau_B \\ 0 & 其他 \end{cases} \quad (n=0,1,2,\cdots) \tag{10-12}$$

式中，t_B 为距离门延时时间（引信预定的作用距离对应时间）；τ_B 为距离门的脉冲宽度。

混频器输出信号为

$$\begin{aligned} U_c(t) &= A_c R_{ect_B}\left[\frac{t-t_B}{\tau_B}\right] R_{ect_A}\left[\frac{t-\tau_R}{\tau_A}\right] \cos[\omega_d t + c_n(t-\tau_R)\pi] \\ &= C_{nm}(t-\tau_R) A_c R_{ect_B}\left[\frac{t-t_B}{\tau_B}\right] R_{ect_A}\left[\frac{t-\tau_R}{\tau_A}\right] \cos \omega_d t \end{aligned} \tag{10-13}$$

式中，$C_{nm}(t-\tau_R)$ 表示 +1 或 -1，与伪随机码的极性相对应。

延时器输出延时为 τ_0 的伪随机相关本地码为

$$U_d(t) = C_{nd}(t-\tau_0) \tag{10-14}$$

滤波器积分时间为 T 的相关器输出信号为

$$U_{T_1}(t) = \frac{1}{T}\int_0^T R_{ect_B}\left[\frac{t-t_B}{\tau_B}\right] R_{ect_A}\left[\frac{t-\tau_R}{\tau_A}\right] c_n(t-\tau_R) c_{nd}(t-\tau_0) \cos \omega_d t \cdot dt \tag{10-15}$$

如果 $R_{ect_B}\left[\frac{t-t_B}{\tau_B}\right]$、$R_{ect_A}\left[\frac{t-\tau_R}{\tau_A}\right]$ 均为 1，上式变为

$$U_{T_2}(t) = \frac{1}{T}\int_0^T c_n(t-\tau_R)c_{nd}(t-\tau_0)\cos\omega_d t \cdot dt \tag{10-16}$$

若不考虑多普勒频率的影响，设 $t'=t-\tau_0$，$\tau'=\tau_R-\tau_0$，并代入式（10-16），可得

$$U_{T_3}(t) = \frac{1}{T}\int_0^T c_n(t'-\tau')c_{nd}(t')dt' \tag{10-17}$$

式（10-17）即为伪随机码的自相关函数，其值为

$$U_{T_3}(t) = \begin{cases} 1-\dfrac{P+1}{Pt_0}|\tau'-Pkt_0| & 0\leqslant|\tau'-Pkt_0|\leqslant t_0 \quad (k=0,1,2,\cdots) \\ -1/P & \text{其他} \end{cases} \tag{10-18}$$

式中，P 为伪随机序列周期；t_0 为码元宽度。

$U_{T_3}(t)$ 的波形如图 10-20 所示。

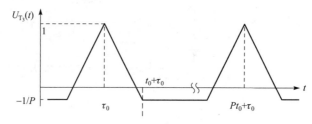

图 10-20　伪随机码自相关函数

考虑到脉冲"A"的取样作用，相关器的输出为图 10-21 所示。

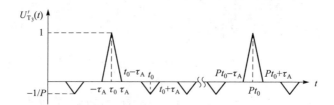

图 10-21　复合调制引信相关函数

式（10-18）积分结果（未考虑多普勒频率影响）为

$$U'_{T_3}(t) = \begin{cases} 1-\dfrac{P+1}{P\tau_A}|\tau'-PkT_R| & 0\leqslant|\tau'-PkT_R|\leqslant t_A \\ -\dfrac{1}{P}+\dfrac{1}{P\tau_A}|\tau'-PkT_R| & kT_R-\tau_A\leqslant\tau'\leqslant kT_R+\tau_A \\ 0 & \text{其他} \end{cases} \tag{10-19}$$

式中，$k=0,1,2,\cdots$

从图 10-21 可以看出，在 $\tau_R=\tau_0$（$\tau'=0$）时，即目标处在引信预定的作用距离上，相关器有最大输出；当目标位置对应的 τ_R 处在调制脉冲重复周期附近（即在距离副瓣区域）时，因其不相关，相关器输出很小，即与 $\tau_R=\tau_0$ 相比，幅度降低了 P 倍；在其他位置时，因其脉冲"A""B"的取样作用，目标处在截止区域，相关器输出为 0，可以获得绝对截止的距离特性，从而有很好的抑制地海杂波和抗干扰能力。

四、复合调制探测器参数选择的原则

复合调制探测器的发射回路、接收机前端的设计及参数计算与一般脉冲多普勒引信相同。下面只讨论与伪随机码有关的参数设计、选择和计算。确定伪码参数主要考虑引信总体参数中的距离分辨力、作用距离、距离截止特性和抑制背景杂波干扰能力等技术要求。

1. 调制脉冲"A"宽度 τ_A 的确定

调制脉冲宽度 τ_A 决定了引信作用距离和距离的分辨力。它与距离选通波门脉冲"B"相结合,决定了引信的作用距离、距离截止特性的陡峭程度和引信的安全工作高度。这可由前面图10-21看出。因而 τ_A 的最大宽度是由引信的截止距离和距离选通脉冲 τ_B 联合确定。τ_A 的最小值受作用距离、工程实现难易程度等因素的限制。

τ_A 可由下式计算:

$$\tau_A = \frac{2R_j}{c} - \tau_B \quad (10-20)$$

式中,R_j 为截止距离,若调制脉冲"A"和距离门选通脉冲"B"宽度相同,则 $\tau_A = \frac{R_j}{c}$。

2. 相关本地码延迟时间 τ_0 的确定

相关本地码延迟时间 τ_0 由预定的引信作用距离来选取。对于 τ_A 脉冲宽度较小,而作用距离范围又较大的,可以采取多个相关器输出叠加的方法来解决。每个相关器的本地码,分别采取相对应的延迟时间。

3. 伪随机码码元宽度 t_0 的确定

复合调制引信设计时,为便于系统同步,通常都将伪随机码的码元宽度 t_0 与调制取样脉冲"A"的周期 T_R 选为一致。码元宽度 t_0 时间应大于引信截止距离相对应的时间。考虑到调制相位状态转换到稳定需要的时间、引信电路对脉冲"A"及回波脉冲的延迟时间,码元宽度 t_0 应取为 3~5 倍的截止距离对应的时间。

4. 伪随机码序列周期 P 的确定

伪随机码序列周期 P 的选择,主要从四个方面来考虑。

(1)从相关函数的副瓣值 $1/P$ 来看,P 越长,副瓣值越小,抑制背景干扰的能力越强。因而可以根据抑制引信作用距离之外的背景杂波干扰的要求值,来选择 P 的大小。

(2)为使相关器的滤波器输出的多普勒信号不失真,工程上要求码频率大于4倍的多普勒最大频率,即 $\Delta f_{dmax} \leq \frac{1}{Pt_0}$,按此选取码长 P。

(3)由图10-21看出,伪随机码自相关函数是周期性的,周期长为 $T_P = Pt_0$,存在模糊距离 $R_{amax} = cPt_0/2$。在选择 P 值时,若引信的不模糊工作距离为 R_{amax},则要求 $P \geq R_{amax}/(ct_0)$。

(4)在忽略相关增益的情况下,仅从抑制背景杂波,提高抗干扰性能和使码频率与多普勒信号频率不混淆(码频率被抑制在相关滤波器的通带之外)方面考虑,可以选择较长的码长。

10.4.3 电容-微波复合引信

电容-微波复合引信原理方框图如图10-22所示。

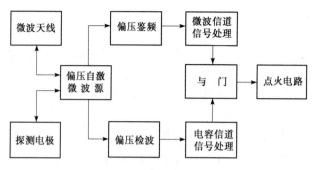

图 10-22 电容-微波复合引信原理方框图

由图 10-22 可知，此引信通过两个信道获取目标信息，一路是微波探测器，一路是电容探测器。此复合引信采取串联方式，微波信道预警，电容信道定距。此复合引信虽然是利用两种物理场探测目标（静电场和微波辐射场），但只用一个场源，这就使电路大大简化。

引信工作过程如下：接通电源后，偏压自激微波源产生 10.8 GHz 的微波振荡，通过馈线将此电磁振荡耦合到微波天线。微波天线向空间辐射微波振荡信号。在弹目接近到一定距离时，天线接收到目标的反射信号，经偏压鉴频器得到多普勒信号，经信号处理电路进行目标识别、距离判定，在距要求的炸点之前一段距离输出给与门电路一信号，使与门处在打开状态。偏压自激中频信号作为电容探测器的场源，当弹目接近到预定炸点距离时电容信号处理电路输出一信号给与门，与门电路输出启动信号给点火电路，电雷管起爆。

一、微波探测器

此微波探测器实质是一个偏压自激微波自差机。微波信道全电路方框图如图 10-23 所示。

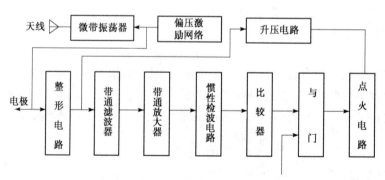

图 10-23 微波信道电路框图

偏压自激微波自差机利用体效应振荡器的负微分电导特性使体效应振荡器的偏压产生中频自激，中频自激偏压对微波振荡产生脉冲调制，通过天线对外辐射脉冲信号。当目标出现时，回波信号对偏压自激信号产生调频作用。当弹目存在相对运动时，调制的频率为多普勒频率，通过对偏压自激信号进行鉴频可得到多普勒信号。

体效应振荡器的微波等效电路如图 10-24 所示。图中 D 为耿氏二极管。若器件工作在猝灭模式，那么流入振荡器的电流 I_b 就是流过器件端面电流 i 的平均值，即

$$I_b = \frac{1}{T}\int_0^T i(t)\,\mathrm{d}t \qquad (10\text{-}21)$$

式中，$T=2\pi/\omega$ 为微波振荡周期。

根据器件的瞬态特性和方程式（10-21）可以得到此振荡器的输入特性，如图10-25所示。可以利用这一特性使振荡器的偏压处于自激状态。

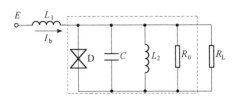

图10-24 体效应振荡器的微波等效电路

在图10-24中虚线之间的部分为振荡器，R_L为振荡器的负载，L_1为偏压激励元件。一般情况下，振荡器的偏置端工作在相对微波而言的低频状态，因此，可以把振荡器看成具有图10-25所示输入特性的没有电荷存储的二端网络。因而可以把图10-24的电路看成电源E、电感L_1和振荡器相串接的电路，并有

$$E = L_1\frac{\mathrm{d}I_b}{\mathrm{d}t}+u_b \qquad (10\text{-}22)$$

又可以写成

$$\tau(u_b)\frac{\mathrm{d}u_b}{\mathrm{d}t}+u_b = E \qquad (10\text{-}23)$$

式中，$\tau(u_b) = g(u_b)L_1$，$g(u_b)$为图10-25所示曲线的微分电导。从方程式（10-22）和式（10-23）可以计算出振荡器偏压的时域波形，从波形可知偏压确实处于自激状态。

微波振荡受到自激偏压的调制，使振荡成为脉冲振荡。

微波振荡器采用微带振荡器，主要由匹配传输线、微带谐振腔、耿氏器件以及低通滤波器组成。

天线收发共用，采用介质天线，介质天线由近似偶极子的探针作馈源。E面方向图波瓣宽度$40°$，H面方向图波瓣宽度约$80°$。由于天线与耿氏管之间是由微带传输线匹配的，所以，可以用图10-26所示的等效电路来分析天线阻抗变化对振荡器参数的影响。图中Z_A为天线的等效输入阻抗，Z_d是负阻激励器件的等效阻抗，Z是天线输入阻抗经匹配传输线变换后在AA'面的等效阻抗。当有回波信号时，天线等效输入阻抗要发生变化，即$Z_A' = Z_A + \Delta Z_A$。Z是频率f和Z_A的函数；Z_d是频率f、负阻器件偏压u和微波振荡幅度u_m的函数。

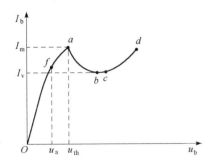

图10-25 振荡器输入特性曲线

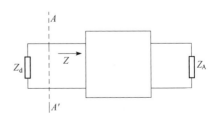

图10-26 用以分析天线阻抗对振荡器影响的等效电路

$$Z_d = Z_d(f, u, u_m) \brace Z = Z(f, Z'_A)} \quad (10\text{-}24)$$

$$Z_d = R_d + jX_d \brace Z = R + jX} \quad (10\text{-}25)$$

稳定振荡时有

$$Z_d(u, u_m, f) + Z(f, Z'_A) = 0$$

即

$$R_d(u, u_m, f) + R(f, Z'_A) = 0 \brace X_d(u, u_m, f) + X(f, Z'_A) = 0} \quad (10\text{-}26)$$

由于 Z_A 是以多普勒频率周期性变化的，变化量随目标的靠近而增大，因此 $R(t, Z'_A)$、$X(f, Z'_A)$ 也是以多普勒频率周期性变化的。为了满足方程式（10-26）的稳定振荡条件，$R_d(u, u_m, f)$、$X_d(u, u_m, f)$ 必然调整自己的大小而周期性地变化。由于 R_d、X_d 的大小是由耿氏器件本身决定的，它们的大小变化必然导致振荡器伏安特性的变化，它的变化是周期性的，因而必导致建立在伏安特性上的偏压振荡波形也发生相应的变化，即偏压振荡信号的幅度和周期也以多普勒频率周期性变化。变化的速度反映了目标与天线的相对速度信息，变化的幅度反映了目标的距离信息。因此，只要从偏压振荡信号的幅度变化或从其频率变化中将多普勒信号提取出来，就能实现对目标信息的提取。

二、电容探测支路

在此复合引信中，电容探测器没有单独的场源，而是用微波探测器的偏压自激信号作为场源，这就使得电路大为简化。目标信号经检波、放大、目标识别等处理后加到与门电路的一个输入端。

电容-微波复合探测器的方向图如图 10-27 所示。

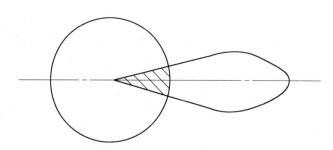

图 10-27 电容-微波复合探测方向图

图中阴影部分为电容探测方向图与微波方向图的共有部分。仅当目标在此区域内出现时引信才起作用，因此，可以使复合引信抗干扰能力比单一体制的探测器要好得多。

常用的复合引信还有反坦克雷用的地震-磁复合引信，反直升机雷用的声-红外复合引信，反坦克导弹用的激光-磁复合引信，末敏弹用的毫米波-红外复合引信。这些复合引信的探测原理都已经学习过，在复合体制中主要是信号处理结合方式问题，电磁兼容性和结构兼容性问题，此处不一一赘述。

第 11 章
近感引信总体设计的有关问题

11.1 引言

　　引信是武器系统中一个独立部分，又和武器系统密切相关。引信设计得是否合理，性能指标是否先进，将直接影响武器系统的作战效果。尤其是近感引信，在我国发展较晚。经过仿制阶段，积累经验以后，才进入自行设计产品阶段。设计理论，特别是总体性能设计水平，对产品性能会产生较大影响。因此，开展引信总体设计工作，完善引信设计理论，提高引信设计水平，是引信发展不可忽视的一个重要问题。

　　引信总体设计所涉及的问题较多，涉及面又相当广，既有理论问题，又有技术问题，涉及系统科学、控制科学、信息科学、机械、力学、化学、无线电、光学、电子学、电磁学等。如设计炮弹的引信时，必须知道弹药系统的用途、弹药的内外弹道性能、弹丸（战斗部）的特性和参数、保管运输和使用环境，还必须知道弹药的尺寸和形状，分配给引信的位置、空间大小、几何形状和尺寸、引信的最大允许质量等。此外，还应对目标的特性进行分析，了解目标的类型、主要作战对象、目标的性能和诸元、目标的有效反射面积和易损面积、目标的最小击毁比动能等。设计导弹引信时，还必须了解制导系统的类型和精度以及战术使用条件等。要使引信和制导系统相结合，应充分利用制导信息，同时还必须知道导弹控制面的尺寸和最大活动量。因此种控制面的活动，可能干扰引信辐射方向图，并产生虚假信号使引信早炸。然后，对引信的总体性能进行战术技术论证，主要是对引战配合、抗干扰和可靠性三大指标进行论证。在以上的基础上，选择能满足上述要求的最佳体制方案，给出方框图，并进行总体参数分配。所设计的引信经过模拟、仿真等试验，发现不能很好满足战术技术要求时，就要调整参数，改进设计方案或提出新的引信设计方案。

　　综上所述，引信总体设计的内容概括如下：引信主要战术技术指标论证，包括引战配合、抗干扰及可靠性等主要技术途径的选择，即提出能满足上述要求的最佳方案；进行总体参数分配，即提出对各部件的技术指标。

　　本章由于篇幅所限，不可能介绍总体设计的全部内容，只能介绍几个有关总体设计主要内容的基本概念，如引战配合、抗干扰及可靠性的基本概念。为进行战术技术指标的论证，必须了解确定引信主要战术技术指标的依据，即单发杀伤概率的概念。而单发杀伤概率、引战配合和抗干扰等问题的研究均需定义在一定的坐标系内，因此，还需了解有关坐标系及其相互转换的问题。

11.2 目标和弹的坐标系及其转换

在分析近感引信的效率、引战配合和抗干扰等问题时,需要知道目标和弹在遭遇状态时的运动参数和姿态、分析目标的易损部位及要害部位的分布位置、目标辐射场的特性、确定引信对目标的启动区域和战斗部破片的飞散空域、导弹相对目标的脱靶空域等,这些空域及其分布均需定义在一定的坐标系内。例如,引信启动区与战斗部破片飞散区往往定义在与弹体相关联的弹体坐标系内,脱靶量的分布通常定义在弹与目标相关联的相对速度坐标系内,目标要害部位的分布、目标无线电散射方向图和红外辐射方向图则通常定义在与目标机体相关联的目标坐标系内,弹和目标的飞行弹道参数往往在与地面发射点相关联的地面坐标系内给出。

11.2.1 地面坐标系

地面坐标系用来确定弹与目标的各种弹道参数,例如目标、导弹在遭遇点的位置、速度、姿态角等,用 $Ox_g y_g z_g$ 来表示。

地面坐标系的定义为:坐标原点 O 设在弹发射点(或取在炮位)或地面跟踪站中某一固定的基准点。在分析引战配合效率时又往往平移到目标或弹的某基准点上。Ox_g 轴位于水平面上,即与弹发射时的目标飞行水平航向平行(或与目标速度矢量在水平面上投影平行),对目标迎攻时,Ox_g 轴取与目标速度水平分量方向相反为正,尾追时 Ox_g 轴取与目标速度水平分量方向相同为正。Oy_g 轴取垂直向上。Oz_g 轴与 Ox_g、Oy_g 轴构成右手坐标系,如图 11-1 所示。在这个坐标系中,目标位置的 Oy_g 表示目标的高度 H,目标位置的 Oz_g 轴分量的绝对值即为导弹发射瞬间的航路捷径 P。

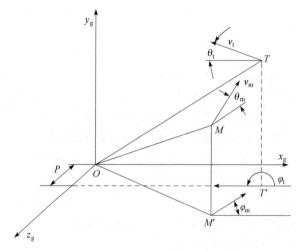

图 11-1 地面坐标系

弹的速度矢量 v_m 在地面坐标系中的方向可以用两个角度来确定:弹的偏航角和弹的弹道倾角。弹道倾角 θ_m 是弹的纵轴和水平面的夹角(这里假设弹速与弹的纵轴一致),偏航角 φ_m 是弹的纵轴在水平面上的投影和 Ox_g 轴的夹角。已知 φ_m、θ_m 角就可以通过下面的坐

标转换关系确定弹速在地面坐标系内的三个分量

$$\begin{bmatrix} v_{mx_g} \\ v_{my_g} \\ v_{mz_g} \end{bmatrix} = M_y[-\varphi_m] \, M_z[-\theta_m] \begin{bmatrix} v_m \\ 0 \\ 0 \end{bmatrix} \tag{11-1}$$

这里用 $M[\ ]$ 表示坐标转换的 3×3 方阵，用 $M_x[\varphi]$ 表示绕 x 轴转 φ 角的坐标转换矩阵，其展开形式为

$$M_x[\varphi] = \begin{bmatrix} 1 & 0 & 0 \\ 0 & \cos\varphi & \sin\varphi \\ 0 & -\sin\varphi & \cos\varphi \end{bmatrix}$$

同理，在式（11-1）中 $M_y[-\varphi_m]$ 表示绕 y 轴旋转 $-\varphi_m$ 角的转换矩阵

$$M_y[-\varphi_m] = \begin{bmatrix} \cos(-\varphi_m) & 0 & -\sin(-\varphi_m) \\ 0 & 1 & 0 \\ \sin(-\varphi_m) & 0 & \cos(-\varphi_m) \end{bmatrix} \tag{11-2}$$

在式（11-1）中 $M_z[-\theta_m]$ 表示绕 z 轴旋转 $-\theta_m$ 角的转换矩阵

$$M_z[-\theta_m] = \begin{bmatrix} \cos(-\theta_m) & \sin(-\theta_m) & 0 \\ -\sin(-\theta_m) & \cos(-\theta_m) & 0 \\ 0 & 0 & 1 \end{bmatrix} \tag{11-3}$$

目标速度矢量 v_t 在地面坐标系内的三个分量同样可表示为

$$\begin{bmatrix} v_{tx_g} \\ v_{ty_g} \\ v_{tz_g} \end{bmatrix} = M_y[-\varphi_t] \, M_z[-\theta_t] \begin{bmatrix} v_t \\ 0 \\ 0 \end{bmatrix} \tag{11-4}$$

式中，φ_t、θ_t 分别为目标的航向角及飞行轨迹倾角。

弹与目标相对运动速度矢量 v_r 定义为

$$v_r = v_m - v_t \tag{11-5}$$

v_r 在地面坐标系内的三个分量可表示为

$$\begin{bmatrix} v_{rx_g} \\ v_{ry_g} \\ v_{rz_g} \end{bmatrix} = \begin{bmatrix} v_{mx_g} - v_{tx_g} \\ v_{my_g} - v_{ty_g} \\ v_{mz_g} - v_{tz_g} \end{bmatrix} \tag{11-6}$$

相对运动速度值 v_r 为

$$v_r = \sqrt{v_{rx_g}^2 + v_{ry_g}^2 + v_{rz_g}^2} \tag{11-7}$$

v_r 在地面坐标系中的方向可用 φ_r 及 θ_r 角来表示，如图 11-2 所示。

$$\tan\varphi_r = -v_{rz_g}/v_{rx_g}, \quad -\pi \leqslant \varphi_r \leqslant \pi \tag{11-8}$$

$$\sin\theta_r = v_{ry_g}/v_r, \quad -\pi/2 < \theta_r < \pi/2 \tag{11-9}$$

式中，φ_r 称为相对速度偏航角；θ_r 称为相对速度倾角。

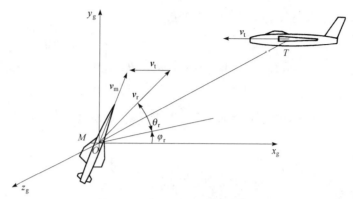

图 11-2 相对运动速度矢量 v_r

11.2.2 弹体坐标系

弹体坐标系主要用来描述引信的启动区、破片的飞散特性和近感引信敏感装置的方向图等。用 $Ox_m y_m z_m$ 表示。

弹体坐标系的定义为：坐标原点 O 一般设在弹的几何中心，Ox_m 轴沿弹纵轴指向弹头，Oy_m 轴取在对称平面内向上，Oz_m 轴与 Ox_m、Oy_m 构成右手坐标系，如图 11-3 所示。

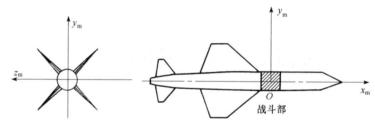

图 11-3 弹体坐标系

在弹体坐标系中可以给出诸如无线电引信天线方向图和光学引信视场方向图等近感引信探测方向图，此时坐标原点移至引信天线中心和光学视场中心。还可给出战斗部破片静态和动态飞散区。在给出上述探测方向图或飞散区时，通常采用球坐标系更为方便，此时用下面的球坐标变换

$$\tan \beta = z_m / y_m, \quad 0 \leqslant \beta < 2\pi \tag{11-10}$$

$$R_m = \sqrt{x_m^2 + y_m^2 + z_m^2}$$
$$\cos \varphi = x_m / R_m, \quad 0 \leqslant \varphi \leqslant \pi \tag{11-11}$$

式中，R_m 为离原点的斜距；β 为弹体球坐标方位角；φ 为对弹纵轴的倾角。

11.2.3 目标坐标系

目标坐标系用来描述目标的各种物理场的辐射特性（包括二次辐射特性）及其分布位置，还可以用来描述目标要害部位的位置及其分布。用 $Ox_t y_t z_t$ 表示。

目标坐标系的定义为：坐标原点 O 通常设在目标的几何中心，但有时也可设在与目标机体相关联的其他特征点，如目标红外辐射源中心等。Ox_t 轴沿目标纵轴正方向，Oy_t 轴与

Ox_t 轴垂直取在目标对称平面内，向上为正。Oz_t 轴与 Ox_t、Oy_t 轴构成右手坐标系，如图 11-4 所示。

11.2.4 相对速度坐标系

相对速度坐标系是计算武器系统效率和分析研究引战配合中采用的一种特殊坐标系。用 $Ox_r y_r z_r$ 表示。

相对速度坐标系的定义为：坐标原点 O 根据需要通常设在战斗部或目标的几何中心。设在战斗部中心的叫做弹联相对速度坐标系；设在目标中心的叫做目联相对速度坐标系。以目联相对速度坐标系为例，Ox_r 轴取与弹目相对速度矢量 v_r 平行，且取 v_r 正方向为正。Oy_r 轴取在垂直平面内，Oz_r 轴取在水平面内。与 Ox_r 轴构成右手坐标系。如图 11-5 所示。

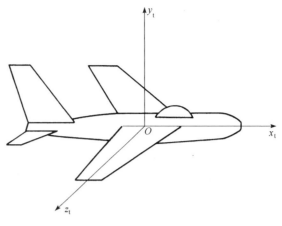

图 11-4 目标坐标系

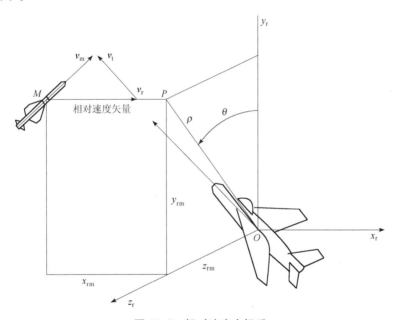

图 11-5 相对速度坐标系

在相对速度坐标系内可以给出弹相对于目标的脱靶量 ρ 及脱靶方位 θ。$Oy_r z_r$ 平面与相对弹道垂直，称为脱靶平面，在此平面上定义脱靶量与脱靶方位。相对运动轨迹与脱靶平面的交点 P 称为脱靶点，战斗部中心沿相对运动轨迹运动时离目标中心的最小距离 ρ（脱靶点 P 与目标中心 O 的连线 OP 长度）称为脱靶量，而 OP 线在脱靶平面上的方位角 θ（OP 与 Oy_r 轴的夹角）称为脱靶方位。弹道的散布误差（导弹的制导误差）一般在脱靶平面内给出。ρ 及 θ 的表示式为

$$\rho = \sqrt{y_r^2 + z_r^2} \quad (11-12)$$

$$\tan\theta = z_r/y_r \quad (0 \leq \theta < \pi) \tag{11-13}$$

11.2.5 坐标系之间的转换

在研究引战配合问题时要建立许多数学模型,会遇到各种各样的问题,如静态和动态、弹与目标、运动与相对运动等。要用一个坐标系来解决所有这些问题,将是很困难的。针对不同的问题,建立相应的坐标系分别求解,然后再利用坐标变换关系将其统一起来。

为了讨论问题方便,在坐标转换过程中,作如下假设:

(1) 弹的迎角、侧滑角和滚动角为零,即弹的纵轴与弹的速度方向一致。

(2) 目标的迎角、侧滑角和滚动角为零,即目标的纵轴与其速度方向一致。

(3) 在所有坐标变换中,只考虑旋转变换,而不考虑平移变换。

以弹为例,说明迎角、侧滑角和滚动角的定义,如图 11-6 所示。弹的迎角 α_m 是弹的纵轴与弹的速度矢量在弹的主对称面(对常规弹药指弹道平面)上的投影之间的夹角;弹的侧滑角 β_m 是弹的速度矢量和弹的主对称面(或弹道平面)之间的夹角;弹的滚动角 γ_m (有的叫倾斜角)主要是对导弹而言,是指过导弹纵轴的铅直平面和导弹的主对称面之间的夹角。

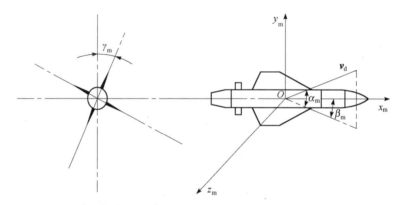

图 11-6 迎角、侧滑角、滚动角表示图

一、弹体坐标系与地面坐标系的转换

这两个坐标系之间的转换是通过弹的偏航角 φ_m 和弹的弹道倾角 θ_m 来完成的。先将弹体坐标系绕 z_m 轴转 θ_m 角,再绕 y_m 轴旋转 φ_m 角,在方向上就与地面坐标系完全一致了。假定,逆时针旋转为正,顺时针旋转为负。则由弹体坐标系向地面坐标系的转换关系为

$$\begin{bmatrix} x_g \\ y_g \\ z_g \end{bmatrix} = \boldsymbol{M}_{y_m}[\varphi_m] \cdot \boldsymbol{M}_{z_m}[-\theta_m] \begin{bmatrix} x_m \\ y_m \\ z_m \end{bmatrix} \tag{11-14}$$

式中

$$\boldsymbol{M}_{y_m}[\varphi_m] = \begin{bmatrix} \cos\varphi_m & 0 & -\sin\varphi_m \\ 0 & 1 & 0 \\ \sin\varphi_m & 0 & \cos\varphi_m \end{bmatrix} \tag{11-15}$$

$$M_{z_m}[-\theta_m] = \begin{bmatrix} \cos\theta_m & \sin\theta_m & 0 \\ -\sin\theta_m & \cos\theta_m & 0 \\ 0 & 0 & 1 \end{bmatrix} \tag{11-16}$$

将式（11-15）和式（11-16）代入式（11-14），得

$$\begin{bmatrix} x_g \\ y_g \\ z_g \end{bmatrix} = M_{mg} \begin{bmatrix} x_m \\ y_m \\ z_m \end{bmatrix} \tag{11-17}$$

式中

$$M_{mg} = \begin{bmatrix} \cos\varphi_m\cos\theta_m & \cos\varphi_m\sin\theta_m & -\sin\varphi_m \\ -\sin\theta_m & \cos\theta_m & 0 \\ \cos\theta_m\sin\varphi_m & \sin\varphi_m\sin\theta_m & \cos\varphi_m \end{bmatrix} \tag{11-18}$$

M_{mg}表示将弹体坐标系转换到地面坐标系的变换矩阵。所有坐标旋转转换矩阵均为正交矩阵。

地面坐标系转到弹体坐标系的变换矩阵为

$$M_{gm} = M'_{mg} = \begin{bmatrix} \cos\varphi_m\cos\theta_m & -\sin\theta_m & \cos\theta_m\sin\varphi_m \\ \cos\varphi_m\sin\theta_m & \cos\theta_m & \sin\varphi_m\sin\theta_m \\ -\sin\varphi_m & 0 & \cos\varphi_m \end{bmatrix} \tag{11-19}$$

M_{gm}为M_{mg}的转置矩阵，也是M_{mg}的逆矩阵，故有

$$\begin{bmatrix} x_m \\ y_m \\ z_m \end{bmatrix} = M_{gm} \begin{bmatrix} x_g \\ y_g \\ z_g \end{bmatrix} \tag{11-20}$$

二、目标坐标系与地面坐标系的转换

这两个坐标系之间的转换是通过目标的航向角φ_t和目标飞行轨迹倾角θ_t（也可称为俯仰角）来完成的。先将目标坐标系绕z_t轴转θ_t角，在方向上就与地面坐标系完全一致了。其转换关系为

$$\begin{bmatrix} x_g \\ y_g \\ z_g \end{bmatrix} = M_{y_t}[-\varphi_t] \cdot M_{z_t}[-\theta_t] \begin{bmatrix} x_t \\ y_t \\ z_t \end{bmatrix} = M_{tg} \begin{bmatrix} x_t \\ y_t \\ z_t \end{bmatrix} \tag{11-21}$$

式中

$$M_{tg} = \begin{bmatrix} \cos\varphi_t\cos\theta_t & \cos\varphi_t\sin\theta_t & -\sin\varphi_t \\ -\sin\theta_t & \cos\theta_t & 0 \\ \cos\theta_t\sin\varphi_t & \sin\varphi_t\sin\theta_t & \cos\varphi_t \end{bmatrix} \tag{11-22}$$

地面坐标系转到目标坐标系的变换矩阵为

$$M_{gt} = M'_{tg} = \begin{bmatrix} \cos\varphi_t\cos\theta_t & -\sin\theta_t & \cos\theta_t\sin\varphi_t \\ \cos\varphi_t\sin\theta_t & \cos\theta_t & \sin\varphi_t\sin\theta_t \\ -\sin\varphi_t & 0 & \cos\varphi_t \end{bmatrix} \tag{11-23}$$

矩阵 M'_{tg} 为 M_{gt} 的转置矩阵，则

$$\begin{bmatrix} x_t \\ y_t \\ z_t \end{bmatrix} = M_{gt} \begin{bmatrix} x_g \\ y_g \\ z_g \end{bmatrix} \quad (11-24)$$

三、弹联相对速度坐标系到弹体坐标系的转换

根据弹体坐标系和弹联相对速度坐标系的定义可知，这两个坐标系的原点重合，Oy_m 轴和 Oy_r 轴重合。所不同的只是 $x_r Oz_r$ 平面相对 $x_m Oz_m$ 平面绕轴 Oy_r 旋转了一个 γ 角，如图 11-7 所示。弹联相对速度坐标系转换到弹体坐标系的关系式为

$$\begin{bmatrix} x_m \\ y_m \\ z_m \end{bmatrix} = M_r[\gamma] \begin{bmatrix} x_r \\ y_r \\ z_r \end{bmatrix} \quad (11-25)$$

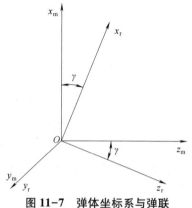

图 11-7　弹体坐标系与弹联相对速度坐标系

式中

$$M_r[r] = \begin{bmatrix} \cos\gamma & 0 & -\sin\gamma \\ 0 & 1 & 0 \\ \sin\gamma & 0 & \cos\gamma \end{bmatrix} \quad (11-26)$$

同理，从弹体坐标系到弹联相对速度坐标系的转换可以用 $M_r[\gamma]$ 的转置矩阵来表示，即

$$\begin{bmatrix} x_r \\ y_r \\ z_r \end{bmatrix} = M'_r[\gamma] \begin{bmatrix} x_m \\ y_m \\ z_m \end{bmatrix} \quad (11-27)$$

式中

$$M'_r[\gamma] = \begin{bmatrix} \cos\gamma & 0 & \sin\gamma \\ 0 & 1 & 0 \\ -\sin\gamma & 0 & \cos\gamma \end{bmatrix} \quad (11-28)$$

11.3　单发杀伤概率

单发杀伤概率是确定弹药系统战术技术指标的主要依据，也是武器系统效率评定的一项重要因素。

导弹杀伤目标是一个复杂的随机事件，可看成由两个独立的随机事件组成。第一个是弹丸（战斗部）爆炸发生在相对于目标坐标 (x,y,z) 空间的给定点 (x,y,z) 爆炸时，杀伤单个目标的概率，用目标坐标杀伤概率 $p_d(x,y,z)$ 确定。

如果在接近 (x,y,z) 点处单元体积 $dxdydz$ 内，弹丸（战斗部）爆炸的概率用炸点相对于目标的分布密度函数 $S_g(x,y,z)$ 表示。则弹丸（战斗部）在给定点 (x,y,z) 附近的单元体积 $dxdydz$ 内爆炸时，毁伤目标的概率由概率乘法定理确定为

$$\mathrm{d}p_1 = p_\mathrm{d}(x,y,z) S_\mathrm{g}(x,y,z) \mathrm{d}x \mathrm{d}y \mathrm{d}z$$

单发杀伤概率可用下式表示

$$p_1 = \int_{-\infty}^{\infty} \int_{-\infty}^{\infty} \int_{-\infty}^{\infty} p_\mathrm{d}(x,y,z) S_\mathrm{g}(x,y,z) \mathrm{d}x \mathrm{d}y \mathrm{d}z \tag{11-29}$$

我们将上式坐标系转换为相对速度坐标系,这样在遭遇段导弹相对目标做平行于 x_r 轴的直线运动,导弹的脱靶量 ρ 及脱靶方位 θ 在相对运动时保持不变,因此,单发杀伤概率可用相对速度坐标系中的圆柱坐标 (ρ, θ, x_r) 来表示,此时上式中

$$S_\mathrm{g}(x_\mathrm{r}, y_\mathrm{r}, z_\mathrm{r}) = f_\mathrm{g}(\rho, \theta) f_\mathrm{f}(x_\mathrm{r}/\rho, \theta) p_\mathrm{f}(\rho, \theta) \tag{11-30}$$

式中,$f_\mathrm{g}(\rho, \theta)$ 为引导误差随 ρ、θ 二维分布的分布密度函数;$f_\mathrm{f}(x_\mathrm{r}/\rho, \theta)$ 为脱靶条件为 ρ、θ 时,引信启动点沿 x_r 轴的分布密度函数;$p_\mathrm{f}(\rho, \theta)$ 为脱靶条件为 ρ、θ 时,引信的启动概率。于是

$$p_1 = \int_{-\infty}^{\infty} \int_{-\infty}^{\infty} f_\mathrm{g}(\rho, \theta) p_\mathrm{f}(\rho, \theta) \int_{-\infty}^{\infty} f_\mathrm{f}(x_\mathrm{r}/\rho, \theta) \mathrm{d}\rho \mathrm{d}\theta \tag{11-31}$$

令

$$p_\mathrm{df}(\rho, \theta) = p_\mathrm{f}(\rho, \theta) \int_{-\infty}^{\infty} f_\mathrm{f}(x_\mathrm{r}/\rho, \theta) p_\mathrm{d}(x_\mathrm{r}/\rho, \theta) \mathrm{d}x_\mathrm{r} \tag{11-32}$$

式中,$p_\mathrm{d}(x_\mathrm{r}/\rho, \theta)$ 为炸点在 ($x_\mathrm{r}/\rho, \theta$) 条件下战斗部爆炸时对目标的毁伤概率,即三维坐标毁伤规律。则有

$$p_1 = \int_{-\infty}^{\infty} \int_{-\infty}^{\infty} f_\mathrm{g}(\rho, \theta) p_\mathrm{df}(\rho, \theta) \mathrm{d}\rho \mathrm{d}\theta \tag{11-33}$$

式中,p_df 仅与 ρ、θ 坐标有关,叫二维目标毁伤概率。即通过脱靶平面上某一点 (ρ, θ) 的一条弹道上,对应引信起爆点的散布 $f_\mathrm{f}(x_\mathrm{r}/\rho, \theta)$,所获得的条件坐标毁伤概率。它与引导误差 ρ、θ 的散布无关,故可用来评定引信与战斗部自身配合效率的指标。

由式 (11-33) 可看出,决定 p_1 大小的主要是 $f_\mathrm{g}(\rho, \theta)$ 和 $p_\mathrm{df}(\rho, \theta)$。$f_\mathrm{g}(\rho, \theta)$ 由弹道散布误差决定,不是设计引信所能改变的,只能尽量实现获得最大 $p_\mathrm{df}(\rho, \theta)$ 来加大 p_1。从式 (11-32) 又可看出 $p_\mathrm{df}(\rho, \theta)$ 的大小决定于 $f_\mathrm{f}(x_\mathrm{r}/\rho, \theta)$、$p_\mathrm{f}(\rho, \theta)$ 和 $p_\mathrm{d}(x_\mathrm{r}/\rho, \theta)$。而 $p_\mathrm{d}(x_\mathrm{r}/\rho, \theta)$ 和弹丸(战斗部)的性质以及弹目交会条件等有关,和引信无直接关系,$f_\mathrm{f}(x_\mathrm{r}/\rho, \theta)$ 和 $p_\mathrm{f}(\rho, \theta)$ 主要决定于引信本身的特性及引信起爆点散布的不同。

故以上讨论可归结为:
(1) 求获得最大 $p_\mathrm{df}(\rho, \theta)$ 的分布函数 $f_\mathrm{f}(x_\mathrm{r}/\rho, \theta)$ 的散布中心。
(2) 求坐标毁伤概率 $p_\mathrm{d}(x_\mathrm{r}/\rho, \theta)$。

11.3.1 引信启动区

引信启动区是指导弹在遭遇段引信接收到目标信号后,引爆战斗部时,目标中心所在点相对战斗部中心的所有可能位置的分布空域。

引信启动区是指特定的遭遇条件而言,不同的遭遇条件即使同一引信,启动区也有很大差别。另外,引信启动区是一个随机统计的概念,即启动位置是一个三维空间的随机变量,只能用分布函数来表示。

图 11-8 所示为弹体坐标系 $Ox_\mathrm{m}y_\mathrm{m}$ 平面的引信启动区分布范围,启动区内每一个启动点代表引信引爆战斗部时目标中心所在位置,用弹体坐标系中的球坐标 (R, β, φ) 来表示。R 表示启动距离,β 表示启动方位角,φ 表示相对导弹纵轴 Ox_m 的启动角。

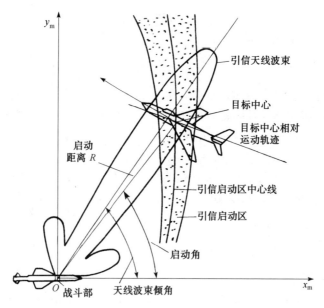

图 11-8 引信启动区

引信启动区在导弹弹体坐标系内的表示法往往直接与引信天线波束或光学视场方向图相联系,它突出表示启动区与引信天线主瓣倾角、宽度或光学引信主轴倾角以及视场宽度的关系。引信启动区与以下因素有关:

(1) 引信探测方向图;
(2) 目标局部照射的等效散射面积,或对红外引信目标红外辐射的分布;
(3) 引信灵敏度或对给定目标的最大作用距离 r_{max};
(4) 引信延迟时间 τ,它与信号的处理方法和逻辑有关;
(5) 目标导弹相对姿态和相对运动速度。

考虑上述因素时还需考虑这些参数的随机散布范围。由于精确计算引信启动区非常复杂,人们往往采用一种"触发线法",就是根据引信地面绕飞试验、仿真试验及飞行打靶试验的结果,将引信对目标的启动角随启动距离的变化规律进行统计处理,引入一个"引信触发线"的概念。这是相对引信探测方向图所假设的一条角度随距离变化的曲线

$$\Omega_f = \Omega_f(R)$$

对无线电定角引信来说,当目标机身上具有一定无线电波散射面积的构件如机身头部、尾部、机翼或尾翼端部等部位碰及触发线时,引信就开始反应,即开始积累信号,经过一段延迟就发出引爆战斗部的信号。由于引信探测方向图通常绕导弹纵轴具有一定的对称性,故"引信触发线"实际上绕弹纵轴旋转而成一个"触发面",亦称"引信反应面",即引信开始对目标信号做出反应的一个起始面。此面绕 Ox_m 轴具有对称性,故可用一根平面内的"触发线"来表示。如图 11-9 所示。

另外触发线也可用下式表示

$$\Omega_f(R_i) = \Omega_{fo} + \Delta\Omega_f(R_i/R_{max}) \tag{11-34}$$

式中,Ω_{fo} 为无线电引信天线主瓣倾角或光学引信主光轴倾角;R_i 为第 i 个触发点离引信天线或光学窗口中心的距离;R_{max} 为引信对给定目标的最大作用距离;$\Delta\Omega_f(R_i/R_{max})$ 为触发线相对 Ω_{fo} 的修正。

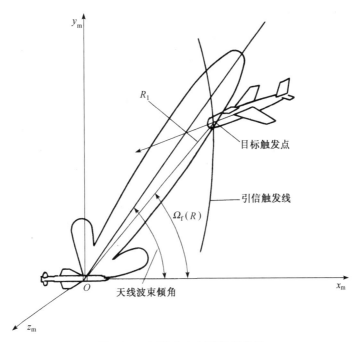

图 11-9 无线电定角引信触发线

当 R_i 距离小时，引信起反应的角度要比主瓣倾角 Ω_{fo} 提前，故 $\Delta\Omega_f$ 为负值。当距离 R_i 较大时，引信起反应的角度要比主瓣倾角 Ω_{fo} 迟后，故 $\Delta\Omega_f$ 为正值。前者是因为 R_i 小，目标反射功率大，无须达到引信的最大辐射方向，其回波信号强度就足以推动引信工作。R_i 距离大时，信号弱，在天线最大辐射方向附近，信号强度刚达到启动电平，通过延迟电路送到执行级引爆弹丸（战斗部）时炸点的位置已在方向图最大值之后。

前面已经讲到引信启动区是一个分布函数，采用"触发线法"的近似认为沿相对速度坐标系中 Ox_r 轴的分布服从一维正态分布规律，其分布函数为

$$f_f(x_r/\rho,\theta) = \frac{1}{\sqrt{2\pi}\sigma_x}\exp\left(-\frac{(x_r-m_x)^2}{2\sigma_x^2}\right) \tag{11-35}$$

式中，m_x 为引信启动区散布的数学期望；σ_x 为引信启动区散布的均方根偏差值。m_x、σ_x 均为脱靶量 ρ、脱靶方位 θ 的函数，因此，上述分布密度为给定 ρ、θ 条件下的条件概率密度函数。

应该注意的是从目标最先接触触发线产生积累信号到引信启动还有一段延迟时间，在这一段延迟时间里，弹目之间还要缩短一段相对距离，所以上式中的 m_x 数学期望与触发线之间还有一段距离差，即

$$m_x(\rho,\theta) = \min_{i=1}^{i_{\max}} X_r(i) + v_r\tau \tag{11-36}$$

式中，$m_x(\rho,\theta)$ 为启动区的数学期望；$\min_{i=1}^{i_{\max}} X_r(i)$ 为目标机身各部分（机头、机翼、……）中最先接触触发线时，导弹战斗部中心在相对坐标系中沿 X 轴的坐标；τ 为引信延时；v_r 为弹目相对速度。

式（11-35）中 σ_x 散布是由引信本身和目标多种随机变化的因素造成的。这里主要考

虑下列几种因素：

（1）延迟时间散布：如当接收信号比灵敏度值大时，延时散布因引信信号电路的限幅作用就要小一些，当信号接近灵敏度时，即目标接近引信最大作用距离 $R_{\max}$ 时，延时及其散布就迅速增大。

（2）天线主瓣倾角或主光轴倾角散布 σ 所造成的启动点散布。

（3）引信灵敏度变化引起的启动点散布。

（4）目标反射信号起伏所造成的启动点的散布。

11.3.2 引信启动概率

引信对给定目标启动概率可通过绕飞试验及各种模拟试验获得，启动概率通常与交会条件有关，试验中可统计出引信对给定目标的平均作用距离 $R_{\max}$ 及作用距离散布 σ_R。$R_{\max}$ 为启动概率为 50% 时的斜距，（按目标落入天线波束中心时的斜距计算）。计算时认为引信的启动概率随距离的变化服从正态积分分布规律。如图 11-10 所示。

当 $R = R_{\max} - 3\sigma_R$ 时，称为引信绝对启动距离，在此距离内引信启动概率近似认为 1。而 $R = R_{\max} + 3\sigma_R$ 时为引信对该目标的最大启动距离，在此距离以外启动概率接近零。

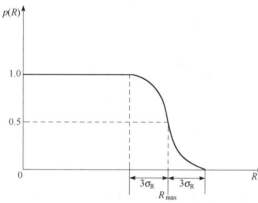

图 11-10　引信启动概率随距离的变化

引信作用距离 $R_{\max}$ 与引信灵敏度和目标等效散射截面有关，按无线电引信距离公式

$$R_{\max} = \sqrt[4]{\frac{(P_t/P_{r\min})G_t G_r \sigma_t \lambda^2}{(4\pi)^3}} \tag{11-37}$$

$$S_{fo} = 10\lg(P_t/P_{r\min}) \tag{11-38}$$

式中，σ_t 为目标等效散射面积；S_{fo} 为引信相对灵敏度；P_t 为引信发射功率；$P_{r\min}$ 为引信启动最小功率；G_t 为引信发射天线增益；G_r 为引信接收天线增益；λ 为引信工作波长。

对于红外引信作用距离 $R_{\max}$ 可写成

$$R_{\max} = K\sqrt{(W_t/S_f)\varphi(\omega_d)} \tag{11-39}$$

式中，W_t 为目标红外辐射功率通量；S_f 为引信灵敏度，W/cm^2；K 为引信常数。

引信作用距离散布 σ_R 主要由灵敏度散布 σ_S 及目标散射截面散布 σ_{t_1} 所造成，有

$$\sigma_R = \sqrt{\sigma_{R_1}^2 + \sigma_{R_2}^2} \tag{11-40}$$

采用变量小增益法可求得由于灵敏度散布 σ_S 及目标散射截面散布 σ_{t_1} 所产生的作用距离散布分量 σ_{R_1} 和 σ_{R_2}

$$\sigma_{R_1} = |R_{\max}(S_f + \sigma_S) - R_{\max}(S_f)| \tag{11-41}$$

$$\sigma_{R_2} = |R_{\max}(\sigma_{t_0} + \sigma_{t_1}) - R_{\max}(\sigma_{t_0})| \tag{11-42}$$

对于红外引信，上式中 σ_{t_0}、σ_{t_1} 可分别用目标辐射通量 W_t 及其散布 σ_W 代替。

引信启动概率随距离 R 的变化在给定脱靶参数 ρ、θ 的条件下可表示为

$$p_f(\rho,\theta) = 1 - F[(R-R_{max})/\sigma_R] \quad (11\text{-}43)$$

式（11-43）中函数 $F[x]$ 为归一化正态积分分布函数

$$F(x) = 1/\left[\sqrt{2\pi}\int_{-\infty}^{x}\exp(-t^2/2)\,dt\right] \quad (11\text{-}44)$$

其中自变量

$$x = (R-R_{max})/\sigma_R$$

11.3.3 战斗部破片飞散特性

配用近感引信的弹药主要是杀伤榴弹或导弹破片型战斗部。杀伤目标主要利用的是爆炸产生的破片杀伤作用。决定杀伤榴弹或破片型战斗部杀伤作用效率的因素有：弹丸（战斗部）爆炸形成的破片数、破片质量、破片飞散角、破片速度和破片在飞散角内的分布密度。

一、破片静态飞散特性

弹丸（战斗部）静止爆炸时，其破片在空间的飞散区称为破片静态飞散区，通常战斗部破片静态飞散区具有轴向对称性，即破片静态飞散随飞散角度的密度分布绕弹轴 Ox_m 是对称的，因此，破片飞散密度只是破片飞散方向与战斗部纵轴的夹角 φ 的函数

$$\frac{dN}{d\varphi} = K(\varphi)\left[\frac{\text{破片百分数}}{\text{弧度}}\right] \quad (11\text{-}45)$$

$K(\varphi)$ 曲线一般由地面多发静态爆炸试验统计获得。$K(\varphi)$ 分布曲线通常具有类似图 11-11 所示形式。

图中 φ_0 为静态飞散中心方向角，即破片平均飞散方向与弹轴之夹角；$\Delta\varphi$ 为静态飞散角，通常指 90% 破片所占的飞散角宽度。

破片静态飞散初速 v_0 具有一定的变化范围，并随飞散方向角 φ 而变化，v_0 随 φ 变化一般由静态试验来确定，通常具有图 11-12 所示形式。

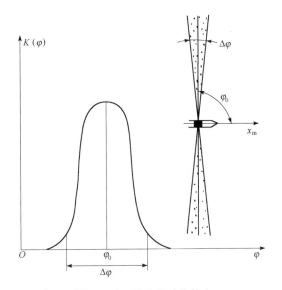

图 11-11 战斗部破片静态
飞散随角度的密度分布

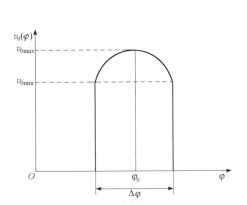

图 11-12 破片静态飞散初
速度随角度的变化 $v_0(\varphi)$

通常在计算中不考虑初速度随角度变化，而取其平均值。如 v_0 变化太大，则必须考虑其变化对动态飞散的影响。

二、破片动态飞散区

战斗部破片动态飞散区是指在遭遇点爆炸时破片相对运动的飞散区域。破片相对运动速度是破片本身的静态飞散速度和弹目相对运动速度之合成速度。由于破片有效杀伤距离相对不大，故在分析破片动态飞散区时通常忽略破片在空气中的速度衰减。

战斗部破片动态飞散速度向量 v_{0r} 的合成图如图 11-13 所示。图中 v_r 为导弹与目标的相对速度，v_{rxm}、v_{rym}、v_{rzm} 为相对速度在弹体坐标系中三个分量。

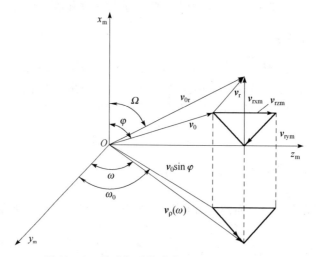

图 11-13 战斗部破片动态飞散角及飞散速度

设在弹体坐标系内某一方位 β 上的一个破片，其相对运动速度为向量 v_{0r}，则
$$v_{0r} = v_0(\beta_0) + v_r$$
式中，v_0 为静态飞散角为 β_0 的破片初速向量；β 为 v_{0r} 向量在 $y_m z_m$ 平面上动态飞散方位角；$v_0(\beta)$ 为在 y_m、z_m 平面上的分量，其速度向量合成如图 11-14 所示。

从图 11-14 可看出：
$$v_\rho(\beta) = v_{rym}\cos\beta = v_{rzm}\sin\beta + \sqrt{v_0^2\sin^2\varphi - (v_{rzm}\cos\beta - v_{rym}\sin\beta)^2} \tag{11-46}$$

v_{0r} 在 x_m 轴上的投影为
$$v_{0rxm} = v_{rxm} + v_0\cos\varphi \tag{11-47}$$

破片的动态飞散方向角 Ω 在弹体坐标系内为
$$\tan(\pi/2 - \Omega) = v_{0rxm}/v_\rho(\beta) \quad 0 < \Omega < \pi \tag{11-48}$$

在 β 方向上破片动态飞散初速 $v_{0r}(\beta)$ 为
$$v_{0r}(\beta) = \sqrt{v_\rho^2(\beta) + v_{0rxm}^2} \tag{11-49}$$

由于相对速度向量 v_r 相对弹轴 Ox_m 不对称，故战斗部破片动态飞散方向角 Ω 及动态飞散速度 v_{0r} 相对弹轴亦不对称，即 Ω 和 v_{0r} 均为飞散方位角 β 的函数，$\Omega(\beta)$ 随 β 的变化如图 11-15 所示。

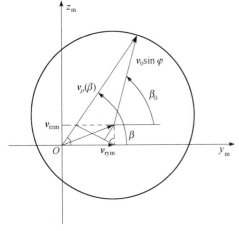

图 11-14　$v_\rho(\beta)$ 速度的合成

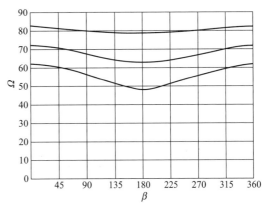

图 11-15　战斗部破片动态飞散方向角随 β 的变化

图中 $\Omega_0(\beta)$ 为对应静态飞散中心方向角 $\varphi=\varphi_0$ 的动态飞散方向角；$\Omega_1(\beta)$ 为对应静态飞散中心方向角 $\varphi=\varphi+\Delta\varphi/2$ 的动态飞散方向角；$\Delta\varphi$ 为破片动态飞散角的宽度。

三、动态飞散密度分布

破片动态飞散密度分布函数是单位动态飞散角中破片的百分数，已知静态密度分布函数就可以求出相应的动态密度分布函数。

这里主要讲破片动态飞散密度分布在弹体坐标系中的表示法。

设 φ、Ω 分别为破片静态和动态飞散方向角，则动态密度分布为破片百分数对 Ω 的导数

$$\frac{dN}{d\Omega}=\frac{dN}{d\varphi}\cdot\frac{d\varphi}{d\Omega}=K(\varphi)/\frac{d\Omega}{d\varphi} \tag{11-50}$$

$K(\varphi)$ 为式（11-45）所定义的破片静态飞散密度分布函数。先假设破片初速为常数 v_0，然后对式（11-48）两边进行微分得

$$-\cos^2\Omega d\Omega=[-(dv_\rho/d\varphi)v_{rxm}-v_\rho v_0\sin\varphi]\,d\varphi/v_\rho^2 \tag{11-51}$$

由此得

$$\frac{d\Omega}{d\varphi}=\frac{\sin^2\Omega}{v_\rho^2}[v_\rho v_0\sin\varphi+v_{0rxm}dv_\rho/d\varphi] \tag{11-52}$$

其中

$$\frac{dv_\rho}{d\varphi}=\frac{v_0^2\sin\varphi\cos\varphi}{\sqrt{(v_0\sin\varphi)^2-(v_{rxm}\cos\beta-v_{rxm}\sin\beta)^2}} \tag{11-53}$$

已知动态飞散方向角，v_r 的三个分量 v_{rxm}、v_{rym}、v_{rzm} 及静态飞散方向角 φ，就可根据上面式（11-50）、式（11-52）、式（11-53）求出战斗部破片动态飞散密度分布函数 $dN/d\Omega$。但在实际计算中目标要害方向 β、Ω 为已知，而静态飞散方向角 φ 为未知，此时首先需根据 β 及 Ω 值求出 φ 角。为此联立式（11-46）、式（11-47）、式（11-48）就可解出

$$\cos \varphi = \sin \Omega / v_0 \cdot (-A_r \sin \Omega + \sqrt{A_r^2 \sin^2 \Omega - B_r}) \tag{11-54}$$

其中

$$A_r = v_{ry_m} - v_y \cot \Omega \tag{11-55}$$

$$B_r = A_r^2 - (v_0^2 - v_z^2) \cot^2 \Omega \tag{11-56}$$

$$v_y = v_{ry_m} \cos \beta + v_{rz_m} \sin \beta \tag{11-57}$$

$$v_z = -v_{ry_m} \sin \beta + v_{rz_m} \cos \beta \tag{11-58}$$

有了 φ 角求得静态飞散密度 $K(\varphi)$ 及 $d\Omega/d\varphi$ 值，也就可以求得破片动态飞散密度分布函数 $dN/d\Omega$。动态及其相应的静态飞散密度分布函数如图 11-16 所示。

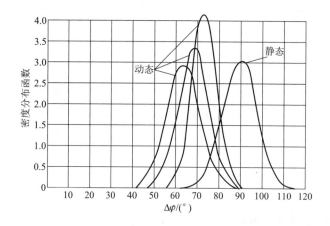

图 11-16 破片动态飞散密度分布函数

图中取 $v_0 = 3\,000$ m/s，$v_r = 1\,000$ m/s，$\Omega_r = 30°$，$\varphi_0 = 90°$，$\Delta\varphi = 30°$，$K(\varphi)$ 取正态分布。

动态飞散角要比静态飞散角窄，即 $d\varphi/d\Omega > 1$，因此，动态飞散密度比相应的静态飞散密度要大。

四、目标要害部位命中破片数

设目标上共有 $j = 1, 2, \cdots, j_{max}$ 个要害部位，第 j 个要害部位中心在目标坐标系中的坐标为 (X_{tj}, Y_{tj}, Z_{tj})，如变换到弹体坐标系中坐标为 (X_{mj}, Y_{mj}, Z_{mj})，就可以确定在战斗部爆炸时，第 j 个要害部位中心在弹体坐标系内的方向角 β_j、要害方向与 X_m 轴夹角 Ω_j 以及要害部位中心离战斗部中心的距离 R_j。

$$\tan \beta_j = Z_{mj}/Y_{mj} \quad 0 \leqslant \beta_j < 2\pi \tag{11-59}$$

$$\cos \Omega_j = X_{mj}/R_j \quad 0 \leqslant \Omega_j < \pi \tag{11-60}$$

$$R_j = \sqrt{x_{mj}^2 + y_{mj}^2 + z_{mj}^2} \tag{11-61}$$

第 j 个要害部位与战斗部破片飞散的空心圆锥相切的圆环面积上击中的破片数为

$$N_j = U_j S_j \tag{11-62}$$

式中，U_j 为面密度；S_j 为圆环面积，如图 11-17 所示。

$$U_j = \frac{dN}{dS} = \frac{dN}{d\Omega} \cdot \frac{d\Omega}{dS}$$

$$dS = 2\pi R_j \sin \Omega_j R_j d\Omega$$

将 dS 代入 U_j，可得

$$U_j = \left(\frac{dN}{d\Omega}\right)_j \cdot \frac{d\Omega}{2\pi R_j^2 \sin \Omega_j d\Omega}$$

将式（11-50）代入上式得

$$U_j = \frac{K(\varphi_j)}{\left(\frac{d\Omega}{d\varphi}\right)_j} \cdot \frac{1}{2\pi R_j^2 \sin \Omega_j}$$

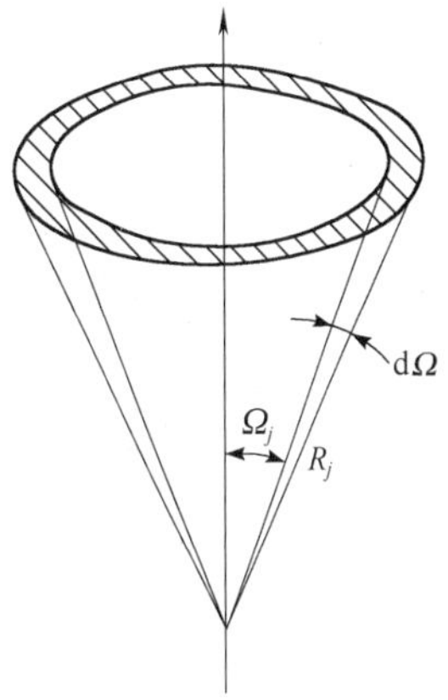

设 N_0 为破片总数，破片飞散空心圆锥所切圆环面积为 S_j，则得到圆环面积上的破片数为

$$N_j = \frac{N_0 S_j 57.3 K(\varphi_j)}{2\pi R_j^2 \sin \Omega_j 100 \left(\frac{d\Omega}{d\varphi}\right)_j} \quad (11-63)$$

图 11-17 圆环面积

因为式 $K(\varphi_j)$ 的单位是百分数/弧度，故变为角度求破片数需乘以 57.3/100。

11.4 引战配合

11.4.1 引战配合的意义

近感引信与目标接近时，引信本身能自动地在弹道上选择一个最有利炸点，以获得战斗部对目标的最大杀伤效率。确定引信最佳炸点的问题，叫做引信和战斗部的配合问题，简称引战配合问题。引战配合是近感引信最重要的战术技术指标，是所有近感引信研究设计时首先要遇到的关键的问题。它直接影响作战效果。

战斗部相对导弹的杀伤区是对称于导弹纵轴的空心锥。引信启动区的形状与杀伤区的形状大致相似，如图 11-18 所示。

为了使战斗部爆炸后的破片击中目标，引信的启动区必须与战斗部的杀伤区重合。若这两个区域完全重合，如图 11-19（a）所示，则称引信与战斗部完全配合；它表明引信启动后，战斗部的杀伤区一定穿过目标。

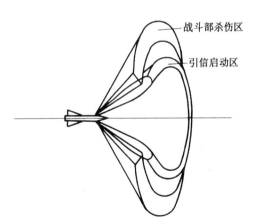

图 11-18 引信的启动区与杀伤区

标。若这两个区域部分重合，如图 11-19（b）所示，则称引信与战斗部部分配合；它表明引信启动后，战斗部的杀伤区可能穿过目标也可能不穿过目标。若这两个区域不重合，如图 11-19（c）所示，则称引信与战斗部不配合或失调；它表明引信启动后，战斗部杀伤区一定不穿过目标。

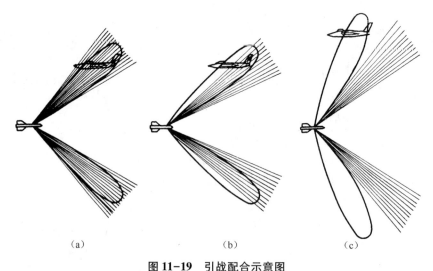

图 11-19 引战配合示意图
(a) 完全重合；(b) 部分重合；(c) 不重合

11.4.2 引战配合效率的概念

为了评定引信与战斗部的配合程度，引入配合效率的概念。引战配合效率是指在给定的战斗部和目标交会条件下，引信适时起爆战斗部，使战斗部杀伤物质正确地击中目标并尽可能地毁伤目标的程度。

引战配合效率是一种衡量战斗部毁伤目标的统计概念。因为各种条件和影响配合效果的参数，如战斗部破片飞散速度、方向，引信启动点的位置，引导误差等都包含有确定的和随机的因素。引战配合效率是考虑到这些参数在可能散布条件下的加权平均概念，它只能用统计概率来衡量。

有两种描述战斗部引战配合效率的定量指标：

一种用给定脱靶量 ρ 及脱靶方位 θ 的条件下战斗部对目标的杀伤概率 $p_{df}(\rho,\theta)$ （即式 (11-32) 的条件杀伤概率）来衡量。

$$p_{df}(\rho,\theta) = p_f(\rho,\theta) \int_{x_{\min}}^{x_{\max}} p_d(x/\rho,\theta) \times f_f(x/\rho,\theta) \mathrm{d}x \tag{11-64}$$

式中，$x_{\max}$、$x_{\min}$ 为沿相对运动轨迹引信启动点最大及最小坐标值。

从式 (11-64) 可见，用条件杀伤概率来描述战斗部引战配合效率具有下列特点：

(1) 它可以不考虑引导误差的具体散布规律。特别在导弹系统方案设计阶段可对导引精度和引战配合效率分别进行研究时更为方便，用它可先研究引信与战斗部的参数对配合效果的影响并可进行引信和战斗部参数的初步选择。

(2) $p_{df}(\rho,\theta)$ 既反映了引信对给定目标的启动概率随距离和方位的变化，启动沿相对轨迹的散布，又反映了战斗部的威力，目标易损性等因素，因此，它可以充分体现在 ρ、θ 条件下引战配合的综合效果。

另一种描述战斗部引战配合效率的指标是用实际配合条件下的单发杀伤概率值 p_1 与理想配合条件下单发杀伤概率值 p_{10} 之比来衡量，即

$$\kappa_{df} = p_1/p_{10} \tag{11-65}$$

实际条件下单发杀伤概率是指对给定空域点、给定目标和误差散布时按实际的引信启动性能计算或打靶统计得到的导弹单发杀伤概率 p_1，而理想配合条件是指引信在最佳时刻引爆战斗部。最佳时刻定义为引信引爆战斗部时，战斗部破片的动态飞散中心正好对准目标中心，使破片及其他杀伤物质最大限度地覆盖目标要害区。另一种定义引信最佳起爆时刻为在此时刻起爆战斗部可获得最大的单发杀伤概率。通常这两种定义结果是一致的，但有时亦有差别。在不同情况下可以采用这种或另一种定义。

用概率比 κ_{df} 来描述引战配合效率有以下两个特点：

(1) 需要知道制导误差散布，因为计算单发杀伤概率基本公式为

$$p_1 = \int_0^{2\pi} \int_0^{\rho_{max}} p_{df}(\rho,\theta) f_g(\rho,\theta) \, d\rho d\theta$$

式中，$f_g(\rho,\theta)$ 为引导误差分布密度函数，要给出此函数必须给出引导误差的统计量，只有在导弹系统设计到达一定阶段才能较确切地给出。

(2) 概率比 κ_{df} 突出了引信实际启动区变化时引战配合的影响，而对某些引信战斗部的参数如引信作用距离、战斗部威力半径等由于采用相对比值而减少其影响。

因此，用概率比 κ_{df} 来描述引信战斗部配合效率，一方面更全面考虑了引导误差的加权关系；另一方面由于用相对于最佳起爆时的概率来表示，故突出了引信起爆的适时性。

11.4.3 影响引战配合的基本因素

影响引战配合效率的因素很多，主要有以下几方面：

一、导弹相对目标的交会参数

所谓交会参数是指导弹与目标在弹道遭遇段的相对弹道参数。遭遇段可理解为导弹与目标接近过程中引信能收到目标信号的一段相对运动轨迹。由于遭遇段时间很短，目标和导弹机动性造成的轨迹弯曲很小，因此，在引战配合效率的分析中把遭遇段看成直线等速运动轨迹，而交会参数在遭遇段亦视为不变的常数。这些参数主要由目标飞行特性和导弹在杀伤区内的空域点位置所决定。导弹相对目标的交会参数主要有：

(1) 导弹目标相对运动速度矢量 v_r，它一般表示为

$$v_r = v_m - v_t$$

式中，v_m、v_t 分别为导弹和目标运动速度矢量。相对速度 v_r 及其变化范围 $v_{rmax} - v_{rmin}$ 的值越大，引信与战斗部的配合就越困难。

(2) 导弹与目标交会角 φ_{mt}，它定义为导弹速度矢量 v_m 与目标速度矢量 v_t 的反方向之间的夹角，如图 11-20 所示。交会角为零的情况相应于导弹与目标迎面相遇。交会角 180° 的情况相应于导弹对目标的尾追攻击。

(3) 目标相对导弹接近角 Ω_r，它定义为导弹纵轴 Ox_m 与相对运动速度矢量 v_r 之间的夹角，它描述相对导弹的目标来向，如图 11-20 所示。交会角 φ_{mt} 接近 90° 时，Ω_r 值就会增大，战斗部破片动态飞散相对弹轴就越不对称，因而引信与战斗部的配合条件就越坏。

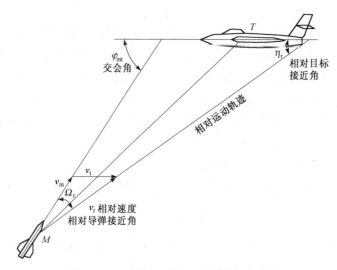

图 11-20 导弹相对运动速度及相对姿态

（4）导弹相对目标接近角 η_r，它定义为目标纵轴 Ox_t 与相对运动速度矢量 v_r 反方向之间的夹角。它描述相对于目标的导弹来向，如图 11-20 所示。导弹是以 η_r 角接近目标的，$\eta_r=0$ 为正面迎攻，此时目标机头首先进入引信视场或天线波束。若 $\eta_r=90°$ 时，属侧向攻击，目标机身在垂直于相对速度方向投影很短，往往会使引战配合不良。

（5）脱靶参数，包括脱靶量 ρ 和脱靶方位 θ 两个参数，如图 11-21 所示。

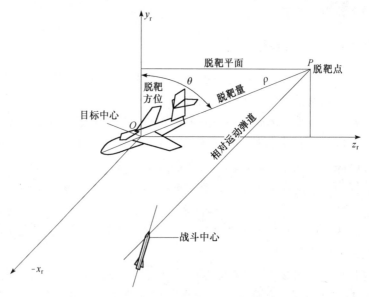

图 11-21 脱靶平面及脱靶参数

脱靶平面为通过目标中心所做的垂直于弹目相对运动轨迹的平面，在此平面内定义脱靶量及脱靶方位。相对运动轨迹与脱靶平面交点 P 称为脱靶点，脱靶点 P 与目标中心 O 的连线 OP 称为脱靶量 ρ，即导弹沿相对运动轨迹运动时，距目标中心的最小距离。OP 线在脱靶平面上的方位角 θ 称为脱靶方位，即 OP 与 Oy_r 轴的夹角。

一般 ρ 与 θ 服从一定规律分布，在引战配合分析与单发杀伤概率计算中必须给出脱靶参数的分布函数，例如，用给定的概率密度分布进行积分或用随机抽样统计法（蒙特卡洛法）进行统计分析。

二、引信的特征参数

1. 近感引信的探测场

近感引信的探测区域是与敏感装置有密切联系的一个空间区域，在该区域内敏感装置能够探测出目标的存在及其位置。探测区域的性质取决于引信的类型与体制，如无线电引信探测区域的特性由天线方向图来决定，主要参数有主瓣倾角和主瓣宽度。主瓣倾角 Ω_f 为主瓣最大场强方向与导弹纵轴的夹角，它决定了引信启动区的中心位置。主瓣宽度为半功率点的波瓣宽度，它影响引信启动区散布的大小。

对于不同物理性质的探测区域，其空间位置均可用两个参数来描述：探测区域的倾角与视场角。由于探测区域决定了引信在不同方向上觉察目标存在的能力，因而它是影响引信启动区位置和形状的主要因素。为易于分辨目标是否已进入作用区，要求探测区域尽可能有比较明确的轮廓，只要目标进入探测区域，其参量就有明显的变化。为提高目标的定位精度，要求探测区域的视场角越小越好，例如无线电引信的角误差就是与引信的波束宽度成比例的，但是必须保证信号处理系统所需要的信号作用时间。

2. 引信灵敏度和引信动作门限

引信的灵敏度决定了引信的作用距离及启动概率。当探测区域确定后，灵敏度的高低将影响引信启动的位置。敏感装置输入端信号电平一般与该信号的入射方向有关，因此在探测区域范围内它是变化的。这就使得灵敏度对启动区的影响与探测区域有关：当探测区域视角越小时，灵敏度的变化对启动区的影响越小；视角越大时，其影响也越大。

3. 引信距离截止特性

为了提高引信抗地面和海面杂波干扰的性能，通常采用一些启动距离限制措施，如脉冲引信的距离波门和伪码引信的相关处理等技术；使引信接收信号功率在远大于灵敏度的距离上实现距离截止。实际的距离截止特性不可能突跳，它有一个过渡区，可用启动概率为 0 时的最小距离和启动概率为 100% 时的最大距离之间的范围来衡量其截止特性。

4. 引信信号动作积累时间和延迟时间

为使引信动作可靠，减少虚警和假启动概率，需要对引信接收到的信号进行一定的能量积累和信号处理。这不但要求信号有一定的幅度，而且要有一定的信号持续时间或脉冲信号个数。这种使引信能启动的信号最小宽度称为信号动作积累时间或引信固有延迟时间。

此外，为调节启动区的位置，在一些导弹引信中引入了可调延迟时间，其大小直接影响引战配合效率。目前改善引战配合的一个主要技术措施就是设置可调延迟时间，根据弹目交会参数及变化范围，采用分挡延时或自适应延时。

三、战斗部的特征参数

1. 战斗部破片飞散参数

战斗部破片飞散参数主要包括：破片静态飞散密度分布、破片飞散初速分布、破片静态飞散角及飞向角。这些参数决定了战斗部静止爆炸后破片在空间的飞散区。

2. 破片的杀伤特性

破片的杀伤特性主要包括：战斗部爆炸形成的破片数、破片的质量、材料密度、破片形状特征参数、破片的飞散速度及衰减系数等。这些参数决定了破片命中目标后的杀伤效果。

3. 战斗部的爆轰性能

战斗部的爆轰性能主要指爆轰超压随距离变化及超压的持续时间等，它们决定了战斗部爆炸产生的冲击波对目标的毁伤能力。

4. 战斗部的威力半径

上述特征参数归纳起来可用战斗部对特定目标的威力半径来表示。战斗部威力半径是指对特定目标平均有 50% 毁伤概率时，目标中心与战斗部中心之间的静态距离。

四、目标特性

目标特性除了散射特性、辐射特性及易损性外，还有运动特性。

11.4.4 引战配合设计与研究的方法

引战配合涉及目标、引信和战斗部三者之间的相互作用，如图 11-22 所示。

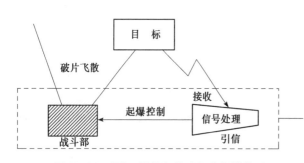

图 11-22 目标、引信和战斗部之间的关系

引战配合研究的内容有很强的实践性。如引信的启动特性和启动概率的变化规律虽可通过理论分析来求取，但由于引信和目标相互间作用过程较复杂，因而目前实际应用中主要还是通过各种实物试验来获得；又如战斗部破片的飞散特性及对目标的毁伤作用主要靠地面爆炸实验得到。由此可见，引战配合的设计首先要通过大量试验取得各种数据。然后根据各种经验数据和拟合的曲线建立理论分析的数学模型，用来指导引战配合的设计与研究。

引战配合所研究的内容具有随机性。如由于引信目标信息的随机起伏特征而使引信启动区具有一定的散布空域；战斗部破片的飞散也具有很大的随机性。因此，只能给出引信的启动点及破片飞散的统计规律，从而使引战配合的研究有很多非确定性的参数和随机过程。

引战配合的中心问题是起爆的控制，控制起爆的引信信号处理变换是一个动态过程。接收和处理的目标信息持续时间很短，一般为几个毫秒到十几个毫秒，信号的变化具有很强的非稳态特性。因此，使得引战配合过程具有瞬态性。

上述分析的几个特点，确定了引战配合设计与研究的几个基本方法。

一、地面实物试验

地面实物试验有滑轨试验、绕飞试验、战斗部静止爆炸试验等，用来测量和统计引信和战斗部对目标的启动性能及毁伤效果。被试验的引信和战斗部可以是研制过程中的样机或定型的产品。

二、射击试验

利用已研制好的引信与战斗部对实靶射击,以鉴定引战配合的效果。此法真实地给出引信的启动点和战斗部对目标的杀伤性能,但所花费的代价太大,只在必要时才做此试验。

三、仿真试验

1. 物理仿真

所用的引信、战斗部和目标是实际的物理模型。如用缩小比例的目标模型和缩短波长的无线电引信模型的相互作用来获得引信的启动区。

在未知引信的启动规律和战斗部的毁伤规律时,往往采用物理仿真来获取引信战斗部和目标作用过程的大量试验数据,找出规律,建立引战配合的数学模型。

2. 数学仿真

利用物理仿真和打靶试验等结果,建立数学模型,包括目标的辐射或散射模型、引信接收和信号处理模型、战斗部破片飞散模型、破片命中目标和杀伤模型等,在计算机上模拟引战配合全过程。

此法优点是可模拟物理仿真难以模拟的某些交会状态,所用代价小。随着现代化技术的发展,数学仿真向图像化、动态化发展,逐步接近实标打靶过程,将成为研究引战配合的一个重要手段。

3. 半实物仿真

一部分用数学模型,一部分用物理模型或直接用实物的引战配合仿真。由于某些部分很难用数学模型来描述,或者能建立数学模型,但很复杂,精度也不高。例如目标散射特性,由于外形复杂及近场和局部照射等因素,使其模型复杂。因此在引战配合仿真中,常用真实的或缩比的目标代替,而引信的信号处理及战斗部破片的动态飞散通常用数学仿真。

四、统计分析法

首先建立引战配合的数学模型,但不是模拟引信或战斗部的物理过程,而是对这些过程进行统计分析,给出引信启动概率及启动区分布函数、战斗部坐标杀伤规律及条件杀伤概率等,采用概率密度积分法或蒙特卡洛法进行分析和计算,其结果可以高度概括引战配合的效果。

11.4.5 改善引战配合的技术措施及发展趋势

一、选择引信敏感装置的方向性

无线电引信可通过改变接收天线的方向图相对于弹轴的夹角来调整起爆区,红外引信可通过改变敏感装置光轴倾角来调整起爆区。为了在不同射击条件下均能获得最大引战配合效率,引信的方向图倾角应是射击条件的函数,即要求引信方向图随射击条件而变化,目前实现这个要求相当困难。因此在选择引信方向图时,应尽量保证在常用射击条件下引战配合的效率。但随着相控阵天线技术的发展,可研究自适应引信天线,它能根据探测的弹目相对速度,通过电调自适应地改变引信天线方向图的指向。

二、战斗部杀伤物的定向飞散性及分挡起爆

采用减小战斗部破片飞散角,可以提高破片在飞散角内的密度,使杀伤效能增大。通过选择战斗部中起爆点位置来改变破片的飞散方向,可以改善引战配合效能。战斗部内起爆点的选择可以由引信根据探测的弹目相对位置、目标速度等信息来完成。例如某导弹引信就是采用前、中、后三挡起爆的方法来提高引战配合效率的:前端起爆时,破片飞散角后倾,适合于对付高速目标;后端起爆时,破片飞散角前倾,适合于对付低速目标;中端起爆时,破片飞散角对称分布,适合于对付中速目标。近年发展的定向战斗部可以大大提高引战配合效率。

三、引信炸点的调整与控制

目前在对空导弹引信中一般采用延迟时间的方法来调整引信的炸点以协调引战配合。对于弹目交会动态范围较小的弹药引信,可采用固定的延迟时间方案,其时间长短要根据最常用的交会条件及中等弹目相对速度来确定。这样势必要牺牲个别高、低相对速度时的引战配合效率。这种方法不是很理想,如果能根据相对速度或接近速度信息来选择不同的延迟时间,可以更好地改善引战配合的效果。例如某导弹引信采用三段分挡延迟时间,有的导弹则改进到用六挡延迟时间。最理想的方法是自适应选择炸点,不需要延迟时间,这样对探测器的要求较高。

四、采用不同探测体制及信号处理电路

现代引信广泛采用了脉冲多普勒、伪随机码、连续波调频等体制,增强了距离的选择及抗干扰能力,提高了对引信启动区的控制精度。例如利用多普勒体制及比相体制的测角特性,可以根据相对速度大小,选择不同的起爆角,实现角度分挡起爆或自适应选择起爆角。

信号处理电路是引信的核心部分,通过它可将接收的信号加工为所需要的控制信号。例如,利用接收的多普勒信息进行频谱分析,可以判别弹接近目标头部、中部或尾部的时刻,从而适时起爆战斗部。又如利用引信自身探测或制导送来的速度、距离及角度等信息,通过微机或微处理器进行各种运算和处理,可实现自适应控制最佳炸点。

11.5 抗干扰技术

引信是武器系统的重要组成部分,引信的探测装置能否在复杂干扰环境下获得所需要的足够精确的信息,是引信能否保持较高的适时启动概率和引战配合效率的重要前提,也是确保弹药系统具有较高的毁伤效率所必不可少的。一旦因引信受到干扰而"瞎火"或"早炸",将使整个武器系统的作用付之东流,贻误战机,给军事上、政治上造成难以弥补的损失。正因为如此,国内外在引信设计中高度重视引信抗干扰技术的研究工作,尤其是对近感引信,更要采取有效的抗干扰技术措施。随着科学技术的发展,对引信的干扰水平和引信的抗干扰水平会不断提高,抗干扰能力的提高是引信发展的永恒主题。本节以无线电引信抗人工干扰为主要内容讨论引信抗干扰的一些问题。

11.5.1 近感引信干扰源分析

广义地说，凡是影响引信正常工作的因素都属于干扰。为了充分发挥引信的作用，应该仔细研究干扰信号特征，从而在引信电路中找出抑制或排除的方法，这就是引信抗干扰。

人们习惯于把对引信的干扰分成两大类，即内部干扰和外部干扰。所谓内部干扰是指干扰源来自引信本身，在引信工作过程中存在的内部噪声。如导弹或弹丸在飞行中振动、旋转、章动、进动等运动过载所引起的噪声、电子元器件的噪声等。外部干扰是指非引信自身产生的干扰，主要是环境干扰和人工干扰。这些干扰在引信电路中以信号形式出现，如果不能很好地抑制或排除，有可能引起引信早炸或瞎火。对引信的干扰可以用表11-1分类描述。

表 11-1 引信的干扰种类

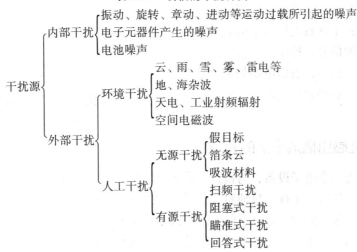

现在对引信内部干扰解决的相对好一些，重点分析外部干扰。

在环境干扰中，地面、海浪杂波干扰尤为重要。这是因为有些飞机和导弹为了不让雷达发现，隐蔽地、突然地进行攻击，常常采用超低空或掠海飞行。近感引信在对付这样的目标时，其辐射会照射到地面或海面，它们产生的反射对引信的工作产生干扰，即所说的地杂波干扰和海杂波干扰。这种干扰对引信危害性极大。

人工干扰分无源干扰和有源干扰。由于这些干扰都是人为制造的，故称为人工干扰。

无源干扰是在战斗部/弹丸飞行的空间投放大量能产生二次辐射的金属箔条云或其他金属假目标；也可以利用改变局部空间介质电性能的方法，如局部空气电离；也可以采用减小飞行器有效散射面积的方法使回波大大减小。

有源干扰是对近感引信威胁最为严重的干扰。目前，有源干扰主要针对无线电引信，因此，研究无线电引信的干扰和抗干扰问题，重点是对人工有源干扰的研究。

扫频干扰：干扰发射机发射等幅或调制的射频信号，它的载波频率以一定的速率在一较宽的频率范围内按一定规律来回摆动。干扰发射机发射未经调制的等幅射频信号时，干扰信号对多普勒引信的作用是在引信中产生牵引振荡。在干扰发射机的频率变化到与引信工作频率相接近时，引信自差收发机被"牵引"。由于干扰发射机的频率是不断连续变化的，因此，这样的"牵引"振荡要持续一定时间，其结果是产生多普勒信号。干扰发射机发射已调信号时,尽管"牵引"现象仍有可能发生,但这时主要干扰作用不是靠"牵引"的效果。因为干扰发射机的频率是不断变化的,当频率处在引信接收频带内时,引信就接收到已调信号,引信电路将解调出干扰信号中的调制信号,该信号(一般是低频)可能引起引信误动作。

阻塞式干扰:干扰发射机发射大功率宽频谱的信号(一般采用噪声调制信号)。其可使处于发射信号频带内的无线电引信受到干扰。一般情况下,不同种无线电引信之间频率会有很大差别,同种引信频率也会有一定散布,因此,用一种干扰机干扰多种引信是不现实的。为了解决干扰频带太宽、要求功率过大的问题,可用若干个阻塞式干扰机组成组,将整个无线电引信工作频带覆盖住。或者采用引导式阻塞干扰机(又称窄带阻塞式干扰机),即用侦察机先大致测出引信的工作频率,然后发出一个窄带的阻塞干扰信号。

瞄准式干扰:这种干扰是先接收引信的发射信号,然后使干扰机对准引信的工作频率,发出和引信工作频率几乎相同的窄带信号。

回答式干扰:干扰机先侦收引信的工作信号,对载波放大并加调制后发射出去。引信接收到干扰机发射的信号,检出调制信号,成为引起引信误动作信号。

对上述的干扰信号,引信电路如果不能识别出来,将会误认为是目标信号,可能引起引信早炸。引信设计者必须认清干扰信号的特点、对引信的干扰机理,采取有效措施防止引信因干扰而误动作。

11.5.2 近感引信抗干扰的特点

近感引信作为一个电子设备,与雷达有很多相一致的地方,都是利用发射和接收电磁波工作的。多数都有侦察、干扰、反侦察、反干扰的问题。原则上,对雷达能进行干扰,对近感引信也能进行干扰。但由于近感引信的战术技术使用和工作的固有特点,使敌人对它干扰要比对一般雷达困难得多。就无线电近感引信而言,其特点是:

(1)占用频带宽。引信工作频率可从米波直到毫米波。这就要求敌方必须具备宽频带大功率的侦察干扰设备。同时,无线电引信接收通带较窄,而干扰机所需的最小干扰功率和引信接收通带的宽度成反比。因此接收通带越窄,就越不容易被干扰。

(2)工作时间短。引信工作时间很短,常规弹药引信在弹道上的整个飞行时间一般不超过 100 s。而大都采用远距离接电机构,工作时间只有几秒。

某些导弹引信是由制导系统给出指令信号使无线电引信开始工作,其工作时间则更短,有的甚至不到 1 s。这样就使敌人难以对引信实施侦察和干扰。

(3)作用距离近。引信属弹药最终段控制装置,作用距离只有几十米、几米。因而辐射功率小,接收机灵敏度低,这样使得对无线电引信实施干扰所需干扰功率甚至要比雷达实施干扰还要大。尤其具有距离截止特性的引信,要求接收机输出对截止距离外的信号迅速衰减,则更加强了其抗干扰能力。

(4)弹目间高速相对运动使实施侦察干扰的困难倍加。弹目间高速相对运动,引信天线辐射的电磁波照射区随弹一起运动,在距离较远时,天线方向图不易对准目标,给侦察、干扰带来一定困难。

(5)电路不可能很复杂。由于引信所占空间小,它必须采用简单的电路去实现复杂的功能要求,这给引信抗干扰带来一定困难。

（6）执行级工作的一次性。无线电引信通常设置受门限电路控制的执行级，由于执行级为一次性工作，即不能连续工作或停机再工作，故要求虚警概率特别低。

以上特点，有的对抗干扰有利，有的对抗干扰不利，而这些特点还往往同时起作用。综合考虑，一方面是干扰无线电引信并不那么容易；另一方面必须看到无线电引信和一般雷达设备具有许多共性，也存在着电子对抗问题，必须大力加强引信抗干扰的研究。

11.5.3 引信抗干扰基本原则

在干扰条件下提取有用信息，实际上就是在含有各种信息的信号中"选择"有用信号的过程。抗干扰技术措施就是各种"选择"的方式和方法。根据对信号选择的深入程度，大致分为"一次选择"和"二次选择"。所谓一次选择是指通过引信系统各环节使有用信号从干扰信号中"选"出来；而二次选择是指从对应的信号中检测出信号的有关参数，包括自适应和全面利用信息等内容。目前的引信抗干扰措施多数属于一次选择，但随着电子战的发展，二次选择措施及更综合的抗干扰措施将得到迅速发展。

一、一次选择

从引信各个环节中提取有用信号的方法，主要指空间、极化、频率、相位、时间、幅度、信号结构以及某几种方式的综合选择。

空间选择是由天线或天线阵及其控制电路实现的。如设计窄波束天线和调低天线副瓣电平就是常见的措施，这种选择方式对付多点干扰或定位干扰是有效的。由于副瓣存在的不可避免又发展了副瓣对消等技术。空间选择还包括距离选择，引信的距离截止特性则是空间抗干扰的重要内容。

极化选择是以接收引信信号与接收干扰信号的极化不同为基础的，用它来对付环境干扰和人为干扰。

频率选择是以有用信号与干扰信号的频谱不同为基础的，包括新频段开发、跳频、载频有意偏散、频率分集技术等，是引信抗干扰的重要研究领域。

相位选择是以接收的有用信号与干扰信号的相频特性之间的差别为基础的，一般靠相位自动频率控制系统来实现。

时间选择是以尽量靠近目标才使引信通电进入正常工作为主要方法来实现的，造成敌方难于侦察或侦察到也来不及实施干扰。近目标接电可以是发射前人工或自动装定，也可以由制导系统给出指令，还可以是遥控装定。对于脉冲调制的引信还可以利用脉冲信号与干扰信号，在持续期间、出现的时间和脉冲重复频率等方面的差别进行分离来实现抗干扰。

幅度选择是以接收到的有用信号与干扰信号强度不同为基础的，如门限电路能抑制低于门限的噪声，大信号闭锁电路能抑制大幅度脉冲信号的干扰等。

信号结构选择是以有用信号与干扰信号的结构不同为基础的。有用信号的结构决定于所采取的调制类型，例如随机线性调频体制，不仅解决了测距模糊，而且提高了抗干扰能力。

二、二次选择

这种选择主要是检测对应信号的参数，这些参数多是在引信发射信号时编码过程中形成的。二次选择也有频率、相位、时间和信号结构等形式。二次选择的主要内容是信息的编码和解码,这种过程所涉及的相位、时间和幅度选择,基本上不涉及载波,因此不属于提取载波信号的一次选择,而是更加深化的二次选择。

连续波多普勒引信中对多普勒信号特征量的选择有的也属于二次选择。例如信号增幅速率选择,虽不是发射机有意设计的调制参量,但它是检波后信号结构的必然因素,利用这种速率的差异可以进行抗干扰。同样,对多普勒频率的变化率进行选择也属于信号结构的二次选择。

11.5.4 引信抗干扰途径

近感引信抗干扰的出发点是使干扰信号对引信正常工作的影响尽量小,从而达到确保引信可靠作用的目的。干扰与反干扰是引信技术发展的永恒主题,"没有干扰不了的引信,也没有抗不了的干扰",引信与干扰机就是这样一对在对抗中不断发展的矛盾对立统一体。因此,下面所讨论的抗干扰途径只能是基本原则或在某个时期、某项系统中行之有效的方法,而不可能是绝对可靠一劳永逸的。所以如何提高引信抗干扰的应变能力也是考核引信抗干扰水平的一项重要指标。

近感引信抗干扰途径可以归结为三个方面:① 物理场和工作原理选择;② 提高信号处理水平;③ 战术使用。可以说物理场和工作原理选择是最重要最有效的抗干扰途径。选择目标特性明显而干扰特性不明显的物理场和工作原理。引信信号处理的基本任务有两项,一是识别目标和干扰;二是如果是目标,在最佳弹目相对位置给出引爆信号;如果是干扰,对干扰信号给予抑制或排除。因此,信号处理水平的高低直接反映引信抗干扰能力的强弱。战术使用抗干扰主要指在作战使用方面采取的抗干扰措施。

一、物理场和工作原理选择

1. 选择不易被干扰的物理场和工作原理

引信和干扰机发展到今天,对引信的人工有源干扰主要是以米波波段为主,而且以对多普勒、调频原理实施回答式的干扰为常见。因此,从物理场选择的角度看,可以选光波波段、微波波段。并且,无论在这些波段上利用什么原理实施对目标探测,它们总是具有探测波束窄的特点。探测波束窄对引信工作有一系列好处。比如,抗干扰能力强、能量集中、分辨力高、定位精度好等。当选定物理场后,采取的工作原理也很重要。所谓工作原理实质是在弹目交会过程中利用目标的什么特征来判定目标、判定弹目距离(或方位)。既然目前对多普勒、调频原理的引信实施干扰研究比较深入,不妨选择其他工作原理,如噪声调制、伪码调制等。

2. 选择被动式工作方式

被动式引信探测器不依靠发射电磁波工作,因此它自身隐蔽性好,敌方很难发现,实施干扰亦十分困难。因此,只要利用被动式探测目标的引信能满足战术使用要求,应尽量采用被动式工作的探测器引信。如电容近感引信、被动式静电引信、被动式声引信、被动式磁引信等。

3. 选择复合探测器

复合探测器是指在一发引信中利用两种或两种以上的物理场或原理探测目标。如果采用如磁与激光的串联式复合探测器,磁目标信号和激光目标信号均符合目标判据时,复合探测器才输出启动信号。而同时对激光和磁探测器都能产生干扰信号的难度极大，所以复合探测器的引信抗干扰能力很强。

4. 提高波形设计水平

连续波多普勒原理引信之所以较容易被干扰机干扰，除了因为其使用早、对其工作情况研究较透彻外，更主要的是其发射波形过于简单（等幅正弦），干扰机对其波形分析和模拟较容易。使发射波形尽量具有复杂的特性，即设计自己可以控制的调制波形，而敌方既不易分析又不易模拟，这会大大提高引信抗干扰能力。比如采用伪随机码调频或调相、噪声调频或调相。

5. 提高探测器设计水平

可以说探测器是引信抑制干扰的第一道关口。前四项实际主要说的是探测器的选择。在探测器选定后，该探测器的具体设计对引信的抗干扰能力也有很大影响。在探测器具体设计中要注意以下问题。

（1）提高引信辐射功率。无线电引信与雷达相比，作用距离近（几米到几十米），接收机灵敏度低（毫伏级），即需要的接收信号能量大。因此对引信的有源干扰要付出很大功率才能奏效。可利用提高引信本身辐射功率的办法迫使干扰机功率增大以达到抗干扰目的。利用增大引信辐射功率抗干扰也叫功率对抗。这种方法不仅对抗干扰有效，而且对增大引信的作用距离及提高引信工作稳定性等也有好处。因此设计引信时，在保证一定的战术技术要求前提下，应尽可能提高引信辐射功率。为此，一般采用脉冲多普勒或脉冲体制加大峰值功率，或提高引信电源的比功，使其在一定电源体积下有较大功率输出，或提高引信发射天线的效率等技术措施。

（2）选择适当频段。尽量展宽引信工作频段，如选择目前干扰较弱的频段 $400 \sim 1\,000$ MHz，$1 \sim 2.5$ GHz，$3.5 \sim 8.5$ GHz 等。选用敌方雷达或通信的工作频段，使敌方不易干扰；或避开我方雷达通信频段，以少受敌方干扰。

（3）扩大载频偏散。在保证引信正常工作的前提下，尽量加宽引信载频偏散，有的引信甚至采用两组或更多组载频，这样使干扰机被迫加大带宽，增加功率输出或采用多台干扰机。

（4）应用跳频或频率捷变技术。应用跳频技术的无线电引信，在受到干扰时能大频段跳频或有多个频率按一定规律跳变，使敌人难于侦察和干扰。例如米波引信可采用如图 11-23 所示的两个稳定工作频率的跳频方案。干扰信号往往只有一个频率，因此当频率跳变后，并没有连续的多普勒信号进入积分网路。而目标反射信号则不同，不论高频自差机频率如何，均有反射信号进入引信。因此多普勒信号为连续信号，经积分网路可以启动执行级。

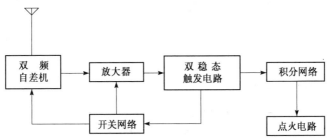

图 11-23 两个稳定工作频率的引信方框图

(5) 提高天线性能。天线设计对引信性能水平有较大影响，无论从引信抗干扰还是其他性能要求出发，都应加大对天线的研究力度。首先要尽量增大天线方向性系数。尖锐的天线方向性不仅可以提高信号的增益，还可以降低通过其他方向来的干扰电平。若实施干扰，必须增大干扰机功率。还可以采用天线副瓣抑制技术，利用改善天线方向性、降低天线副瓣电平虽然能收到较好的效果，但当干扰机功率相当大时，仍然可以使无线电引信在副瓣区发生早炸。为了解决这个问题，最好的办法是采用副瓣抑制技术，利用极化选择进行抗干扰。极化选择抗干扰是利用干扰信号与目标反射的目标信号在极化上的差异，把目标信号从干扰信号中提取出来。一种连续波体制的极化对消电路原理方框图如图 11-24 所示。当发射信号为水平极化时，如果忽略目标反射时的交叉极化调制的影响，目标反射回波仍为水平极化波。而干扰信号的极化状态不仅有水平极化分量，而且有垂直极化（正交极化）分量。当天线接收到干扰信号时，由极化分解器分解成水平与垂直两个正交分量，分别送至两个通道，经移相器和幅度调节器使两路不同极化方向的干扰信号在幅度上相等，而相位相反，使之在对消器中抵消。有用信号由于只有一个极化分量而不会被对消，被保留下来的有用信号与来自发射机的基准信号混频，再经低通滤波器取出多普勒信号就可作为启动信号。由于干扰信号的两正交分量的幅度和相位随时间变化而且是未知的。因此，最好能自动调整两个正交分量的幅度比和相位差。

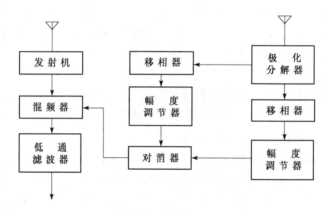

图 11-24　干扰极化对消电路方框图

(6) 距离选择。距离选择与方位选择同属空间抗干扰措施。提高引信的距离选择性实质上就是要求引信具有不模糊的尖锐的距离截止特性，即要求无线电引信对规定作用范围内的目标信号能正常工作，对规定作用范围之外存在的即便是大反射面的物体或强干扰信号都不能起作用。这样，引信不仅可以消除在规定动作距离之外的所有干扰信号，而且可以消除在低空作战时海面（或地面）杂波的干扰。

二、提高信号处理水平

1. 尽可能利用多的目标特征

利用目标有用信号和干扰信号在特征数上的差异来检测出有用信号并抑制干扰信号。有用信号和干扰信号的差别一方面可以人为地在信号设计时有意形成；另一方面由于引信工作的特定条件造成了有用信号本身就有别于干扰信号。从信号设计入手，尽量使引信发射的信号特征数多，易于识别及信号处理。发射信号特征数越多，它与干扰信号的差异就越大，就越容易从干扰信号中把有用信号检测出来，将干扰信号抑制掉。

2. 利用目标信号幅度和增幅速率

引信工作的特定条件是在弹目高速接近中，在极近程的距离上启动的，因而有用信号的幅度是迅速增幅信号。而有源干扰由于干扰源离引信距离较远，干扰信号在干扰期间可以认为是等幅的或接近于等幅的。利用信号波形在增幅速率上的差异来抗干扰的措施，在连续波多普勒体制的引信中被广泛应用。实践证明，这是一种既简单又行之有效的好办法。例如采用双支路增幅速率选择电路，方框图如图 11-25 所示。当进来的信号 u_{sr} 是等幅或接近等幅时，即增幅速率近于零时，输出信号 $u_{sc}=0$，不会使执行级启动。反之，如进来的信号增幅速率大，此时有输出信号。输出信号 u_{sc} 的大小也和信号的增幅速率密切相关。因此，增幅速率选择可达到抗干扰目的。

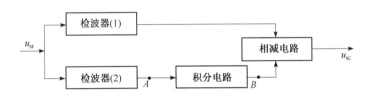

图 11-25 双支路增幅速率选择电路方框图

3. 利用目标信号频率特征

这种方法主要用在对空弹药引信中。弹攻击目标时，弹和目标都在高速运动，高速运动的目标反射的引信发射信号在引信接收机里产生的多普勒频率与云、人工无源干扰释放的箔条云及人工有源干扰所产生的多普勒频率会有较大差异，可以利用这种差异区分目标和干扰。

4. 利用信号持续时间

无论对何种目标，目标信号的有效作用时间在引信设计时是可以控制的，一般是几个毫秒。而干扰信号的作用时间往往与目标信号作用的时间不同，利用这一时间差异可以区分目标信号和干扰信号。

三、战术使用

引信除了在设计时采取一切可能的措施提高抗干扰能力，还可以在战术使用中采取一些办法加强其抗干扰能力。

1. 远距离接电

引信在使用时，战斗部/弹丸的飞行时间是知道的。利用这一特性可以设计远距离接电电路和机构，使引信发火控制系统在弹道的绝大部分时间内处于不工作状态，仅在距目标较近距离时接电开始工作。如有的引信在距目标 3~5 s 才给发火控制系统接电工作。

2. 不同原理引信交叉使用

引信在对同一目标作战使用时，可以采取不同原理的引信交叉使用，使敌方干扰机没办法判断所用引信的工作状态和工作参数，这样可以增大干扰难度。

11.5.5　引信抗干扰技术的发展方向

从引信设计的角度，提高引信的抗干扰能力的难点在于对付人工有源干扰。对付人工有源干扰的技术手段主要可以归结为：利用信号处理抗干扰和利用探测原理抗干扰。无论是利用信号处理抗干扰还是利用探测原理抗干扰，其技术途径是利用更多的目标特征，利用不易被干扰的物理场或工作原理，使引信能准确区分干扰信号和目标信号，从而提高引信正常作用的可靠性。在引信信号处理中应更多地采用先进的信号处理技术，在物理场和探测原理的选择方面注重下面几种抗干扰能力强、定距精度好的引信探测器。

一、毫米波引信

近些年毫米波引信受到国内外极大重视，随着器件的发展，毫米波引信将成为最重要的引信之一。因为毫米波波长短，所以具有定距精度好、抗干扰能力强等重要优点。但主动式毫米波引信毕竟是依靠发射电磁波和接收目标回波而工作的引信，因此，不能忽视其抗干扰问题。从工作原理上，除了采用连续波多普勒和调频外，还要积极研究其他原理。从波段选择上，不应停留在 3 mm、8 mm 波段，引信用毫米波探测与通信有很大差异，更应该大力发展非大气窗口波段，如 5 mm、5.5 mm 波段。

二、激光引信

激光引信比毫米波引信起步早，发展得也较快，在国内外得到广泛的发展，是最重要的引信之一。与毫米波引信类似，它具有定距精度好、抗干扰能力强等重要优点。同样，因为激光引信也是依靠发射电磁波和接收目标回波而工作的引信，所以，同样要重视其抗干扰问题。从工作原理上，除了利用脉冲定距的能量型原理外，应大力加强新工作原理的研究，比如把无线电领域里成熟的技术用到激光探测中来，这样可以显著提高激光引信的抗干扰能力和定距精度。

三、软件无线电引信

软件无线电（Software Radio）的概念是 1992 年 5 月由 Joe Mitola 在美国国家远程系统会议上首次提出来的，其基本概念是把硬件作为无线电通信的基本平台，而把尽可能多的无线电及个人通信功能用软件来实现。软件无线电引信是把软件无线电的概念移植到引信中来。其好处是在一种引信里可以采用几种探测原理和几个频段，这将大大丰富目标信息，对提高引信的抗干扰能力和定距精度会有很大作用。软件无线电引信的发火控制系统由三大模块组成：宽带/多频段天线、数据采集和转换、软件平台及软件。该发火控制系统的核心技术是宽带/多频段天线。而宽带/多频段天线的重点在于：低副瓣扫描波束综合、宽频带阵列天线设计以及波束形成。

四、超宽带无线电引信

超宽带无线电引信也称冲激引信，其实质是引信发射机发射极窄的脉冲信号，即发射信号是很宽频带的信号，频谱极丰富。既然发射信号频带很宽，那么，就可以在较宽的频带上或在感兴趣的频段上处理目标回波信号。此种探测原理的引信在对抗瞄准式或回答式干扰有很大优势。

五、复合引信

从概念上讲，复合引信就是利用两种或两种以上探测原理而工作的引信。比如，近感与触发的复合、磁与激光的复合、无线电两个不同频率的复合等。从发展的角度，还是应该大力提倡近感引信中不同物理场、不同工作原理的复合。因为复合的目的是提高抗干扰能力和定距精度，在复合引信中，应特别注意功能互补，电磁兼容，电路融合。所谓功能互补，就是选择工作的物理场和工作原理时，在某种条件下，对甲来说是弱势，而对乙来说是强项，这样可以集中两种探测原理的优势而避开弱项。所谓电磁兼容，即两种或两种以上探测原理处于一体时，要避免之间的电磁干扰；所谓电路融合，即在可能的情况下，用一套电路完成多种功能，这样可以减少所用空间。同时还要注意根据炸点控制精度和抗干扰的要求，选择是串联复合还是并联复合。

六、静电引信

静电引信是以目标静电场作为目标特征信息而探测目标的一种引信，现有的隐身技术和电子干扰技术对其无作用。静电引信可显著提高引信的战场生存能力，其定距精度较好，既可作为复合引信的预警探测，也可作为引信独立探测器使用。

七、电容近感引信

与静电引信类似，电容探测器不靠发射电磁信号探测目标，而是靠引信与目标接近时所产生的电容变化量和电容变化率探测目标，人工有源干扰对其无效，其抗电磁干扰的能力很强。因此，选择电容探测目标的主要出发点是提高引信的抗干扰能力。

11.6 引信的可靠性

11.6.1 引信可靠性的定义

火炮系统或导弹武器系统，一般都是由若干装置和系统组成的综合体。只有全部组合系统在整个过程中都可靠地工作，完成任务才是可能的。引信是这个综合体的组成部分之一，是整个综合体的最后一个环节——引爆主装药。引信工作的可靠与否将影响整个武器的作用效果。所以对引信来说，可靠性问题具有特别重要的意义。不考虑引信的可靠性，要对整个武器系统综合体的战斗效率作出全面评价是不可能的。

引信的可靠性具有它独特的地方，长期处于储存期（一般为 12 年以上）的不工作状态，而工作时间很短，只有几秒到几十秒。引信的工作条件非常苛刻，过载可达 20 000 g 以上，有的甚至超过 100 000 g。同时飞行中还有章动和进动，工作环境温度低的可达 $-50\ ℃$，高的可达 $+50\ ℃$，飞行时引信表面温度有的可达几百度，静电可达到几万伏。在引信使用前要保存在野战条件下，可能遇到风吹、雨打、日晒等恶劣气象。

引信可靠性的定义是：在规定的时间内，在规定的保管及使用条件下无故障地完成规定任务的性能，也即引信在保管期内始终处于完好状态而在工作期能在靠近目标的杀伤区域正确作用的性能。

可靠性的数量化称可靠度,即用概率表示产品可靠程度,引信可靠度的定义是:引信在规定时间内、规定的保管及使用条件下,在规定的置信度下完成规定任务的概率。

可靠度通常用时间函数 $R(t)$ 来表示,不可靠度用 $F(t)$ 表示。可靠度与不可靠度是一对对立事件,故有

$$F(t)+R(t)=1 \tag{11-66}$$

近感引信没完成给定的战斗任务,可能是由于机械部分发生故障,也可能是由于发火控制部分发生故障。显然,由于机械部分发生故障和由于发火控制部分发生故障是互不相关的两种事件。因此评价近感引信可靠度的计算公式,可用下式表示为

$$\rho_{wy}(t)=p_j(t) \cdot p_T(t) \tag{11-67}$$

式中,$p_j(t)$ 为近感引信机械部分完成给定任务的可靠度;$p_T(t)$ 为近感引信发火控制部分完成给定任务的可靠度。

从发火控制部分的可靠性来看,引信不正常工作的两种形式是:瞎火和早炸。而出现这两种不正常情况的原因有两个:一是外界人工和自然干扰;另一个是发火控制部分自身的可靠性。这两者之间也是不相关的,故发火控制部分完成给定任务的可靠度,决定于下列计算公式

$$p_T(t)=p_g(t) \cdot p_{TK}(t) \tag{11-68}$$

式中,$p_g(t)$ 为存在外部干扰时发火控制部分正常工作的可靠度;$p_{TK}(t)$ 为存在内部噪声时发火控制部分自身工作的可靠度。

关于近感引信抗干扰问题本章上一小节已讨论过,本节就不讨论了,我们将重点放在可靠性问题上。

11.6.2 引信可靠性的理论基础

提高系统的可靠性可从两方面着手:一是提高每一组成部件的可靠性,以便使系统建立在优质部件的基础上。这就必须对部件和系统的可靠性作依时间发展的动态分析。二是研究系统的最佳设计、使用和维修方便,以便由可靠性较低的部件制造出可靠性较高的大型系统,并保证它在长时间内正常工作。前者是分析问题,后者是综合问题,而综合问题又只有在分析的基础上才能进行。下面首先研究元件的可靠性。

最常用的可靠性数量指标是:某个元件在给定的工作条件下,在给定的时间间隔内,无故障地工作的概率,称为元件的可靠度。我们用 $R(t)$ 表示这个概率。

相应地,某个元件在时间间隔 t 内,发生故障的概率 $F(t)$ 称为该元件的不可靠度。显然有

$$F(t)=1-R(t)$$

元件无故障工作时间 θ 是一个随机变量。不可靠度 $F(t)$ 就是随机变量 θ 的分布函数(积分分布)

$$F(t)=F(\theta<t) \tag{11-69}$$
$$R(t)=1-F(t) \tag{11-70}$$

如图 11-26 所示,不可靠度 $F(t)$ 是一个非负随机量的分布函数,由图可见:
(1) $t=0$ 时,$F(t)=0$;

(2) $F(t)$ 为 t 的非减函数;

(3) $t\to\infty$ 时,$f(t)$ 趋近于1。

相应地,可靠度 $R(t)$ 是 t 的非增函数。在 $t=0$ 时,$R(t)=1$; $t\to\infty$ 时,$R(t)$ 趋近于 0。如图11-27所示。

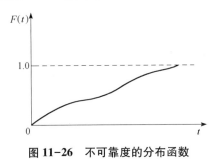

图11-26 不可靠度的分布函数　　图11-27 可靠度的分布函数

实际中往往使用分布函数 $F(t)$ 的导数,即取
$$f(t)=F'(t) \tag{11-71}$$

函数 $f(t)$ 就是元件寿命 θ(又叫无故障工作时间)的分布密度函数(微分分布律)。$f(t)\mathrm{d}t$ 就是元件寿命 θ 落于时间间隔 $(t,t+\mathrm{d}t)$ 内的概率,也就是从时刻 $t=0$ 开始工作的元件在时间间隔 $(t,t+\mathrm{d}t)$ 内发生故障的概率。

可以采用下述试验方法近似地确定 $f(t)$:在同一时间 $t=0$ 起,让 N 个同类元件开始工作,将每个元件发生故障的时间 θ 记录下来,时间 θ 就是各元件的无故障工作时间。运用普通的数理统计方法对所得数据进行处理,画出直方图(图11-28),将它平滑成一条曲线。每一个时间单元上的图形高度,实际上就是每一个被试验元件在每单位时间内的平均故障数。这个数值就是函数 $f(t)$ 的值。

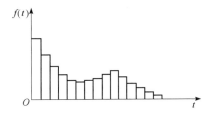

图11-28 元件寿命 θ 的分布密度函数

分布密度函数 $f(t)$,可近似地按下式计算
$$f(t)\approx \frac{\Delta n(t)}{N\Delta t} \tag{11-72}$$

式中,$\Delta n(t)$ 为在时间单元 Δt 内发生故障的元件数量;N 为被试验元件总数量;Δt 为时间单元。

分布密度函数 $f(t)$ 是可靠性的一个主要指标,也称故障密度函数。$f(t)$ 与 $F(t)$、$R(t)$ 的关系为
$$f(t)=\frac{\mathrm{d}F(t)}{\mathrm{d}t}=\frac{\mathrm{d}[1-R(t)]}{\mathrm{d}t}=-\frac{\mathrm{d}R(t)}{\mathrm{d}t} \tag{11-73}$$

根据概率密度函数与分布函数的关系
$$F(t)=\int_0^t f(t)\mathrm{d}t$$
$$R(t)=1-\int_0^t f(t)\mathrm{d}t$$

由概率密度的性质

$$\int_0^\infty f(t)\mathrm{d}t = \int_0^t f(t)\mathrm{d}t + \int_t^\infty f(t)\mathrm{d}t = 1$$

则

$$R(t) = \int_t^\infty f(t)\mathrm{d}t \tag{11-74}$$

常常用元件的平均寿命 $\bar{\theta}$（即无故障工作时间 θ 的数学期望，通称平均无故障工作时间（MTTF）），作为元件可靠性指标，即

$$\bar{\theta} = M[\theta] = \int_0^\infty tf(t)\mathrm{d}t \tag{11-75}$$

$\bar{\theta}$ 也可以不通过无故障工作时间分布密度函数 $f(t)$ 表示，而直接用可靠度 $R(t)$ 来表示。实际上可以写成

$$\bar{\theta} = -\int_0^\infty tf(t)\mathrm{d}t = \int_0^\infty tF'(t)\mathrm{d}t = -\int_0^\infty tR'(t)\mathrm{d}t$$

采用分部积分法，可得

$$\bar{\theta} = -tR(t)\Big|_0^\infty + \int_0^\infty R(t)\mathrm{d}t$$

因上式右边第一项等于零，因此可得

$$\bar{\theta} = \int_0^\infty R(t)\mathrm{d}t \tag{11-76}$$

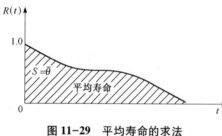

图 11-29 平均寿命的求法

这个式子的几何意义是：元件的平均无故障工作时间 $\bar{\theta}$ 等于被包围在可靠度曲线 $R(t)$ 与坐标轴之间的面积，如图 11-29 所示。

另一个广泛采用的指标是"故障率"，故障率是指技术装置工作到某个时刻 t 时，在单位时间内发生故障的概率。故障率表示技术装置在 $(0,t)$ 内无故障，而在 $(t,t+\mathrm{d}t)$ 内才发生故障的条件概率密度函数。

若用 A 表示技术装置在 $(0,t)$ 内无故障，用 B 表示装置在 $(t,t+\mathrm{d}t)$ 内发生故障，则在 $(0,t)$ 内无故障条件下而在 $(t,t+\mathrm{d}t)$ 内发生故障的概率可表示为

$$p(B/A) = p(A \cdot B)/p(A)$$

显然，事件 A 等价于事件 "$\theta > t$"，事件 "$A \cdot B$" 等价于事件 "$t < \theta \leq t+\mathrm{d}t$"，所以

$$p(A) = p(\theta > t) = R(t)$$
$$p(A \cdot B) = p(t < \theta \leq t+\mathrm{d}t)$$
$$p(B/A) = p(t < \theta \leq t+\mathrm{d}t)/R(t)$$
$$= \frac{p(\theta \leq t+\mathrm{d}t) - p(\theta \leq t)}{R(t)}$$
$$= \frac{F(t+\mathrm{d}t) - F(t)}{R(t)}$$
$$= \frac{\mathrm{d}F(t)/\mathrm{d}t}{R(t)}\mathrm{d}t$$

$$= \frac{f(t)}{R(t)} dt$$

$$= \frac{-dR(t)/dt}{R(t)} dt$$

根据故障率的定义,显然

$$\lambda(t) = \frac{f(t)}{R(t)} = \frac{-dR(t)}{dt} \bigg/ R(t)$$

$$\lambda(t) = -\frac{R'(t)}{R(t)} = -[\ln R(t)]' \tag{11-77}$$

将式(11-77)积分可得

$$\ln R(t) = -\int_0^t \lambda(t) dt$$

从而得到

$$R(t) = e^{-\int_0^t \lambda(t) dt} \tag{11-78}$$

在实际中特别重要的一种特殊情况就是在很长一段时间内,故障 $\lambda(t)$ 是常数或几乎是常数的情况,即

$$\lambda(t) = \text{const} = \lambda$$

也就是说,元件在任何一个时间单元内发生故障的概率与该元件在这之前已工作多久时间无关或几乎无关。

试验表明,大多数无线电元器件的故障率 $\lambda(t)$ 和时间的关系有如图 11-30 所示的所谓浴盆曲线。在正常使用段,又叫随机失效区,$\lambda(t) = \text{const}$ 的假设是符合实际情况的。

当 $\lambda(t) = \text{const}$ 时公式(11-78)变为

$$R(t) = e^{-\lambda t} \tag{11-79}$$

具有式(11-79)规律的元件其可靠度具有指数规律。

可靠度指数规律曲线如图 11-31 所示。曲线下降速度取决于故障率 λ 的数值。

在元件可靠度具有指数规律的情况下,元件的平均寿命为

$$\bar{\theta} = \int_0^\infty e^{-\lambda t} dt = \frac{1}{\lambda} e^{-\lambda t} \bigg|_0^\infty = \frac{1}{\lambda} \tag{11-80}$$

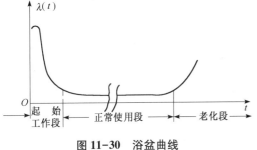

图 11-30 浴盆曲线

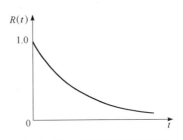

图 11-31 可靠度的指数规律

即故障率 λ 为常数时,元件的平均寿命 $\bar{\theta}$ 等于故障率 λ 的倒数。故计算故障率 λ 的近似方法是:先算出元件的平均寿命 $\bar{\theta}$,然后取其倒数 $1/\bar{\theta}$。

11.6.3 系统的可靠性

系统的可靠性取决于各元件之间的连接方式以及每个元件的正常工作对整个系统正常工作的必要程度。为了提高可靠性，在许多系统中，通常采用装设重复元件的方法来弥补各单个元件可靠性的不足。因此，系统分无冗余系统和有冗余系统两种情况。

一、无冗余系统的可靠性

在这样的系统中，每一个元件发生故障都将导致整个系统发生故障。像串联的电气元件所组成的电路一样，其中任何一个电气元件断开，都将导致整个电路断开，这样的元件连接方式称为"串联方式"。

下面我们讨论有几个串联元件构成基本连接的无冗余系统的可靠性。

如果整个系统可靠性 R 用各个元件的可靠性 $R_1, R_2, \cdots, R_n$ 表示，且各个元件发生故障是互相独立的事件，则系统可靠度为

$$R = R_1 \cdot R_2 \cdot R_3 \cdot \cdots \cdot R_n$$

或

$$R = \prod_{i=1}^{n} R_i \tag{11-81}$$

就是说，各个元件故障是独立的，无冗余系统的可靠度等于系统中各个元件可靠度的乘积。

当系统中所有元件的可靠度都一样为 R_1 时，则

$$R = R_1^n \tag{11-82}$$

从式（11-82）可分析出随着元件数量的增多，无冗余系统的可靠度迅速下降。如果系统元件数量很多，即便是每个元件都有很高的可靠度，整个系统的可靠度也要下降很多。

如果同类元件所组成的无冗余系统具有给定的可靠度 R，则每个元件应具有的可靠度为

$$R_1 = \sqrt[n]{R} \tag{11-83}$$

无冗余系统的可靠度 $R(t)$，还可以用元件的故障率 λ 来表示。若各元件的故障是相互独立的，则可得到以下关系式

$$R(t) = e^{-\int_0^t \lambda(t)dt}$$

$$R_i(t) = e^{-\int_0^t \lambda_i(t)dt}$$

将这些关系式代入式（11-83），可得

$$\begin{aligned} e^{-\int_0^t \lambda(t)dt} &= e^{-\left\{\int_0^t \lambda_1(t)dt + \int_0^t \lambda_2(t)dt + \cdots + \int_0^t \lambda_n(t)dt\right\}} \\ &= e^{-\int_0^t [\lambda_1(t) + \lambda_2(t) + \cdots + \lambda_n(t)]dt} \\ &= e^{-\int_0^t \sum_{i=1}^n \lambda_i(t)dt} \end{aligned} \tag{11-84}$$

$$\lambda(t) = \sum_{i=1}^{n} \lambda_i(t) \tag{11-85}$$

即当元件串联时，系统故障率等于各元件故障率之和。

由以上讨论可知，保证由基本连接组成的无冗余系统有足够的可靠性，必须对每一个组成元件的可靠性提出严格要求，在设计中要尽量减少组成元件数量。

二、有冗余储备系统的可靠性

应用冗余系统是提高一般无线电设备可靠性的有效方法之一，其连接方式有两大类：总冗余系统和个别冗余系统。采用整个系统进行冗余，如图 11-32 所示，称总冗余系统；只采用个别元件进行冗余时，为个别冗余系统，如图 11-33 所示。

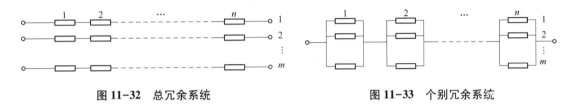

图 11-32　总冗余系统　　　　　图 11-33　个别冗余系统

从式（11-82）可看出各冗余系统的可靠度为

$$R = R_1^n$$

式中，R 为各冗余系统的可靠度；R_1 为元件的可靠度；n 为元件数。

系统的故障概率为 F

$$F = 1 - R = 1 - R_1^n$$

m 个冗余系统的故障概率为

$$F_m = F^m = (1 - R_1^n)^m$$

总冗余系统的可靠度可表示为

$$R_z = 1 - F_m = 1 - (1 - R_1^n)^m \tag{11-86}$$

总冗余系统的故障概率为

$$F_z = 1 - R_z = [1 - (1 - F_1)^n]^m \tag{11-87}$$

[例1] 设某导弹的引信装置是由三个互相重复的引信组成。每个引信的可靠度为 $R_1 = 0.9$，试确定整个引信装置的可靠度。

解：由题可知，引信装置是总冗余系统，$n=1$，$m=3$，代入式（11-86）可得

$$R_z = 1 - (1 - 0.9)^3 = 0.999$$

由式 11-87 可知，个别冗余系统的损坏概率为

$$F_g = 1 - (1 - F_1^m)^n \tag{11-88}$$

个别冗余系统可靠度为

$$R_g = [1 - (1 - R_1)^m]^n \tag{11-89}$$

上述两种冗余系统都是很典型的，而实际的引信系统有各式各样。在评价可靠性时，必须将这种系统划分为一系列子系统，先确定一个"子系统"的可靠性，然后将这种"子系统"看做元件，从而算出整个系统的可靠性。

[例2] 某一系统由 D_1，D_2，$\cdots$，D_7 等七个元件组成，各元件的可靠度分别为 R_1，R_2，$\cdots$，R_7，其组成连接如图 11-34 所示。试评价这个系统的可靠度。

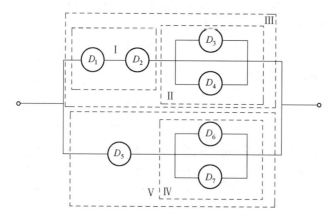

图 11-34 组成某系统的七个元件连接图

解：

子系统 I ——D_1 与 D_2 串联，可靠度为
$$R_I = R_1 \cdot R_2$$

子系统 II ——D_3 与 D_4 并联，可靠度为
$$R_{II} = 1-(1-R_3)(1-R_4)$$

子系统 III ——子系统 I 与 II 串联，可靠度为
$$R_{III} = R_I \cdot R_{II}$$

子系统 IV ——D_6 与 D_7 并联，可靠度为
$$R_{IV} = 1-(1-R_6)(1-R_7)$$

子系统 V ——元件 D_5 与子系统 IV 串联，可靠度为
$$R_V = R_5 \cdot R_{IV}$$

整个系统——子系统 III 与子系统 V 并联，可靠度为
$$R = 1-(1-R_{III})(1-R_V)$$

11.6.4 发火控制系统的可靠性

近感引信从工厂生产出来到完成给定战斗任务为止的一段时期 t 内，可分为两个截然不同的时期——储存期 t_X 和工作期 t_P。在长期储存期内，近感引信经常保存在仓库中，有时也可能从一个仓库运到另一个仓库，甚至经过多次运输，在使用前，引信则是保存在野战条件下。显然，仓库、运输和野战等条件是各不相同的，讨论可靠性时都要考虑进去。

近感引信工作期 t_P 很短，只有几秒、几十秒、多则 100 多秒，但工作环境条件极端恶劣。由于发射时的后坐力、离心力、飞行中的章动和进动等环境力和复杂气象条件的作用，晶体管、电感、电池等元器件参量可能发生变化引起噪声使引信不能正确作用。这段时期对近感引信可靠性的考验，比起长期储存期不知要严格多少倍。

引信没能完成给定战斗任务的故障，可能发生在储存期，也可能发生在工作期。而这两个时期发生故障的事件是独立的。故引信发火控制系统的可靠度为

$$R_{yT}(t) = R_X(t_X) \cdot R_P(t_P) \tag{11-90}$$

式中，$R_X(t_X)$ 为在储存期 t_X 内，在给定的储存和运输条件下引信发火控制系统的可靠度；

$R_P(t_P)$ 为在工作期 t_P 内,在给定的使用条件下引信发火控制系统的可靠度。

一、引信发火控制系统储存期的可靠性

储存期引信处于不工作状态,其可靠度是指:引信在规定条件下和规定的时间内,具有完成规定功能的完好备用状态的概率。在储存期内,引信通常有两种情况:其一是突然发生的故障;其二是逐渐产生的故障。突然故障如晶体管意外损坏、电路之间断路和短路、焊点的虚焊和剥脱、开关接触不良、电池受损等故障。逐渐产生的故障是元器件性能在保管期间,受环境条件的影响逐渐老化变质,参数发生变化,超出了规定的范围。

但由于近感引信在装配前电子元器件要经过老练处理。另外在有效使用期,把自然老化排除在使用期之外,所以我们把储存期 t_X 内由于老化的故障,也算到突然故障之中。

设 $F(t)$ 为长期储存期间内,由于元器件的突然损坏而使引信没能完成任务的概率;t_1 为在长期储存过程中,引信保存在具有符合要求条件下的仓库中的时间;t_m 为引信数次从一仓库运输到另一仓库的总运输时间;t_n 为在野战条件下保存时间。

我们认为引信在仓库中保存或在运输中或在野战条件下保存,其发生故障的事件是不相关的。于是近感引信的可靠度决定于下列公式

$$R_X(t_X) = R_{X1}(t_1) \cdot R_{Xm}(t_m) \cdot R_{Xn}(t_n) \tag{11-91}$$

式中,$R_{X1}(t_1)$ 为在仓库保存期 t_1 内,近感引信的可靠度;$R_{Xm}(t_m)$ 为在运输期 t_m 内,近感引信的可靠度;$R_{Xn}(t_n)$ 为在时间间隔 t_n 内,在一定的野战条件下,近感引信的可靠度。

如果认为各个时期的故障率是常数并符合指数规律,则

$$\begin{aligned} R_{X1}(t_1) &= e^{-\sum_{i=1}^{k} N_i \lambda_{xli} t_1} \\ R_{Xm}(t_m) &= e^{-\sum_{i=1}^{k} N_i \lambda_{xmi} t_m} \\ R_{Xn}(t_n) &= e^{-\sum_{i=1}^{k} N_i \lambda_{xni} t_n} \end{aligned} \tag{11-92}$$

式中,N_i 为近感引信第 i 种类型元器件的数目;k 为近感引信中元件类型的数目;λ_{xli},λ_{xmi},λ_{xni} 分别代表在符合要求条件下仓库储存、在给定的运输条件下和在一定的野战条件下近感引信第 i 类元器件的故障率(可通过实验确定)。

以上公式是在以下假设前提下成立的:

(1)只考虑元器件在长期储存期,由于突然损坏而造成近感引信不正常工作的情况,而逐渐损坏(由于元器件老化参数变质)而造成引信的不正常工作的情况计入突然损坏情况之中。

(2)由于元器件的突然损坏而造成的引信不正常作用的概率分布遵循指数规律。

(3)引信的发火控制系统为无储备系统,任何一个元器件的突然损破,都能导致整个引信正常工作的破坏。

(4)对 $R_{Xm}(t_m)$ 进行可靠性指标检验时,要剔除 t_1 期间损坏了的引信,对 $R_{Xn}(t_n)$ 进行可靠性指标检验时,要剔除在 t_1 和 t_m 期间损坏了的引信。

二、引信发火控制系统在工作期的作用可靠性及不失效的概率

引信在工作期条件严酷,要经受各种环境力、环境物理场的考验,引信本身又是在大信

号及极限工作状态下,这时引信发火控制系统可能由于元器件和电路的突然损坏等而不能完成给定的战斗任务,也可能由于元器件产生噪声而使引信发生虚假指令。前者将造成引信的失效,后者将造成引信的早炸。故近感引信在工作期内能正常工作的概率为

$$R_P(t_P) = R_s(t_P) \cdot R_z(t_P) \tag{11-93}$$

$$R_P(t_P) = [1 - F_s(t_P)][1 - F_z(t_P)] \tag{11-94}$$

式中,$R_s(t_P)$ 为近感引信在工作期不失效的概率;$R_z(t_P)$ 为近感引信在工作期不早炸的概率;$F_s(t_P)$ 为近感引信在工作期失效的概率;$F_z(t_P)$ 为近感引信在工作期早炸的概率。

下面仅就引信的发火控制系统在工作期不失效的概率简单阐述一下。

近感引信瞎火失效主要是由于电路或元器件在发射时或在飞行弹道上经不住各种环境力的作用突然损坏而引起的,故符合指数规律。由可靠性理论知

$$R_s(t_P) = \exp\left(t_P \sum_{i=1}^{k} N_i \lambda_{si}\right) \tag{11-95}$$

式中,λ_{si} 为在引信工作期,发火控制系统第 i 种相同类型元器件的故障率;N_i 为引信发火控制系统第 i 种类型元器件的数目;t_P 为引信发火控制系统的工作时间;k 为引信装配元器件的类型数。

近感引信元器件在工作期间的故障率 λ_s 要比仓库保存期、运输期和野战期的故障率 λ_{Xl}、λ_{Xm}、λ_{Xn} 大得多。

还应该指出,元器件故障率 λ_s 在引信装配以前,根据实验数据确定,但是经过一定的储存期(一般为 10 年以上)以后,由于元器件的逐渐自然老化,它的故障率也随之变化,这种变化可用下式表示

$$\lambda_s = \lambda_{so}[1 + \alpha(t_X)] \tag{11-96}$$

式中,λ_{so} 为根据装配前实验数据确定的元器件故障率值;λ_s 为经 t_X 保存期后,元器件的故障率值;$\alpha(t_X)$ 为考虑到元器件的自然老化系数(是储存期时间 t_X 的函数)。

把公式(11-96)代入式(11-95)则得

$$R_s(t_P) = \exp\left\{-t_P \sum_{i=1}^{k} N_i \lambda_{so}[1 + \alpha(t_X)]\right\} \tag{11-97}$$

关于引信发火控制系统在工作期不早炸的概率计算比较复杂,这需要分析电路各点随机噪声的大小、统计分布、频谱等,并结合具体的信号处理电路进行分析计算。

参 考 文 献

[1] D Gabor. Theory of Communication [J]. Proc. IEEE, 1946, 93 (3): 429-457.

[2] [美] R·D·小哈得逊. 红外系统原理 [M]. 红外系统原理翻译组, 译. 北京: 国防工业出版社, 1975.

[3] [苏] И·М·柯甘. 雷达引信原理 [M]. 华恭, 兴华, 译. 北京: 国防工业出版社, 1980.

[4] [美] R. Vanzetti. 红外技术的实际应用 [M]. 张守一, 等, 译. 北京: 科学出版社, 1981.

[5] 马忠恕. 防空导弹非接触引信原理 [M]. 北京: 国防工业出版社, 1983.

[6] 马宝华. 引信构造与作用 [M]. 北京: 国防工业出版社, 1984.

[7] 张清泰. 无线电引信总体设计原理 [M]. 北京: 国防工业出版社, 1985.

[8] 沈柯. 激光原理教程 [M]. 北京: 北京工业学院出版社, 1986.

[9] 臧立君, 李兴国. 无线电引信电路设计原理 [M]. 北京: 兵器工业出版社, 1986.

[10] 钱元庆. 引信系统概论 [M]. 北京: 国防工业出版社, 1987.

[11] [美] K·J·巴顿, J·C·威尔茨. 毫米波系统 [M]. 刁育才, 方再根, 译. 北京: 国防工业出版社, 1989.

[12] 杨经国, 等. 光电子技术 [M]. 成都: 四川大学出版社, 1990.

[13] 李兴国. 毫米波近感技术及其应用 [M]. 北京: 国防工业出版社, 1991.

[14] Leon Cohen. Time-Frequency Analysis: Theory and Applications [M]. Prentice Hall, 1995: 22-34, 94-113.

[15] Barkat B, Boashash B. Instantaneous frequency estimation of polynomial FM signals using the peak of the PWVD: statistical performance in the presence of additive gaussian noise [J]. Signal Processing, IEEE Transactions on, 1999, 47: 2480-2490.

[16] Shan P, Beex A A. Time-varying filtering using full spectral information for soft-cancellation of FM interference in spread spectrum communications [C]. Signal Processing Advances in Wireless Communications, 1999. SPAWC'99, 1999: 321-324.

[17] 江月松, 等. 光电技术与实验 [M]. 北京: 北京理工大学出版社, 2000.

[18] 王子宇. 微波技术基础 [M]. 北京: 北京大学出版社, 2003.

[19] 甘仲民, 张更新, 等. 毫米波通信技术与系统 [M]. 北京: 电子工业出版社, 2003.

[20] 司怀吉. 基于涡流损耗原理的磁探测技术研究 [D]. 北京: 北京理工大学, 2005.

[21] 张万君. 瞬时测频微波调频引信技术研究 [D]. 北京: 北京理工大学, 2005.

[22] 袁正, 孙志杰. 空空导弹引战系统设计 [M]. 北京: 国防工业出版社, 2007.

[23] 郝新红. 复合调制引信定距理论与方法研究 [D]. 北京: 北京理工大学, 2007.

[24] [美] Andrei Grebennikov. 射频与微波功率放大器设计 [M]. 张玉兴, 等, 译. 北京: 电子工业出版社, 2007.

[25] 郑玮, 崔占忠, 陈曦, 李彦旭. 基于 FPGA 的静电引信发火控制系统设计 [C]. 中国物理学会静电学术会议, 2009.

[26] 郝晓辉. 直升机静电探测研究 [D]. 北京: 北京理工大学, 2011.